Dieses Buch gehört:

Econ

INHALT

START

Sind Sie ein Übermorgenmacher?

Zu diesem Buch

Innovation – das ist ein hehrer Anspruch, vor allem in Deutschland, dem Land der Ingenieure, Dichter und Denker. Dem Land, das den Buchdruck, das Automobil, den ersten Computer, den Verbrennungsmotor, MP3, Aspirin, Fluggeräte und Kaffeefilter hervorgebracht hat. Dem Land von Robert Koch, Wilhelm Conrad Röntgen, Albert Einstein, Konrad Zuse, Melitta Bentz, Otto Lilienthal, Margarete Steiff, Gottlieb Daimler, Christiane Nüsslein-Volhard. 2019 kürte das Weltwirtschaftsforum (WEF) Deutschland zum Innovationsweltmeister.

Und nun stehen Sie da und tragen sich schwer mit einer Idee, die plötzlich aufblitzte und sich in Ihrem Kopf festgesetzt hat. Sie wächst, pocht, sie möchte ihre Flügel ausbreiten.

Immer wieder kommen Ihnen Fragen: Wem kann die Idee nützen, was kann sie verbessern, was vielleicht sogar von Grund auf ändern? Müsste man dieses eine Problem nicht endlich lösen? Würde der Welt nicht etwas entgehen, wenn Sie das jetzt nicht anpacken?

Bei Ihren Fragen möchten wir Sie mit diesem Buch gern unterstützen. Sicher flößt Ihnen Ehrfurcht ein, was da kommen könnte: Mit wem sprechen Sie als Erstes über Ihren Neuansatz? Wird man Sie auslachen, für einen Fantasten halten? Wie anfangen, woher das Geld nehmen für einen riskanten Start? Und wenn etwas schiefgeht?

Das kann natürlich sein. Aber Sie müssen das Rad ja nicht neu erfinden. Da, wo Sie jetzt stehen, standen schon andere. Was die schon falsch gemacht haben – wiederholen Sie es nicht. Machen Sie es anders. Und wenn Sie schon ins gleiche Fettnäpfchen getreten sind? Schauen Sie sich Lösungen ab.

30 Praxisbeispiele aus Deutschland, die wir in diesem Buch versammeln, können Ihre Blaupause sein. Auch diese Gründer haben sich die Köpfe zerbrochen, hatten schlaflose Nächte, bangten vor Pitches und liebäugelten damit, sich die Mühe zu sparen und einfach aufzugeben. In diesem Buch teilen sie mit Ihnen ihre anfängliche Euphorie, ihre Träume, ihre Enttäuschung, ihre Fehler und die Erfahrung, wie sie zu neuer Stärke und gesundem Trotz fanden.

Sie alle sind heute Vorbilder. Jede ihrer Ideen mündete in ein Projekt; jedes Projekt mündete in einen Erfolg. Die Ansätze dieser Gründer haben etwas verbessert: die digitale Bildung, die Work-Life-Balance, die kulturelle Vielfalt, die Teilhabe von Menschen, die Umwelt, die Gesundheit der Menschen in Entwicklungsländern, den Zusammenhalt im Dorf, den Fachkräftemarkt.

Sie alle sind »Ausgezeichnete Orte im Land der Ideen«: Sie tragen das Gütesiegel des bundesweit größten Innovationswettbewerbs, den die Initiative »Deutschland – Land der Ideen« gemeinsam mit dem Nationalen Förderer Deutsche Bank als Beitrag zur Stärkung der Innovationskraft Deutschlands im Jahr 2006 ins Leben gerufen und seitdem jährlich ausgerichtet hat. Der Wettbewerb stand jedes Jahr unter einem anderen Motto und fand 2019 zum letzten Mal statt. In 14 Jahren hat sich ein wertvoller Schatz angesammelt, der Rohstoff aus unseren Köpfen. Wir nennen es Graswurzelinitiative: 3166 Ideen made in Germany. Von Dorfbewohnern, Forschern, Bürgermeistern, Verwaltungsmitarbeitern, Studierenden, Angestellten. Sie alle sind Übermorgenmacher. Sie machen Deutschland zu einem Land der Ideen.

UND WAS IST MIT IHNEN?

Haben Sie den Mut, anzufangen und etwas ganz neu zu denken, zu verbessern, umzuwälzen? Probieren Sie es aus! Dieses Buch wirft neben den Praxisbeispielen Schlaglichter auf Stationen der Innovation, geliefert von namhaften Experten dieses Landes. In der goldenen Mitte leiten wir für Sie aus den Erkenntnissen der 3166 »Ausgezeichneten Orte« ab, wie Innovation in Deutschland entsteht. Und in einem Serviceteil, den wir online stetig aktualisieren, stellen wir für Sie zusammen, welche Verbände, Fördertöpfe und Anlaufstellen bei Ihrem Vorhaben hilfreich sein können.

Möge Ihnen dieser geballte Erfahrungsschatz als Starthilfe dienen. Vielleicht wartet die Welt auf Ihren Einsatz. Schließlich ist sie niemals zu unterschätzen – die Macht der Ideen.

Michael Hüther
Institut der deutschen Wirtschaft Köln

Ute Weiland
Deutschland – Land der Ideen

Christian Rummel
Deutsche Bank

KREATIVITÄT
BEDEUTET NICHT,
ANTWORTEN ZU GEBEN,
SONDERN FRAGEN
ZU ERFINDEN.

Regeln brechen, Fragen erfinden

Wie man seine Ideenfitness trainiert

Martin Gaedt

Martin Gaedt ist Autor (»ROCK YOUR IDEA«), Mehrfachgründer und Unternehmer.

Geht nicht! Halleluja! Wenn es noch nicht geht, sind Sie an der Schwelle zur Innovation. Wenn es schon ginge und alle Menschen stimmen Ihnen zu, ist die Idee nicht neu. Das Neue ist unbekannt, ungewohnt, unsexy, unbeliebt, würdelos, skandalös und überraschend.

Stellen Sie sich vor, der Postbote klingelt. Er bringt Ihnen ein Päckchen. Das Päckchen riecht gut. Es sieht verlockend aus. Es lächelt Sie an. Das Einzige, was Sie wundert, Sie kennen den Absender nicht. Wer schickt Ihnen ein Päckchen? Weil es so gut riecht und einladend aussieht, reißen Sie es auf, und darin finden Sie ein Smartphone. Sogar das neueste Modell. Wer schickt Ihnen ein Smartphone? Unter dem Smartphone liegt ein Post-it: »Rufen Sie uns an, wir sind Ihr neuer Arbeitgeber.«

Das hat eine Firma 2014 gemacht. 20 Päckchen wurden verschickt und fünf neue Mitarbeiterinnen und Mitarbeiter gewonnen. Die Firma hat das Bewerben einfach umgedreht. Durch die aktive Suche in Blogs, Sozialen Medien und unter Preisträgern von Wettbewerben wurden spannende Menschen identifiziert und 20 Päckchen gezielt verschickt. Das Smartphone ist die Pointe wie bei einem guten Witz. Wir lachen, wenn die Pointe überrascht. Eine Idee ist wirklich neu, wenn sie überrascht. Überraschungen fordern uns heraus, und wir merken auf. Lebensmitteleinzelhändler sprechen Ex-Köche und Ex-Koch-Azubis an als Fleischereifachverkäufer. Bei einer Abbruchquote von über 50 Prozent schlummert bei Köchen ein riesiges Potenzial. Sie lieben Lebensmittel und geregelte Arbeitszeiten. Das kann der Handel bieten. Eine andere Firma liest Patente und lädt die Patentinhaber zum Sommerfest ein.

»Ideen sind wie Cocktails. Mixen Sie, bis es schmeckt.

Umgedrehte Bewerbung. Dort erleben die Gäste die Unternehmenskultur. Überrascht diese positiv, werden die Patent-Talente einen Wechsel erwägen.

Menschen sind Sinneswesen. Wir schmecken, hören, sehen, riechen, fühlen und erleben. Ein Erlebnis, das alle Sinne erreicht, bleibt hängen. Worte hingegen sind die schlechteste Form der Vermittlung einer Idee. Wenn Sie Menschen für Ihre Idee gewinnen wollen, gestalten Sie ein Erlebnis. Zeigen Sie Prototypen. Lassen Sie das Wasser im Munde zusammenlaufen. Schreiben Sie sich dazu ein Ideen-Erlebnis-Drehbuch: Was sieht man? Was hört man? Was passiert? Der Blick über den Tellerrand ist langweilig, wenn Sie das nur sagen. Nehmen Sie hingegen einen Hammer und zerstören einen Teller, ist Ihnen die Aufmerksamkeit sicher. Sie aktivieren mehrere Sinne mit Ihrer inszenierten Überraschung.

Mit Ihrer Idee sind Sie meilenweit vorausgerannt, Sie sind jenseits der allgemeinen Vorstellungskraft und haben mit Ihrer Idee Grenzen überschritten. Die Vorstellungskraft bei allen anderen Menschen – sogar im eigenen Team – gilt es, noch zu wecken. Veränderungsbereitschaft ist ein rares Gut. Niemand lässt sich gern stören. Niemand mag Sand im Getriebe. Störungen im Alltag mögen wir gar nicht! Unsere Terminpläne sind eng getaktet. Auch die Freizeit ist häufig verplant. Wie gut, dass es Gewohnheiten gibt. Wir müssen nicht mehr nachdenken, wie wir uns Schnürsenkel binden. Das ist Routine. Ampeln regeln den Verkehr. Wir verbrauchen keine Energie für die Lösung, sie steht fest. Alles, was feststeht, spart Energie. Das ist der große Mehrwert einer Gewohnheit. Man macht sie einfach. Gewohnheiten geben uns Sicherheit! Der große Nachteil: Unser Alltag ist zu 100 Prozent ausgelastet mit diesen Routinen. Da ist kein Platz für Neues.

Eine Idee sprengt die klaren Abläufe und ist deswegen nie willkommen. Sie lenkt ab, sie klingt anstrengend und sie kritisiert den Status quo. Ein jahrelang trainierter Ablauf soll nicht mehr gut sein? Es ist daher unsere Aufgabe, dass unsere Idee schon bei der ersten Vermittlung eine Wirkung auslöst und möglichst viele Sinne beim Gegenüber anspricht.

Alles dreht sich um die eine zentrale Frage: WaBriMiDa? Was bringt mir das? Es geht weder um Ideen noch um Innovation. Es geht um Bedürfnisse wie Essen, Trinken, Schlafen, Sicherheit und Gemeinschaft. Überzeugt uns der Nutzen, greifen wir zu, und es kann mit der Zeit eine neue Gewohnheit werden. Atome und Menschen streben nach Stabilität. Dauerhafte Instabilität ertragen wir nicht. Also bilden wir Systeme und Ordnungsmuster und gewöhnen uns daran. Das führt zur Erstarrung, und harmonische Systeme sind dumme Systeme. Kritik, Widerspruch und Neugier sind die Basis für Ideen, gepaart mit Humor, Überraschung und Risiko. Wer nie ein Gesetz gebrochen hat, hat schlechte Karten, innovativ zu sein. Innovation ist die Störung zwischen zwei stabilen Zuständen, zwischen dem alten und dem neuen System, zwischen den alten und den neuen Spielregeln. Die meisten Veränderungsprozesse betonen zu sehr das Neue, statt die neue Wirkung, die neue Sicherheit und den neuen Mehrwert der neuen Gewohnheit hervorzuheben. Ein Systemwechsel braucht kluge Schnittmengen und Übergänge.

Veränderung startet immer mit der Vorstellungskraft einzelner Menschen. Das ist keine Zauberei, die Vorstellungskraft ist wie jede andere Kraft und Kompetenz trainierbar. Ideen sind wie Cocktails. Mixen Sie, bis es schmeckt. Mixen ist ein solides Handwerk. Wie Kochen und Backen ist auch Umdrehen ein Handwerk. Sie können alles umdrehen, so wie die umgedrehte Bewerbung. Drehen Sie alles um. Häuser, Bäume, Prozesse. Sinnlos? Halleluja! Aus Sinnlosem wird Etabliertes, wenn die Idee anderen Menschen schmeckt und Bedürfnisse befriedigt.

TRAINIEREN SIE IHRE IDEENFITNESS MIT DIESEN 18 HANDWERKSZEUGEN:

- steigern
- umdrehen
- brechen
- verkleinern
- ersetzen
- reduzieren
- streichen
- infrage stellen
- vertiefen
- vergrößern
- entdecken
- Regeln ändern
- kombinieren
- Nutzen erhöhen
- übertragen
- provozieren
- Fehler machen
- träumen

Stellen Sie an jeder roten Ampel, im verspäteten Zug und im Stau 44 Fragen zu einem Thema Ihrer Wahl. So stellen Sie in sieben Jahren eine Million Fragen. Ich garantiere Ihnen, dass Ihre Ideenfitness dann gewachsen ist. Fragende Menschen sind unbequem. Unbequeme Menschen stören. Fragen schaffen Unfrieden. Sie widersprechen. Fragen fordern heraus. Zum Denken. Zur Veränderung. Wer fragt, merkt, dass nichts feststeht und alles anders geht. Werden Sie Besserfrager statt Besserwisser.

Wer sagt, er kenne die Zukunft, der lügt. Was hingegen stimmt: Wir können die Zukunft heute schon gestalten. Streichen Sie! Zum Beispiel unnötige Prozesse. Norwegens Grundbuchamt läuft auf einer Blockchain. Die Anmeldung einer Immobilie dauert wenige Tage statt zuvor sechs Monate. Estland spart 800 Jahre Arbeitszeit in der Verwaltung durch digitalisierte Angebote für Bürgerinnen und Bürger. In Deutschland könnten wir pro Jahr 50 000 Jahre Arbeitszeit sparen, wären wir auf dem Stand von Estland. Alles geht anders: Verwaltung. Prozesse. Produkte. Spiele. Lernen. Beziehungen. Diplomatie. Demokratie. Design. Organisation. Rechtsform. Städtebau. Mobilität. Energiegewinnung. Energiespeicherung. Zusammenleben.

Wollen Sie Schmetterlinge, dann treten Sie nicht auf Raupen! Wollen Sie reife, wirksame Veränderung, dann treten Sie bitte nicht auf Ideen! Ideen sind wie Babys, sie tragen Talente in sich, die erst einmal umarmt, gefüttert, gepampert und geliebt werden wollen. Don't criticize, improve! Mit dieser Haltung können Ideen reifen. Keine Idee kommt perfekt aus dem Kopf. Der Online-Streamingdienst Netflix feiert in diesem Jahr seinen 23. Geburtstag. Als Sie Netflix kennengelernt haben, war diese Idee bereits volljährig. Ideen sind zuerst hilflose Babys, dann wilde Teenager und schließlich erwachsen und gereift.

Das Neue braucht Menschen, die lachend Grenzen überschreiten, fest an ihre Vision glauben und Ideen gegen alle Widerstände durchboxen. An die Arbeit. Ich will von Ihren Ideen hören, sehen, riechen, spüren und schmecken.

»CROWDFUNDING IST DER ULTIMATIVE TAUGLICHKEITSTEST«

Schaufenster des Rettermarkts
in Berlin-Steglitz.

Lebensmittelretter von »SIRPLUS« starten durch – mit Ideen für die Tonne

Ideen blitzen an den unterschiedlichsten Orten auf. Manchmal sogar vor der Abfalltonne eines Supermarktes. Raphael Fellmer kann davon erzählen. Viele Jahre seines Lebens versetzte ihm die Verschwendung von Lebensmitteln in Europa einen Stich.

Immer gut drauf: Die SIRPLUS-Gründer **Raphael Fellmer** und **Martin Schott** kämpfen dafür, dass weniger Lebensmittel in der Tonne landen.

Daraus zog er zunächst eine Konsequenz nur für sich selbst: Er trat in den Geldstreik und ernährte sich fünf Jahre lang von gestohlenen Produkten, die Supermärkte in ihren Hinterhöfen entsorgt hatten. Auf Reisen per Anhalter rettete er auf der ganzen Welt viele Tonnen achtlos entsorgten Essens. In Mexiko holte er erstmals legal bei einigen Restaurants und Marktständen Lebensmittel ab und verteilte sie. Zurück in Deutschland containerte er wieder exzessiv. Das war 2012, während der neun Monate, sagt er heute, habe er seinen »Doktor im Mülltauchen« gemacht. War er doch wieder ganz ohne Geld unterwegs.

Langsam nahm eine Idee Gestalt an: Fellmer schuf eine Lebensmittelretter-Bewegung, die bald mit der Plattform foodsharing fusionierte. Er wandte sich nun an Supermärkte, malte ihnen eine Win-win-win-Situation aus. Die Umwelt würde profitieren, die Weiterverwerter auch, die Betriebe würden Entsorgungskosten sparen und ihr Employer-Branding polieren. Was die Tafel nicht gebrauchen konnte, weil zu wenig, kompliziert zu transportieren, abgelaufen, nahm er für die Ausgabe ab. Das foodsharing-Netzwerk wächst; mittlerweile retten über

70 000 Ehrenamtliche bei über 6000 Betrieben in Deutschland, Österreich und der Schweiz.

Doch Fellmer schwebte mehr vor. Seine Initiative bewegte sich immer noch in einer Nische. Wie konnte man alle Menschen erreichen? Zusammen mit seinem Mitgründer Martin Schott formulierte er ein neues Ziel: Wir eröffnen einen Supermarkt – einen Rettermarkt mit Onlineshop, sodass jeder zum Retter werden kann. Einen Anlaufpunkt, der so salonfähig ist, dass alle Menschen sich dort wohlfühlen und erhobenen Hauptes ein und aus gehen. Sodass sie als Multiplikatoren eine Botschaft in die Welt tragen: Es gibt so viel Überschuss, dass sich davon nicht nur Bedürftige versorgen können, sondern Arm und Reich über alle Lebenssituationen und Berufsgruppen hinweg. Die Vision der beiden Berliner: Alle Menschen sollen genügend zu essen haben. Und alle produzierten Lebensmittel sollen auch verbraucht werden. Das war 2017. SIRPLUS war geboren.

1500

Offline-Kunden täglich

3000

Besucher des Online-Shops täglich

Ab wann hielten Sie Ihre Idee für tragfähig?

Ab dem ersten Moment. Da gab es kein Straucheln. Wir sagten uns: Wir machen das Ganze groß und starten mit einem Supermarkt und Partnern.

Woher nahmen Sie die Selbstsicherheit?

Die zogen wir aus einer Crowdfunding-Kampagne. Als uns dabei fast 2000 Leute unterstützt haben, den ersten Rettermarkt in Berlin zu eröffnen, war uns klar: Das ist nicht nur in unseren Köpfen tragfähig, sondern die Menschen wollen das; die Zeit ist reif für unser Ziel, gerettete Lebensmittel – vegan, bio und fairtrade – mainstream zu machen. Am Ende kamen tatsächlich Hunderte Menschen jeden Tag in den Laden.

Crowdfunding als ultimativer Lackmustest?

Definitiv. Neben dem Träumen ist es wichtig, mit ganz vielen Menschen über ein Vorhaben zu sprechen und ehrliche Meinungen einzuholen. Das Crowdfunding kann ich jedem ans Herz legen – es ist ein verlässlicher Proof of Concept, der Test, ob das, was man sich ausgedacht hat, wirklich tragen wird. Wenn man sich nicht sicher ist oder kein Startkapital hat, kann man über ein Crowdfunding die Verantwortung beim Planen auf viele Schultern verteilen, weil man Hunderte oder sogar Tausende Menschen motiviert, einen kleinen Beitrag zu leisten und dadurch schon einen Teil vorzufinanzieren. Vor allem kann man dabei gleich eine Community aufbauen, die dann auch die besten Kunden stellt.

Und dann?

Einfach »lean« starten. Nicht lange herummachen, nicht perfekt ausarbeiten, sondern sagen: Okay, das muss alles noch deutlich besser werden, aber mit dem kleinsten brauchbaren Produkt oder der Idee können wir jetzt schon an den Start gehen.

Wir bieten die schlankeste Variante an, schauen, ob's fruchtet, und bessern dann ständig nach.

Was hat Sie motiviert, mit Geduld am Ball zu bleiben?

Unsere Vision. Es ist heute dringender als je zuvor, dass wir uns für die Rettung unserer Erde, das Bestehen unserer Spezies einsetzen. Es ist nicht genug, einfach nur ein bisschen »Bewusstsein zu schaffen«, wie es allenthalben heißt. Stattdessen müssen wir massiv die Treibhausgase senken, massiv die Menschen bewegen, ihren Beitrag zu leisten – auch in ihren Privathaushalten. In Europa wird etwa die Hälfte aller Lebensmittel verschwendet, das ist beschämend. Unsere Ur-Motivation ist: Wir haben genügend Lebensmittel für alle Menschen auf der Erde – allein alles, was wir wegschmeißen, würde ausreichen, um alle hungernden Menschen viermal zu ernähren! Wir wollten nicht nur eine praktische Lösung finden, sondern über unseren eigenen Rettungs-Impact hinaus möchten wir ganz viele Menschen über die Medien mit dem Thema konfrontieren und zum Umdenken animieren.

Wo liegt das Problem in Deutschland?

Allein 50 Prozent der Lebensmittelverschwendung hierzulande passiert in den Privathaushalten. Wir können es uns ökonomisch leisten, so viel zu verschwenden. Aber ethisch und ökologisch ist das nicht tragbar. Allein der Unterschied zwischen dem Mindesthaltbarkeitsdatum (MHD) und dem Verbrauchsdatum ist vielen nicht bewusst. Nach dem MHD sind Lebensmittel oft noch Monate, teils sogar Jahre genießbar.

Ihre Projektentwicklung klingt sehr linear. Gab es auch Hemmnisse?

Nichts war linear. Wenn man etwas Großes bewegen will, muss man die Themen an der Wurzel packen, nicht Symptome bekämpfen. Woher kommt das Problem, wo genau entstand es, an welcher Stelle müssen wir also eine Änderung bewirken, damit es nicht mehr auftritt? Aus operativer Sicht sind wir für unser Ziel abhängig von Geld. Dafür müssen wir die passenden Menschen finden. Das brauchte Zeit.

Zumal Sie jahrelang Geld abgelehnt hatten.

Genau. Wir kamen zu der Einsicht, dass uns der Verzicht auf Geld und die rein ehrenamtliche Arbeit beim Ziel, einen Wandel herbeizuführen, nur limitieren. Bei einem Pitch in der Fernsehsendung »Die Höhle der Löwen« 2019 wurde unser Konzept wortreich abgeschmettert; wir hörten den Vorwurf, unsere gemeinnützige Absicht vertrage sich nicht mit dem Wunsch nach einem profitablen Unternehmen.

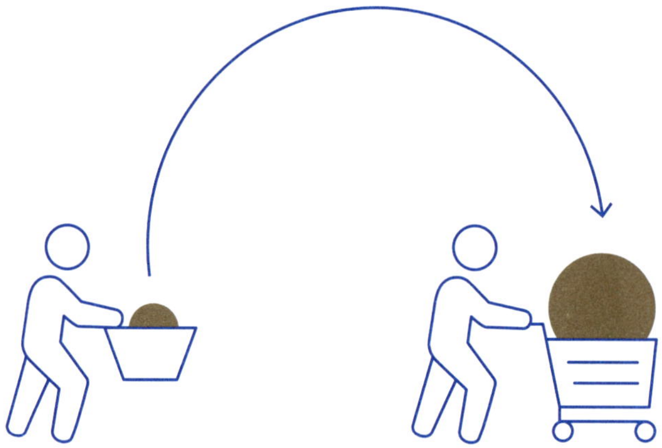

2017
30 verschiedene gerettete Produkte im Angebot

2020
Mehr als 300 Produkte im Angebot

Hat diese Reaktion Sie sehr erschüttert?

Ja, denn wir brauchen Geld, um unsere Idee auszurollen und maximalen Impact zu erreichen. Andere haben das sehr gut verstanden: Am Tag der Ausstrahlung schlossen wir dann die Finanzierungsrunde mit drei echten Impact-Investoren. Das sind Geldgeber, für die statt der Rendite die Verwirklichung ökologischer und sozialer Ziele im Vordergrund steht. Sie glauben fest an uns und ermöglichen mit 650 000 Euro den Ausbau unserer Rettermärkte, des Onlineshops und unserer Eigenmarke.

Ein schlimmster Moment, der zum schönsten wurde?

In gewisser Hinsicht schon. Ich bin aber davon überzeugt, dass wir gerade in den schwierigen Momenten im Leben am meisten wachsen.

Was hilft Ihnen in kritischen Situationen?

Jemanden zu haben, dem ich voll vertraue und mit dem ich alles teilen kann: meinen Co-Founder Martin. Schon vor der Gründung war sein Dasein ein großes Geschenk. Der Gründungspartner fängt einen auf und sagt einem, wofür man das alles auf sich genommen hat. Gründen ist wie Achterbahnfahren – manchmal auch zum Kotzen, denn es gibt immer wieder schwierige Tage. Hinter den Wolken scheint die Sonne aber immer. Wir helfen uns gegenseitig, dies keinen Tag zu vergessen.

Ihr Rettermarkt ernährt mittlerweile nicht mehr nur Ihre Kunden und Sie selbst …

Richtig. Bei uns arbeiten inzwischen mehr als 130 Menschen. Jeder neue Mitarbeiter ist ein Highlight. Darunter sind sechs Geflüchtete in Ausbildung. Neben der Lebensmittelrettung können wir also Menschen helfen, die aus schwierigen Situationen in ihren Ländern gekommen sind. Wir geben ihnen einen Platz in unserer Gesellschaft, sie können sich einbringen. Darauf sind wir stolz.

Lebensmittelretter: Das Team von SIRPLUS
ist in kurzer Zeit enorm gewachsen.

Dit is doch noch jut – einer der
bunten Berliner Rettermärkte.

15.000
Kunden des Online-Shops

+ **150.000**
Kunden gesamt bisher

Mittlerweile betreibt SIRPLUS vier Rettermärkte in Berlin mit jeweils eigenen Filialleitungen. Sie können nicht in allen gleichzeitig sein. Fällt das stufenweise Loslassen des »Babys« schwer?

Martin und ich haben uns von Anfang an gesagt: Wir müssen Verantwortung unbedingt abgeben. Nicht festzuhalten und alles selbst machen zu müssen, sondern der Multiplikationsgedanke, andere zu empowern, ist zentral für uns. Das empfehle ich jedem.

Wenn Sie noch mal beginnen dürften – was liefe anders?

Wir würden uns schon ganz früh vorm Loslegen einen Kredit von der Bank holen. Da gibt es tolle Unterstützungsprogramme. Wir haben uns viel privates Geld geliehen, stattdessen hätten wir frühzeitig eine Institution ins Boot holen sollen. Das macht vieles einfacher. Wir würden uns auch früher um einen Mentor bemühen, der uns auf die Finger schaut und begleitet.

Insider-Tipps

1. Sprich mit allen möglichen Menschen über Dein Vorhaben. Hol Dir so viel Feedback wie möglich.

2. Lass Dich so richtig kritisieren! Du brauchst einen Mentor vor allem für negatives Feedback, jemanden von außen, der Erfahrung hat und schon weiter ist als Du. Der Dich kitzelt und begleitet. Und wenn es nur einmal im Monat ist.

3. Starte eine Crowdfunding-Kampagne. Das ist Dein Proof of Concept, bevor Du überhaupt so viel reinlegst: Zeit, Energie, Liebe, Geld.

4. Bring die erste Version schnell und ganz schlank an den Start. Egal, ob Dienstleistung, App, Produkt oder Supermarkt. Und verbessere dann im laufenden Betrieb!

LOWTECH IN DIE ZUKUNFT

Licht, modern, viel Grün – wie die Entwürfe der Stadtgestalter: das Cityförster-Büro in Hannover.

Cityförster gestaltet weltweit urbane Räume und war am Anfang blauäugig – gut so

Schmelzende Gletscher in der Antarktis, schwindender Regenwald, Klimaproteste junger Menschen in aller Welt – die Schonung unserer Ressourcen wird allmählich rund um den Erdball als Überlebensfrage anerkannt. Elf Absolventen der Leibniz Universität Hannover waren ihrer Zeit fast schon ein wenig voraus, als sie 2005 Cityförster gründeten.

Sie alle waren mit der wenig nachhaltigen und integrierten Herangehensweise klassischer Stadtplanungs- und Architekturbüros unzufrieden. Die Uni-Elf träumte stattdessen von lebendigen öffentlichen Räumen für alle und urbanen Wohnformen, die soziale, kulturelle und ästhetische Faktoren im Blick haben und bei denen die Planer die Expertise anderer Gewerke von Anfang an einbeziehen. So entstand der Name Cityförster: Wie der Wald lebt auch die Stadt von der Vielfalt ihrer Akteure und Orte.

Die Gründer sind Stadtplaner, Architekten und Gestalter – und setzten schon in ihrer Studienzeit Impulse. Sie veranstalteten Symposien zu der Frage, wie die Berufsgruppe, der sie demnächst angehören, künftig arbeiten wird. Die Gründer haben eine Antwort gefunden und propagieren »More with less« – mit weniger Aufwand mehr erreichen.

Ihren Köpfen und Händen entstammt etwa ein Recyclinghaus in Hannover, das aus bereits verwendeten Baustoffen besteht. Fenster aus einer alten Schule, die Fassade aus einem Gewerbebau, Holz aus einer alten Sauna. Europaweit einzigartig, ist es gerade fertig geworden und spart jährlich Tausende Kilogramm CO_2 ein. Zehn Prozent der weltweiten Kohlendioxidemissionen entstehen schließlich durch die Baubranche – für Cityförster müssen da verpflichtend neue Konzepte her.

Ein wichtiger Meilenstein war auch der Entwurf einer Wolfsburger Schule. Die Schüler bewegen sich dort nun durch Lernlandschaften. Statt Klassenräumen mit Frontalberieselung entstanden Zonen für Stillarbeit, Diskussion, Entspannung.

Und auch in China befindet sich ein Projekt der Hannoveraner im Bau: Dort gestalten sie öffentliche Räume, die mehr sind als die Lücke zwischen Gebäuden. Cityförster begegnet dem Problem der Überhitzung in Großstädten mit viel Grün, das über einen natürlichen Wasserkreislauf für Verdunstungskälte sorgt. Das Ziel: Biodiversität, saubere, kühlere Luft, entspannte Menschen durch Natur und Freiräume. Auch wenn die Entstehung am Computer hightech war – das Ergebnis ist lowtech und damit wartungsarm.

Standorte in Deutschland und den Niederlanden.

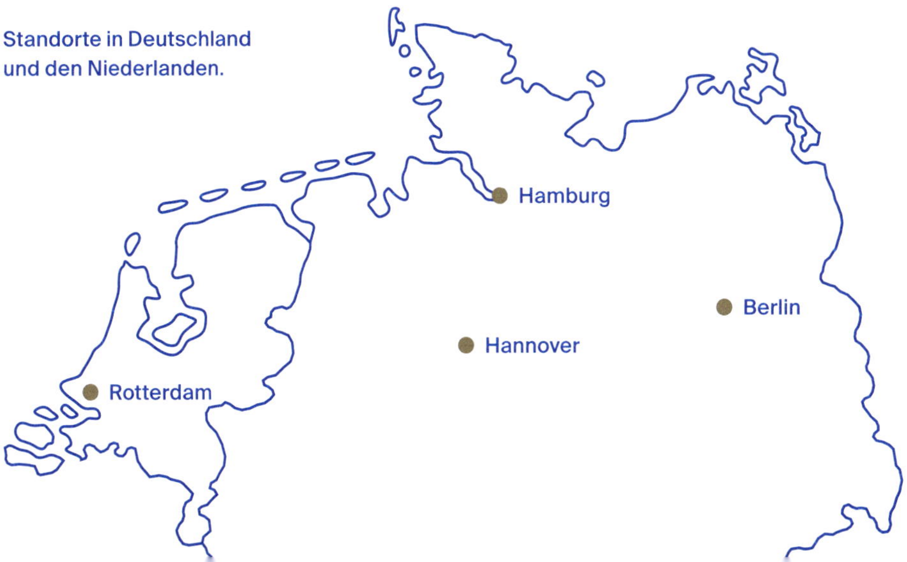

Acht verbliebene Partner, vier Standorte, viele Auszeichnungen – so steht Cityförster heute da. Das Team aus mittlerweile 30 Mitarbeitern bearbeitet Aufträge weltweit. Der Weg zum globalen Erfolg war durchaus steinig. Umso dankbarer ist Cityförster für den ersten erhaltenen Auftrag – er traf an dem Tag ein, an dem Partner Oliver Seidel und einige seiner Kollegen ihre Studien-Abschlussarbeit vorstellten.

> »Am Anfang hörte ich oft: Du kannst doch nicht mit so vielen Leuten gründen!

Herr Seidel, was mussten Sie für Ihren ersten Auftrag tun?

Ein Klassiker: Man muss jemanden kennen. In diesem Fall bekamen wir über den Partner Martin Sobota Kontakt zum damaligen Bürgermeister der albanischen Hauptstadt Tirana. Also fragten wir an, ob wir dort arbeiten könnten. Der Bürgermeister willigte einfach ein. Das war Wahnsinn. Damit begann unsere Laufbahn mit Projekten in Albanien. Der Bürgermeister ist übrigens heute Ministerpräsident des Landes.

Hatte er damals ein offenes Ohr für Ihr integratives Konzept?

Er ist als Künstler grundsätzlich sehr offen. Das kommunistische Regime war 1991 zusammengebrochen. Ende der 90er-Jahre herrschte in Tirana immer noch eine gewisse Anarchie. Es gab illegal errichtete Kioske und Nachtclubs; einige Menschen hatten im Stadtpark ihre Häuser gebaut und sich alles, was der öffentlichen Hand gehörte, einfach genommen. Dann kam der Bürgermeister an die Macht. Er hatte kein nennenswertes Budget und wollte die Stadtgesellschaft entwickeln. Er ließ die illegalen Bauten abreißen und wünschte sich attraktive öffentliche Räume und Kulturstätten, nahm Schulen und soziale Einrichtungen in den Blick. Im Raum zwischen den Gebäuden sollte man sich gern aufhalten. Das passte absolut zu unserem Ansatz.

Ein kleines Budget bedeutete auch für Sie wenig Geld. Haben Sie Tirana damals unter »Referenz« eingeordnet?

Ja. Für uns waren das alles sehr große Projekte im Vergleich zu dem, was uns in Deutschland als Uni-Abgänger möglich gewesen wäre. Wir konnten auch viele Wohnungen realisieren und eine richtig große städtebauliche Planung machen – hierzulande als Auftakt undenkbar.

Hatten Sie kein Muffensausen ab und zu?

Klar! Aber das zeichnet uns aus: Wir haben uns immer getraut. Auch an anderen Stellen. Das muss man auch. In unserer Branche ist es üblich, in internationalen Wettbewerben gegeneinander anzutreten. Man reicht große Entwürfe ein – nur einer gewinnt. Auch schon in den ersten Jahren nahmen wir an Wettbewerben in Finnland, Island und Afrika teil. Wir machten erst mal – und überlegten anschließend, wie wir die Herausforderungen lösen konnten. Davon profitieren wir heute. Wir arbeiten weltweit, unter anderem in China, Afghanistan und Afrika. Das wäre uns nicht passiert, wenn wir nicht mitunter blauäugig losgelaufen wären.

Fassadendämmung aus Jutesäcken? Geht! Das zeigt dieses experimentelle Wohnhaus aus recycelten Baustoffen.

Mitarbeiter stammen aus

10 Ländern

Sie waren 2005 ein ungewöhnlich großes Gründerteam.

Ja, und das ist ein Riesenvorteil. Am Anfang hörte ich oft: Du kannst doch nicht mit so vielen Leuten gründen! Aber man hat eine große Gruppe, deren Mitglieder sich gegenseitig den Rücken stärken. Vor allem, wenn mit einem oder mehreren Aufträgen plötzlich ganz viel Arbeit anrollt, kann man sie leichter bewältigen. Besser als zu zweit oder zu dritt, ohne weitere Mitarbeiter am Anfang. Natürlich gibt es auch Nachteile. Etwa wenn man im Team eine gemeinsame Meinung entwickeln muss.

Hat Sie das sehr beschäftigt?

Ja, wir haben uns zu lange um uns selbst gedreht, das war sicher ein Problem der elf Leute. Es kostete Kraft. Die Firma brauchte zum Beispiel einen Gründungsvertrag; dafür mussten wir viele Eckpunkte klären. Dem einem schwebt eine große Firma vor, dem anderen erst mal eine kleine oder mittelgroße. Der eine will viel Verantwortung, der andere weniger, ein weiterer will nebenbei noch an der Uni arbeiten. Das alles unter einen Hut zu bekommen, ist schwierig. Und dann gerät man als Gründer immer wieder in Gefilde, von denen man null Ahnung hat. In meinem Fall waren es das Rechtliche und Wirtschaftliche – wirklich keinen Schimmer!

Was haben Sie dann getan?

Wir holten uns professionelle Hilfe – das würde ich jedem raten. Sogar wenn man sich auskennt, sollte man sich helfen lassen. Wir haben

Auch im Bad setzt das Cityförster-Team auf gebrauchte Materialien.

mit Personalentwicklern einige Workshops gemacht, und es funktionierte. Davor hatten wir uns zwei Jahre lang totgeredet.

Wie haben die Berater Ihnen geholfen?

Sie haben unsere Probleme analysiert und manche vorläufig geparkt, damit wir an anderer Stelle weiterkommen. Seitdem sind wir sehr offen für Beratung und zahlen auch gern dafür, weil wir wissen, wie wertvoll es ist und wie viele Stunden Frust es uns erspart.

Gab es auch externe Hemmnisse?

Wir wurden nie gefördert, aber gut: Wir bieten eine Dienstleistung an. Dafür braucht man nicht viel Kapital. Ein Computer, ein paar Lizenzen, das genügt zum Arbeiten. Aber Verknüpfungen, Netzwerk – das ist wichtig. Und da legte man uns Steine in den Weg.

Wie?

Das ist typisch deutsche Mentalität. Man bekommt keinen Vorschuss, man muss es sich verdienen, mitspielen zu dürfen. In Skandinavien ist das ganz anders. Dort sagt man: Wir als Gesellschaft haben die Jungen ausgebildet, sie sind unsere Zukunft. Deswegen sollen die jetzt mit unserer Unterstützung arbeiten, teilhaben, etwas erreichen können.

Und hierzulande?

Da heißt es: Vorsicht, das sind die Neuen. In den Verbänden ist das besonders schlimm. Da wird man nicht mit kollegialem Blick angeschaut, sondern als Konkurrenz. Da wird nach unten gehackt. Es hat uns Jahre gekostet, auf einem Niveau zu landen, sodass wir mitspielen können. Es war ein Kampf. Das fand ich armselig. Je älter die Leute waren, desto stärker hat man diese Haltung gespürt – selbstverständlich gab es da auch Ausnahmen. Aber das ändert sich hoffentlich langsam.

Sind Sie selbst organisiert?

Ja, in der Architektenkammer. Auch da haben die älteren Mitglieder versucht, uns erst mal klein zu halten. Ganz bewusst erst mal nichts vom Kuchen abzugeben, statt zu schauen, ob man auch profitieren kann, indem man gemeinsam etwas entwickelt, sich Tipps gibt. In Skandinavien greifen die großen etablierten Büros sich die kleinen Büros frisch von der Uni als Kooperationspartner ab, um frische Ideen ins Boot zu bekommen. Nach dem Motto: Wir Großen werden sonst schwerfällig und bleiben irgendwann in unseren Mustern hängen. Da ist viel Wahres dran.

Wie kann so eine Kammer den Jungen den Eintritt schmackhaft machen?

An diesem Punkt arbeite ich gerade. Die Kammer ist wie eine Gilde. Sie hat ein Riesendefizit an jungen Menschen, will sie gewinnen, erschwert ihnen aber den Zugang. Ein problematisches Konstrukt. Ich wurde mit der Leitung des »Ausschusses zu Fragen des Berufsstandes in der Zukunft« betraut. Die, die reindürfen, müssen sich zu Hause fühlen und eingebunden werden. Das Durchschnittsalter mancher Architektenverbände liegt bei 67. Die sind völlig aus der Zeit gefallen. Alle reden von Innovation, aber wie schaffe ich die? Durch offene Strukturen, Kollaboration unterschiedlicher Altersklassen und Nationalitäten. Nicht, indem ich mich die ganze Zeit selbst beweihräuchere. Architekt ist man übrigens erst nach zwei Jahren Berufspraxis.

Wirklich?

Ja, bis dahin muss man sich jemanden suchen, der für einen den Bauantrag unterschreibt! In dieser Phase darf man sich nicht Architekt nennen, sonst zahlt man eine Strafe. Die Kammer argumentiert natürlich mit der Qualitätssicherung. Ich verstehe, dass nicht jeder Frischling das Projekt eines Bauherrn, der eine Stange Geld investiert hat, gegen die Wand fahren soll. Aber man könnte dem Jungen einen Erfahrenen zur Seite stellen, mit dem er das zusammen bewältigen kann.

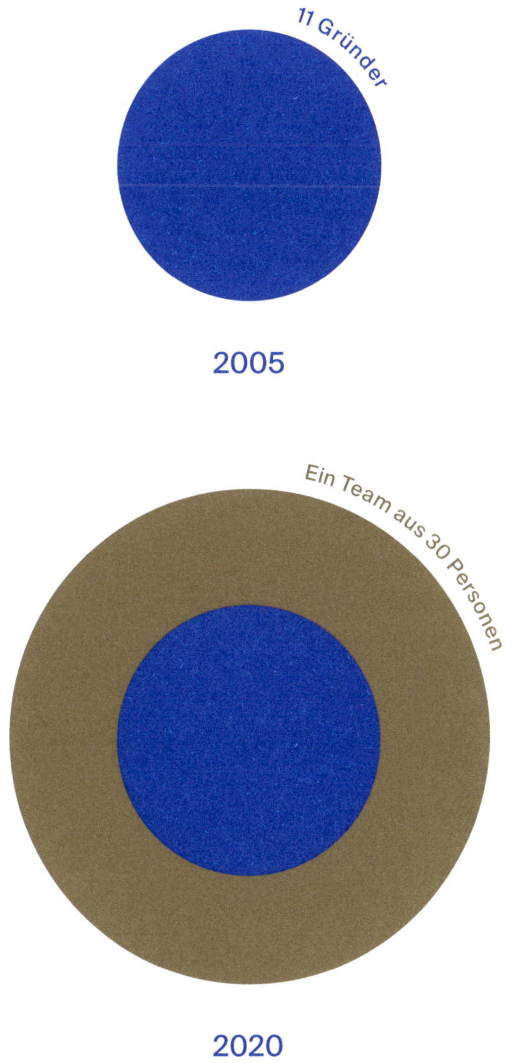

»Deutschlands Städte der Zukunft nutzen intelligent die digitalen Möglichkeiten: Wir müssen als Städte selbst mutig vorangehen und gemeinsam mit den Menschen smarte Lösungen für unsere aktuellen Herausforderungen finden – insbesondere im Verkehr, aber auch in vielen weiteren Bereichen. Meine Ziele: zusätzliche Lebensqualität für die Bürgerinnen und Bürger, Fortschritte bei Klimaschutz und Nachhaltigkeit sowie noch mehr Transparenz in Verwaltung und Politik.

Prof. Dr. Eckart Würzner, Oberbürgermeister Heidelberg, #holdenoberbuergermeister

Innenwände aus Abbruchziegeln, prachtvolle alte Türen sorgen für Nostalgie.

Werden Sie in der Kammer immer noch als Jungspund angesehen?

Na ja, mittlerweile bin ich 43, aber als Architekt ist das immer noch jung. Ich werde inzwischen akzeptiert, dennoch teilen viele meine Meinung nicht.

Schon mal Fluchtgedanken gehegt?

Die Verbohrtheit hat mir immer wieder Kopfschmerzen bereitet. Ich habe schon öfter gedacht, dass ich es mir leichter machen kann, indem ich mich nicht mehr damit auseinandersetze, der Gedanke an Weglaufen war da. Ich bin aber dabeigeblieben.

Ein persönliches Highlight?

Dass wir als Freunde gegründet haben und es immer noch sind. Bei uns hat jeder so viel Freiheit wie möglich für maximalen Arbeitsspaß. Jeder wählt seinen Partner, seinen Sitzplatz, seine Arbeitszeit. Viel, wenig, spät, am Wochenende oder nicht. Jede Überstunde wird bezahlt. In Personalgesprächen hören wir große Zufriedenheit heraus. Das zeigt uns: Wir machen etwas richtig.

Was würden Sie heute bei einem Neustart anders machen?

Schneller finanzielle Risiken eingehen. In Vorleistung treten, einen Kredit aufnehmen, schneller Leute einstellen. Wir haben uns nie Geld geliehen, sondern die Firma aus dem Erarbeiteten heraus entwickelt. Das gab uns viel Freiheit, und wir hatten keine Abhängigkeiten. Aber es dauert sehr lange, bis das Rad sich schneller dreht.

Insider-Tipps

5. Es ist viel leichter, eine junge Idee zu zertreten, als sie zu unterstützen. Lass dich nicht beirren.

6. Such dir stattdessen Verbündete, die auch an deinen Ansatz glauben.

7. Mehr Gründungsmitglieder heißt: höhere Reaktions- und Leistungsfähigkeit, wenn akut viel Arbeit anfällt.

8. Trau dir viel zu. Mach natürlich kein Harakiri – aber grüble auch nicht zu viel nach, sonst machst du es vielleicht nicht.

»ANFANGS WAREN WIR NUR DIE GRAFFITI-DUDES«

Kicken vor kunstvoller Kulisse – gestaltete Fassade im Hallenser Quartier Freiimfelde.

Kreative Truppe putzt Quartiere heraus – und plauscht sich in die Herzen der Anwohner

Manchmal kommt es anders, als man denkt. Da lässt man nichts ahnend ein paar Festivals steigen und am Ende gestaltet man ganze Stadtviertel neu. Aber von vorn.

Hendryk von Busse schrieb seine Diplomarbeit. Das Thema: Urban Art als Instrument partizipativer Stadtgestaltung. Ein perfekter Aufhänger, um sich mit drei Mistreitern und etlichen Freelancern die eigene Stadt vorzuknöpfen, Halle an der Saale in Sachsen-Anhalt, 2010 bundesweite Rekordhalterin im Leerstand. Besonders der Stadtteil Freiimfelde war ein Sorgenkind: leere Geschäfte, heruntergekommene Häuser, schlechter Ruf – perfekter Ort für ein Event. Das kreative Quartett stellte mitten im Wohngebiet das »All You Can Paint«-Festival auf die Beine. Die Fassaden durften bemalt und besprüht werden; es gab Workshops, Straßenfußball, Theater und Konzerte. Die Macher ernteten beachtliche Aufmerksamkeit und starken Zulauf.

Die Stadt Halle brütete angesichts der Begeisterungswelle, die die Kreativen losgetreten hatten, bald über neuen Perspektiven. Es folgten weitere Festivals, Workshops für Schüler und soziale Träger. Und eine Brachfläche von 5000 Quadratmetern geriet ins Visier. Nun luden die Künstler zu Stadtteilrunden ein, malten potenziellen Fördergeldgebern aus, was es hier künftig alles geben könnte statt der verseuchten Ödnis: bunte Fassaden, ja, aber auch Spielplätze und attraktive Treffpunkte. Dank der Festivals hatten die jungen Leute schon alle Ansässigen kennengelernt – den Sozialunternehmer, die schimpfende Seniorin, den Familienvater. Die Künstler sammelten die Wünsche der Anwohner ein und moderierten die Ideenfindung; ein Bürgerverein gründete sich, der Freiimfelde e. V. Aus der Brache wurde durch viele helfende Hände ein Bürgerpark.

Nun war es eigentlich ein obligatorischer Schritt: Die Stadtplaner, Pädagogen und Künstler gründeten am 1. Januar 2018 ein eigenes Planungsbüro, die Freiraumgalerie. Von der Mauer bis zur großen Giebelwand – kunstvoll gestaltete Fassaden sind heute ihr Werkzeug in der Stadt- und Raumentwicklung. Leerstand und städtebauliche Mängel? Kein Anlass zur Resignation. Farblose Tristesse lässt das Team zur Höchstform auflaufen. Vertikale Gebäudeflächen – sie sind ihre Leinwand.

Danilo Halle gehört zu den Gründern der Freiraumgalerie. Das Künstlerkollektiv ist inzwischen auch im Ausland gefragt. So durfte Danilo Halle das Tor der deutschen Botschaft im kambodschanischen Phnom Penh gestalten. Zusammen mit einem einheimischen Street-Art-Künstler bildete der Hallenser in kambodschanischer und deutscher Sprache ein Wort ab: »Aufbruch«.

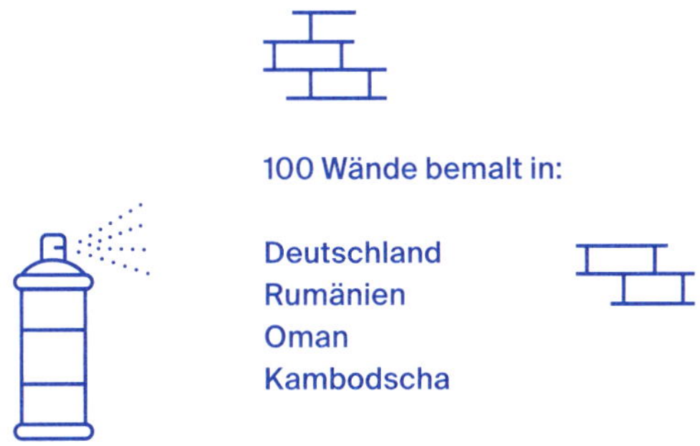

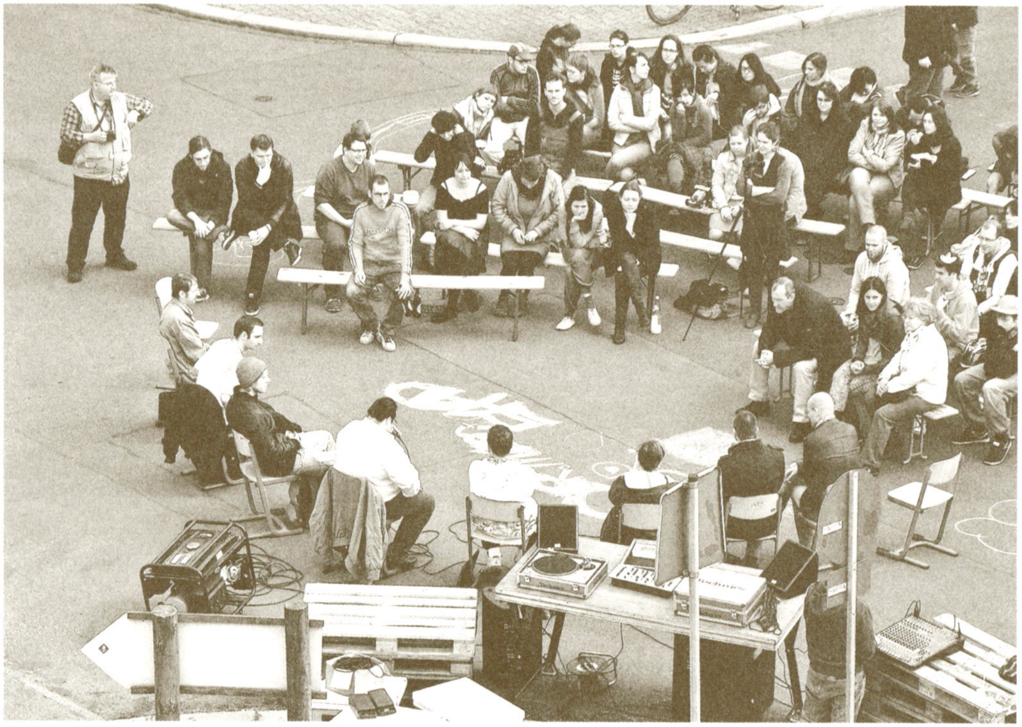

Beteiligungsveranstaltung mit Bürgern und Sozialakteuren 2012.

Mehrere Tausend Euro in Kaffee investiert

Herr Halle, welche ersten Schritte unternahmen Sie, um aus der Idee ein Projekt zu machen?

Wir stellten ein Team zusammen und kommunizierten ohne Ende überall, was wir vorhatten. So bauten wir unsere Netzwerke auf und gewannen unsere späteren Kooperationspartner. Am Anfang spürten wir viel Skepsis. Aber durch Infoabende, Beteiligungsveranstaltungen und vor allem sichtbare Ergebnisse haben wir uns das Vertrauen in unsere Fähigkeiten erworben – von Bewohnern, Hauseigentümern, der Stadt. Und das von der Wohnungsgenossenschaft in Halle: In ihrem Auftrag bemalten wir bis Ende 2019 vier Plattenbauten mit elf Geschossen.

Viel Arbeit, bis Sie einen Fuß in der Tür hatten.

Genau. Wir hatten vier Jahre lang nicht aus wirtschaftlichen Gedanken heraus gehandelt. Im Gegenteil. Es war ein eher ideeller Antrieb, Lust, etwas Gutes zu bewirken. Wir haben zum Teil privates Geld in unsere Vorhaben gesteckt. Mit der Bürogründung haben wir viel gelernt. Auch eine Balance zwischen Aufträgen und eigenen Projekten zu halten: Wir haben parallel einen gemeinnützigen Verein gegründet. So können wir neben Auftragsarbeiten, die wir für andere erledigen, noch unsere eigenen kreativen Projekte umsetzen. Das war uns wichtig. Und es ist auch eine finanzielle Frage, nicht nur auf Aufträge zu warten. Die Einbindung von Kunst ist unser Alleinstellungsmerkmal. Es wird in Halle und anderswo aber nicht ständig eine Fassade durch Kunst verschönert. Wir sind also davon abhängig, uns im Winter auch fleißig eigene Projekte auszudenken.

Was motiviert Sie am stärksten?

Das Gefühl, etwas Einzigartiges und Inspirierendes für die Menschen zu schaffen. Sichtbare Veränderungen im öffentlichen Raum zu planen und umzusetzen. Die Chance haben nicht viele.

Welche Hemmnisse gab es?

Viele Hauseigentümer und Bewohner konnten sich gar nicht vorstellen, was wir vorhatten, oder hegten Bedenken, dass sich die Situation in ihrer Nachbarschaft durch unsere »Schmierereien« noch verschlimmern würde. Wir mussten am Anfang mächtig Überzeugungsarbeit leisten und Vorurteile abbauen. Die Grenzen zwischen Graffiti, Street-Art und urbaner Kunst verschwimmen schon mal. Bevor das erste Bild überhaupt begonnen war, hielten uns viele einfach nur für dahergelaufene Graffiti-Dudes.

Wie gingen Sie mit den Vorbehalten um?

Der Schlüssel war die Motivvielfalt. Mit jedem Bild, das hinzukam, öffneten sich die Menschen mehr. Wenn Ihnen von zehn Motiven acht nicht gefallen, zwei aber ganz besonders, dann bekommen Sie plötzlich ein ganz anderes Verständnis. Außerdem waren wir zwei Jahre lang jeden Tag vor Ort und damit ansprechbar. So kamen die Menschen auch schon bald mit den alltäglichen Quartiersproblemen zu uns – der Hundekot überall, der Leerstand, die bedauerliche Brache und so weiter. Kurzerhand waren wir sozusagen zu Quartiersmanagern geworden. Wir haben sehr viel geredet in dieser Zeit.

Ihr schlimmster Moment?

Als wir nach über drei Jahren unsere liebevoll aufgebauten Gemeinschaftsatelier-, Büro- und Lagerräume aufgrund überraschender Probleme mit dem Vermieter innerhalb kürzester Zeit verlassen mussten und ohne Lager und Büro quasi auf der Straße standen.

Insider-Tipps

9. Lernt, zwischen dringend und wichtig zu unterscheiden.

10. Reflektiert als Team lieber zu viel als wenig, warum ihr das tut, was ihr tut, und was euer gemeinsames Ziel ist.

11. Seid mutig und ein bisschen größenwahnsinnig.

12. It’s always easier to ask for forgiveness than to get permission.

13. Bleibt begeistert von dem, was ihr tut. Nur so könnt ihr andere begeistern.

Danilo Halle gehört zu den Gründern der Freiraumgalerie.

Welche Folgen hatte das, und wie haben Sie das Problem gelöst?

Wir haben unsere Logistik erst einmal in unsere Privatwohnungen verlegen müssen, um von dort aus zu arbeiten. Das war sowohl beruflich als auch privat eine erhebliche Belastung. Wir sind aber cool geblieben und haben in Ruhe nach etwas Neuem gesucht. Letztlich haben wir uns wieder gestärkt – räumlich sind wir nun wesentlich sinnvoller aufgestellt.

Ihr größter Fehler?

Uns nicht klarzumachen, wo es hingehen soll, nicht abzugleichen und zu reflektieren, ob alle im Team die gleichen Ziele und Vorstellungen haben. Überhaupt haben wir uns eine Zeit lang sehr um uns selbst gedreht.

Wie kam das?

Es gab zwei Phasen, die interne Konflikte mit sich brachten. Die erste war die Zeit nach den Festivals. Teile des Teams haben sich selbstständig gemacht, waren also nicht mehr ehrenamtlich tätig. Es gab ein bisschen Geld durch die Einnahmen. Die Frage war nun: Wer bekommt wie viel vom Kuchen ab? Außerdem wollten wir transparente Strukturen, keine Chefs. Das funktionierte leider nicht. Es gab nun mal das Kernteam. Es schuftete die ganze Woche hauptamtlich ohne Geld fürs Projekt; andere beteiligten sich nur eine Stunde pro Woche – wie wiegt man das also auf? Viele Gruppen scheitern daran, dass sie Geld aufteilen müssen.

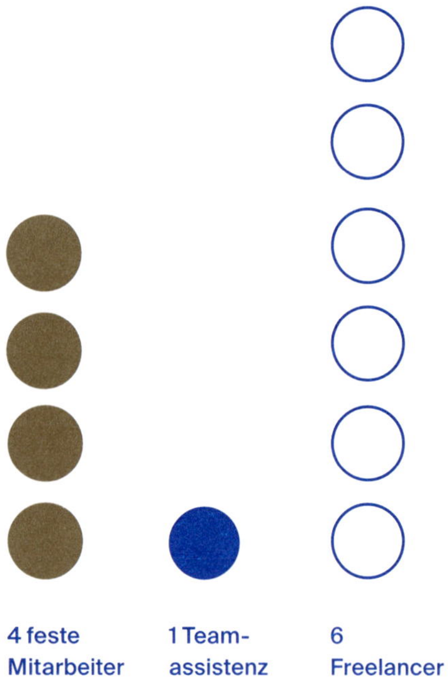

Und die zweite konfliktträchtige Phase?

Als das Planungsbüro öffnete, hatten wir den klassischen Gründungsprozess viel zu schnell durchlaufen. Wir dachten: Konto, Steuernummer und E-Mail-Adressen – das muss doch reichen neben den laufenden Projekten. Die Wirklichkeit holte uns schnell ein. Die Vorstellung von unserer Zusammenarbeit und den Produkten hatten wir nicht genügend diskutiert. Und klar ist auch Buchhaltung nicht so sexy wie ein Festival. Aber das musste nun sein. Inzwischen haben wir die Anfangsschwierigkeiten überwunden; wir haben Spaß an dem, was wir tun, und wissen, wir müssen uns zusammenreißen und diszipliniert sein bei allem, was Gruppenarbeit und Selbstständigkeit mit sich bringen.

Was hat Ihnen in kritischen Situationen geholfen?

Freunde, Familie und die Tatsache, dass wir innerhalb des Teams auch privat befreundet sind.

Ihr bisheriges Highlight?

Als unsere Stadtteilgestaltung in Halle-Freiimfelde dazu führte, dass ein bürgerschaftliches Quartierskonzept entstand – ein sichtbarer Baustein davon ist der Bürger*innenpark mit Garten, Bauspielplatz und Bolzplatz, der von den Bewohnern selbst verwaltet wird.

Worauf hätten Sie im Entstehungsprozess auf keinen Fall verzichten können?

Auf koffeinhaltige Getränke, ein eigenes Büro und die »Let's do it«-Mentalität im Team.

Wenn Sie mit Ihrem Wissen von heute noch mal neu starten dürften – was liefe anders?

Wir würden von Anfang an ein Kommunikationstool nutzen, statt uns jahrelang gegenseitig E-Mails zu schreiben. Wir würden früher ein Büro gründen, um Konflikte zu vermeiden und unsere Initiative in eine Form zu gießen. Und in stetigen Abständen würden wir die Ziele und Vorstellungen aller Beteiligten reflektieren. Es ist problematisch, einen Prozess zu starten, von dem man nicht weiß, was am Ende dabei herauskommen soll.

Insider-Tipps

14. Checkt eure Arbeitsabläufe und Strukturen und findet lieber früher als zu spät heraus, was Zeit und Geld frisst.

15. Macht den Laden auch mal zu und gönnt euch Urlaub. Die Welt geht nicht unter, wenn man mal eine Woche lang nicht erreichbar ist.

16. If in doubt: escalate.

WENN DU

SCHNELL

WENN DU

WEIT

GEHEN WILLST, GEH ALLEIN.

GEHEN WILLST, GEH MIT ANDEREN.

Trainiere Deinen Mut-Muskel

Wie Grammatik-Aussetzer deine Botschaft festigen können

Anne Kjær Bathel

»Dich klein zu halten, dient der Welt nicht.« Dies sind weise Worte der Aktivistin Marianne Deborah Williamson und der beste Rat, den ich bekommen habe, als ich Kaospilot wurde.

Anne Kjær Bathel hat die ReDI School of Digital Integration in Berlin gegründet, wo sie auch schon Facebook-Chef Mark Zuckerberg zu Gast hatte. Die ReDI School ist eine gemeinnützige Programmierschule für Geflüchtete.

Ich fliege keine Flugzeuge! Kaospilot ist eine Schule für kreatives Management in meiner Heimat Dänemark. Ich bin Serien-Sozialunternehmerin. Ich kann Menschen durch die großen Komplexitäten unserer Welt zu Lösungen führen, die dem Gemeinwohl dienen. Der Mut dafür lässt sich trainieren. Ich möchte drei Lektionen mit dir teilen, in der Hoffnung, dass auch du andere um dich herum ermutigst.

1. DER ERSTE FOLLOWER IST ENTSCHEIDEND

Das Handelsblatt kürte mich 2018 zum »Mutmacher des Jahres«, dabei hätte ich mich nie als mutig bezeichnet. Ich bin neugierig, fürsorglich und rebellisch. Ich nehme gern die weniger befahrene Straße, und so musste ich oft im Unbekannten navigieren. Ob als Austauschstudentin in Australien, bei Entwicklungsprojekten in Kuba oder als ich den Anstoß bekam, die ReDI School of Digital Integration in Berlin zu gründen, immer galt: Verbinde dich mit Menschen, die an dich glauben und deine Idee unterstützen. Mentor,

Mitbegründer, Elternteil oder guter Freund – der »First Follower« ist entscheidend. Ein afrikanisches Sprichwort sagt: »Wenn du schnell gehen willst, geh allein. Wenn du weit gehen willst, geh mit anderen.«

2. SEI PERFEKT UNPERFEKT

Als ich 2012 nach Berlin zog, war mein Deutsch »rustikal«. Nun sollte ich an einer Podiumsdiskussion über Friedensinnovation teilnehmen. Und wie Pippi Langstrumpf dachte ich: »Das habe ich noch nie vorher versucht, also bin ich sicher, dass ich es schaffe!« Und sagte zu. Die 300 Menschen im Publikum waren vor allem Geschäftsleute über 50. Wie konnte ich sie davon überzeugen, ihre Unternehmen künftig sozial und ökologisch nachhaltig zu führen? Ich begann meine Präsentation und stolperte sehr bald über meine Worte, da ich die Grammatik nicht in die richtige Reihenfolge bringen konnte. Zum Amüsement des Publikums formte ich ein Auszeit-Zeichen und begann den Satz erneut. Ein starker Start, dann stolperte ich wieder. Mein Herz pumpte wie verrückt, ich brach in Schweiß aus. Was hatte ich getan?! Wer war ich, dass ich dachte, ich könnte über Friedensinnovation sprechen?

Dann passierte etwas Unglaubliches: Das Publikum half mir, den Satz zu vervollständigen. Zusammen schafften wir es. Danach war ich weiter verlegen, aber viele Leute kamen auf mich zu und sprachen mit mir über mein Thema. Nicht aus Mitleid, sondern sie hatten meine Botschaft verinnerlicht, indem sie sie laut ausgesprochen hatten. Menschlich zu sein ist der beste Weg, sich zu verbinden; das habe ich gelernt. Ich hatte die Bereitschaft bewiesen, es weiter zu versuchen, auch wenn die Dinge schiefliefen. Oft ist Unvollkommenheit perfekt.

> » Und wie Pippi Langstrumpf dachte ich: Das habe ich noch nie vorher versucht, also bin ich sicher, dass ich es schaffe!

3. SCHIESS AFFEN INS ALL

Eine Idee inspirierte mich sehr: Space Monkeys. Innovatoren wenden gern »Moon-Shot-Denken« an: Ihre Ideen sollen etwas zehnmal besser machen statt nur zehn Prozent. Dafür müssen sie ganz vorn beginnen und eine Herausforderung aus einer neuen Perspektive betrachten. Bevor Menschen zum Mond flogen, schickten sie Affen ins All, um das große Unbekannte kennenzulernen. Die Ergebnisse aus den Tests ermöglichten, dass der erste Mensch 1969 auf dem Mond landete. Die Tierversuche waren zweifellos ethisch fragwürdig, aber der Gedanke dahinter ist gut.

Vor dem Start eines großen Projekts ist es klug, mit vielen kleineren Versionen, Pilotprojekten, zu beginnen. Mit jeder Wiederholung wird das Vorhaben smarter, das Fehlerrisiko sinkt. Wenn ich angehende Unternehmer betreue, frage ich sie stets, was sie in der nächsten Stunde, am nächsten Tag, in der nächsten Woche, im nächsten Monat tun können, um ihr Projekt aufzubauen. Denn wenn nicht jetzt – wann dann? Und wer, wenn nicht du?

»WER EINEN VOGEL HAT, MUSS IHN FLIEGEN LASSEN«

Bühnenszene aus der »Zauberflöte« up Platt: Prinz Tamino und die drei Damen.

Henriette Sehmsdorf tat es und zog ein mobiles Opernfestival fürs platte Land auf

Wie trägt man Kultur dorthin, wo Arbeitslosigkeit, verödende Ortschaften und Vergreisung den Pessimismus florieren lassen? Es gibt ein Rezept mit zwei einfachen Zutaten: Musik und Heimatliebe. Beide haben die Macht, in Menschen warme Schauer von Zuversicht und Gemeinschaftsgefühl auszulösen. Bleibt noch die Umsetzung des Rezepts – die freilich ist ein Kraftakt. Einer Initiative gelingt das seit 2011 im nordöstlichsten Zipfel der Republik, in Vorpommern.

Hans-Henning Bär und **Henriette Sehmsdorf** nach der Auszeichnung durch »Land der Ideen« 2015.

Ob Mozart im Barockschloss oder Musiktheater in der Schule – der gemeinnützige Verein OPERNALE nimmt Menschen quer durch alle Altersklassen und Gesellschaftsschichten für Kultur ein. Henriette Sehmsdorf und ihre Mitstreiter wollen Identifikation mit der Kulturgeschichte der Region stiften, fördern dabei lokale Künstler und ermöglichen allen Menschen auf dem Land den Zugang zu kulturellen Angeboten. Seit 2011 macht die »OPERNALE auf Tour« an historischen Guts- und Gartenhäusern im Grünen halt. In begleitenden Kinderprojekten stecken professionelle Künstler die Jüngsten in der Region mit dem Kulturfieber an.

Die Zahl der Künstler, die beim gemeinnützigen Opernfestival im Einsatz sind, schwankt je nach Stück und Inhalt. Das Ensemble zeigt keine bekannten Musicals, sondern Musiktheater-Uraufführungen mit inhaltlichem Bezug zu Vorpommern. Ganz ohne institutionelle Förderung existiert das Projekt seit zehn Jahren – allein das ist ein beachtlicher Erfolg. Die OPERNALE hat sich einen Namen gemacht und ist bislang an mehr als 50 Orten in Mecklenburg-Vorpommern, mittlerweile aber auch in Berlin und Brandenburg aufgetreten. Regionale Medien überschlagen sich jedes Jahr mit Superlativen.

Die Eintrittsgelder für die Aufführungen orientieren sich bewusst an der Kaufkraft der Menschen. Das Publikum dankt stets mit donnerndem Applaus – und freut sich jedes Jahr auf eine neue inspirierende Opernsaison voller Überraschungen.

Was genau war der erste Funke für Ihre Idee?

Die Idee für die OPERNALE hatte mein Partner Hans-Henning Bär, der Restaurator ist, also nichts mit Musiktheater zu tun hat. Seinetwegen bin ich 2008 von Dresden nach Vorpommern aufs platte Land gezogen. Wir erwarteten unser erstes gemeinsames Kind. Doch meine beruflichen Aussichten als Opernregisseurin sahen eher mau aus. Um mir Mut zu machen, schlug er mir vor, hier ein Opernfestival ins Leben zu rufen. Ich erklärte ihn für vollkommen verrückt, da die infrastrukturellen Voraussetzungen in Vorpommern wirklich alles andere als gut waren.

Aber dann haben Sie die Umsetzung des verrückten Plans plötzlich doch in Erwägung gezogen. Warum?

Im Mai 2010 traf ich in der Rostocker Musikhochschule einen alten Bekannten wieder. Er war begeistert von der Idee meines Lebensgefährten und meinte: »Wenn ihr das durchzieht, dann mach ich euch das KBB!« Das bedeutet Künstlerisches Betriebsbüro. Damit hatten wir den dritten Mitstreiter – und ich genügend Mut, um die Sache ernsthaft anzugehen.

Welche ersten Schritte unternahmen Sie, um die Idee in ein Projekt umzuwandeln?

Wir gründeten einen Verein, den OPERNALE e. V. Der ist bis heute die tragende Struktur und entspricht unserem gemeinnützigen Ansatz. Als juristische Person des privaten Rechts ist es möglich, Fördermittel für Projekte zu beantragen, was wir dann auch getan haben. Diese Form von Fundraising stellt bis heute unsere Haupteinnahme dar.

Was hat Sie motiviert?

Viele Menschen, die damals unsere Idee mitgetragen haben. Ein Landwirt etwa, der uns am Anfang maßgeblich unterstützte, sagte: »Wer einen Vogel hat, der muss ihn fliegen lassen.« Außerdem gingen wir das Projekt mit einer gehörigen Portion Blauäugigkeit an. Für mich persönlich war die OPERNALE alternativlos, eine Art Flucht nach vorn in dem strukturschwachen Landstrich, der auf Opernregisseure nicht gerade mit diversen Planstellen wartete.

Welche Hemmnisse mussten Sie bewältigen?

Hemmnisse gibt es immer wieder. Anfangs war es die Schwierigkeit, ausreichend Geld für die Projekte zu finden und die infrastrukturellen Defizite zu kompensieren – wie zum Beispiel: kein Ort zum Proben, unzureichende Unterkunfts- und Verpflegungsmöglichkeiten und so gut wie kein öffentlicher Nahverkehr. Heute sind wir versierter, auch weil wir keine Unbekannten mehr sind und auf eine Reihe gelungener OPERNALEN verweisen können. Dennoch ist jede OPERNALE eine finanzielle und organisatorische Herausforderung.

Nach der OPERNALE ist vor der OPERNALE?

Genau. Mindestens ein Jahr Planungsvorlauf ist immer nötig. Da wir über keine eigene Spielstätte verfügen, müssen jedes Mal die Proben- und Aufführungsorte neu gefunden werden. Das ist ein Riesenkraftakt, bedeutet aber, dass wir Vorpommern inzwischen wie unsere Westentasche kennen und lieben gelernt haben. An über 50 Orten werden wir am Ende der Spielzeit 2020 gewesen sein!

Ihr schlimmster Moment?

Die plötzliche schwere Erkrankung eines sehr wichtigen Mitwirkenden.

Ihr größter Fehler?

Zum Beispiel haben wir verpasst, bei einem Projekt, für das die Bewilligung der Fördermittel auf sich warten ließ, rechtzeitig einen vorzeitigen Maßnahmenbeginn zu beantragen. Uns entstanden aber bereits Kosten – die mussten wir nun aus eigener Tasche bezahlen. Das tat sehr weh, es waren mehrere Tausend Euro. Eine solche Erfahrung hinterlässt Spuren. Ich arbeite dennoch daran, mehr Geduld und Gelassenheit aufzubringen, da beide für ein gutes Arbeitsklima wichtig sind. In meiner Rolle als Regisseurin fällt mir das wesentlich leichter als in der als Geschäftsführerin.

Was hat Ihnen in kritischen Situationen geholfen?

Immer wieder Menschen, die uns Mut gemacht und unserer Arbeit Anerkennung gezollt haben. Doch die wichtigste Stütze in all den Jahren waren meine Eltern. Ohne sie hätten wir bereits das erste Festivaljahr nicht überstanden. Sie haben uns sowohl finanziell unterstützt als auch die Kinderbetreuung abgenommen. Mein Partner und ich hatten mit unserem dritten Kind, wie wir die OPERNALE manchmal nennen, rund um die Uhr zu tun. Meine Eltern sind bis heute unsere treuesten Begleiter, wir sind ihnen unendlich dankbar. Und als wir 2013 nicht wussten, wie wir das Budget absichern konnten, haben wir die OPERNALE-Aktie erdacht.

Die dritte große OPERNALE brachte Mozarts bekanntes Werk in die Gutsscheunen zweier Schlösser.

2010

3 Ordner im Regal

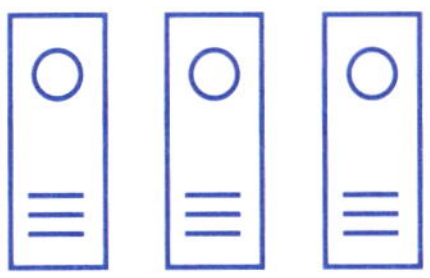

2020

8 laufende Meter Ordner im Regal

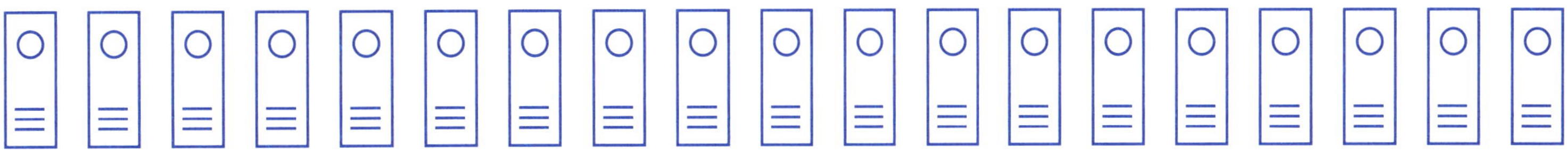

»De Zauberfläut« 2016 war ein besonders starker Publikumsmagnet.

Was ist das?

Eine Art Wertpapier mit Spendenanteil, das zum Eintritt zu einer kommenden OPERNALE-Vorstellung berechtigt. Dieses Aktionärssystem haben wir jedes Jahr etwas variiert und damit unsere zahlungskräftigere Fangemeinde an uns gebunden. Einmal gab es ein »Krautfunding«, ein Sauerkrautessen mit erstklassigem Solistenkonzert.

Ihr bisheriges Highlight?

Wahrscheinlich die OPERNALE 2016 »De Zauberfläut – oder Niederdeutsch kreuzt Hochkultur«. Wir erlebten einen sehr hohen Publikumszuspruch. Zwei Fangemeinden trafen hier zusammen: die Freunde der klassischen Oper und die Freunde des Niederdeutschen. Beide haben nicht nur das bekommen, was sie erwartet haben, sondern einen wirklichen kulturellen Mehrwert in einem Bereich, den sie sonst selten bis gar nicht in Betracht gezogen haben. Aber auch unsere Uraufführungen seit 2014, für die wir sogar Kompositionsaufträge vergeben konnten, sind jedes Mal besondere Werke, auf die ich natürlich auch als Autorin stolz bin. Fragen Sie doch einmal in einem institutionell geförderten Theater, wie viele Uraufführungen inklusive Kompositionsauftrag im Bereich des modernen Musiktheaters stattgefunden haben! Das ist eine absolute Seltenheit. Wir können bereits auf drei Uraufführungen mit 50 Vorstellungen verweisen. Toll war es, als das Bundespräsidialamt anrief und uns bat, bei einer Veranstaltung mit Joachim Gauck aufzutreten. Aber für mich sind die beglückendsten Momente immer die, in denen wir mit unserer Kunst Menschen an abgelegenen Orten erreichen. Die Dankbarkeit und die Freude, die wir da erleben, motivieren uns weiterzumachen.

Worauf hätten Sie im Entstehungsprozess auf keinen Fall verzichten können?

Ohne meinen Partner, meine Eltern und die vielen, vielen Mitstreiter, künstlerisch oder organisatorisch, wäre nichts gelaufen. Oper ist eine Kunst der VIELEN, da kann man als Einzelkämpfer wenig ausrichten. Uns half auch die Auszeichnung als Bundessieger Kultur durch das »Land der Ideen«. Wir bekamen überregionale Aufmerksamkeit; die wiederum sorgte für mehr Akzeptanz in der eigenen Region und für bessere Chancen bei der Fördermittelvergabe. Die Unterstützung der Robert-Bosch-Stiftung als Neulandgewinner war auch ein wichtiger Meilenstein. Durch sie konnten wir uns zum OPERNALE INSTITUT für Musik & Theater in Vorpommern weiterentwickeln. Wir betreiben nun neben dem Festival auch Bildungs-, Forschungs- und Teilhabeangebote.

Wenn Sie mit Ihrem Wissen von heute noch mal neu starten dürften – was würden Sie diesmal anders machen?

Nichts – nur aufpassen, dass der Humor nicht zu oft flöten geht.

Ist Ihnen das hin und wieder passiert?

Ja klar, das passiert immer wieder. Und zwar dann, wenn der Bürokratieaufwand zur Abwicklung einer Förderung die Fördersumme vollständig auffrisst und zur künstlerischen Arbeit immer weniger Zeit bleibt.

Insider-Tipps

17. Nur umsetzen, wenn man von der Idee durchdrungen ist.

18. Mitstreiter suchen und einen Verein gründen.

19. Dann: anfangen, Pausen einplanen, weitermachen.

20. Krisen als Herausforderung betrachten.

21. Ausreichend schlafen und spazieren gehen.

22. Achtsamer Zeitgenosse im eigenen Umfeld sein.

23. Gottvertrauen.

24. Geben und Nehmen im Gleichgewicht halten.

25. Büro gut heizen.

WANDERJAHRE IN ÜBERSEE

Betörende Aussicht: **Sascha Fabricius** arbeitete als Zimmerer in den Rocky Mountains.

Journeyman schickt Handwerker auf Abenteuer ins Ausland – ein organisatorischer Kraftakt

Als Samuel Schneider vor vier Jahren über seine berufliche Zukunft nachdachte, waren ihm zwei Dinge wichtig: einer Zielgruppe einen Mehrwert bieten, die bis dahin von einer bestimmten Dienstleistung ausgeschlossen war, und eine Branche voranbringen, die in Sachen Digitalisierung noch nicht sonderlich weit war. Schneider warf einen Blick auf sich selbst. Er hatte mehrere Auslandsaufenthalte hinter sich. Aber wie sahen die Möglichkeiten eigentlich für Fachkräfte in Handwerk, Bau und Industrie aus? Eine digitale, internationale Job-Plattform für Fachkräfte aus Handwerk und Industrie – das schwebte ihm letztlich vor.

20.000
Fachkräfte auf der Plattform

300
Kräfte wurden bisher über Journeyman vermittelt.

Schneider erwog den Fachkräftemangel der Branchen nicht nur innerhalb der deutschen Landesgrenzen, sondern auf globaler Ebene. So erfand er Journeyman. Er sah Vorteile für alle – auf der einen Seite für Baufirmen weltweit, die top ausgebildete Fachkräfte finden, auf der anderen Seite für Handwerker und Industriefachkräfte. Sie könnten im Ausland Erfahrungen sammeln, die eigenen Sprachkenntnisse aufbessern, noch dazu würde ihr Berufsbild aufgewertet.

Aktuell gehören 17 Berufe zum Portfolio der Online-Plattform, darunter Tischler, Dachdecker, Metallbauer, Maler, Gärtner und Mechatroniker. Ein Auslandsaufenthalt ist sogar als Paar oder mit dem besten Kumpel möglich. Selbstverständlich gibt es auch Journeywomen. Sie und ihre männlichen Kollegen berichten in einem Blog neben Neid erregenden Fotostrecken von ihren Einsätzen in Kanada, Neuseeland, Australien und in den USA. Von den Unterschieden in der Arbeit hierzulande und in der Ferne ist da zu lesen. Aber auch von Weihnachtstagen bei 39 Grad am Strand, vom Papagei des Firmenchefs, der in der Werkstatt mit Artgenossen um Futter streitet, und davon, dass der Arbeitgeber für eine Tischlerin eigens die Behinderten- zur Damentoilette umfunktionierte.

Manche Journey(wo)men verlängern ihren Aufenthalt kurzerhand. Alle aber eint, dass sie am Ende beseelt zurückkehren – und gefühlt ein großes Stück gewachsen sind.

Lukas Thomas Steiner, Zimmerer in Minneapolis, unternahm oft Ausflüge mit anderen Journeymen aus der Gegend.

Wie systematisch gingen Sie an Ihre Idee heran?

Sehr! Ich hielt meinen Ansatz erst für tragfähig, nachdem ich drei Grundhypothesen geprüft hatte:

- **Finden mindestens zehn Handwerker die Idee toll, wenn ich sie ihnen vorstelle?**
- **Finde ich Betriebe, die grundsätzliches Interesse an der Idee haben?**
- **Ist die Administration machbar? Insbesondere die Visa für die verschiedenen Länder waren ein großes Thema.**

Welche ersten Schritte unternahmen Sie daraufhin?

Ich suchte das Gespräch mit Handwerkern hier in Deutschland. Und ich begann mit der telefonischen Kaltakquise von Betrieben in den USA und mit Gesprächen mit den dortigen Handelskammern.

Die USA sind riesig. Haben Sie wahllos Stecknadeln in die Landkarte gedrückt?

Nein, ich begann ganz bewusst in Minnesota, denn dort hatte es im 19. Jahrhundert besonders viele deutsche Einwanderer hingezogen. Wenn jemand Interesse an diesem Vorhaben und Verständnis für das deutsche System hatte, dann die Unternehmen dort. Die Akquise ist aber gemeinhin mit hohen Hürden verbunden. Die Chance, telefonisch an den richtigen Ansprechpartner zu gelangen, würde ich auf zehn Prozent schätzen, die Wahrscheinlichkeit, dass derjenige auch noch anbeißt, auf weitere zehn Prozent. Am Ende muss man für ein, zwei neue Partner sehr viel Aufwand betreiben. Unsere Prozesse haben sich aber natürlich in den letzten Jahren professionalisiert – so geschieht die Erstansprache heute über E-Mail; ein Telefonat wird erst bei einem Mindestmaß an Interesse vereinbart.

Welche Steine mussten Sie aus dem Weg räumen?

Zu den größten Herausforderungen gehört die interne Mitarbeitergewinnung – gute und motivierte Kollegen zu finden, ist das A und O für den Erfolg! Dann mussten wir vier völlig verschiedene Bewilligungs- und Visumsprozesse in unseren vier Zielländern absolvieren: Neuseeland, Australien, USA und Kanada. Der Vertrieb aus Berlin heraus in diese vier Länder – unter Beachtung der Zeitverschiebung – war und ist nicht zu unterschätzen. Ein Work-&-Travel-Visum zu erhalten, kann unterschiedlich lange dauern und kostet nicht überall das Gleiche: Die Bandbreite für die Bewilligung reicht von einer Woche für Neuseeland mit Online-Registrierung für 140 Euro bis hin zu vier Monaten in den USA für 1500 Dollar. Da braucht man gute Nerven.

Und Sie hatten anfangs keine Referenzen vorzuweisen.

Genau. Es ist ein bisschen das Prinzip Henne und Ei: Es ist schwierig, eine Seite zu gewinnen, wenn auf der anderen noch niemand ist. Die Unternehmen wollten wissen, welche Handwerker wir schon im Programm haben; die Handwerker wollten

>200 Jahre

Arbeit haben Journeymen schon zusammen im Ausland geleistet.

6-18 Monate

ist ein Journeyman im Auslandseinsatz

Insider-Tipps

26. 20 % Input für 80 % Output. Perfektionisten sind beim Gründen fehl am Platz.

27. Fokus, Fokus, Fokus – man kann hundert Dinge anpeilen, die top zehn priorisieren und sich dann auf die zwei ersten Dinge der Liste konzentrieren.

28. Die Zahlen werden nie so sein, wie sie in Deinem fancy Excel-Modell aussehen.

29. So schnell wie möglich mit einem Produkt an den Markt gehen. Das Schlimmste, was man machen kann, ist ein vermeintlich perfektes Produkt zu erstellen – um später zu merken, dass es niemand kaufen will.

30. Es gibt immer etwas zu tun. Täglich alles machen, was brennt, der Rest kann warten.

» In den Staaten muss man sich beispielsweise die Werkzeuge größtenteils selbst kaufen. Und dort wird viel mit Nägeln gearbeitet, während in Deutschland häufig verschraubt wird.

wissen, welche Unternehmen wir schon gewonnen hatten. Wir pokerten also ein bisschen und schalteten Anzeigen bei Facebook, bei denen man sich direkt für einen Auslandsaufenthalt registrieren lassen konnte. Einige dachten wohl, einfach mal probieren, ich habe ja nichts zu verlieren, und heuerten bei uns an. So konnten wir Handwerker vorweisen und wiederum Unternehmen für unser Vorhaben gewinnen.

Es konnte also losgehen?

Ja, nach den ersten drei bis vier Monaten Recherche und Vorbereitung gingen tatsächlich zwei erste Handwerker für ein Dreivierteljahr beziehungsweise ein Jahr nach Minnesota. Ich war in der ersten Woche mit dabei und nutzte die Gelegenheit für weitere Akquise-Gespräche. Meine ersten Journeymen stellten auch gleich interessante Unterschiede zwischen der Arbeit in den USA und in Deutschland fest. In den Staaten muss man sich beispielsweise die Werkzeuge größtenteils selbst kaufen. Und dort wird viel mit Nägeln gearbeitet, während in Deutschland häufig verschraubt wird. Alle unsere Handwerker haben ihre Berufe von einer völlig neuen Seite kennengelernt.

Wie stellt sich Ihr Büro-Team auf die Zeitverschiebungen in den Ländern ein?

Erst 2019 sind drei Mitarbeiter dazugekommen, sodass wir auf zehn Mitarbeiter wuchsen. Die Vertriebskollegen arbeiten oft von nachmittags bis teilweise ein Uhr morgens. Dann sind sie wieder ein paar Tage kürzer im Einsatz. Es sind Native English Speakers aus Neuseeland, Kanada, England und Australien. Ein paar weitere Mitarbeiter konnten wir Anfang 2020 einstellen. Sie können auch von zu Hause aus Akquise, Kundenbetreuung und Beziehungspflege betreiben. Das macht sicher vieles leichter.

Gab es einen schlimmsten Moment?

Ja, als sich das erste Mal Handwerker von uns im Ausland bei der Arbeit oder in der Freizeit verletzt haben. Das ist nie eine schöne Situation, kann aber im Handwerk durchaus vorkommen. Zudem finde ich es immer besonders hart, wenn wir uns von einem Mitarbeiter trennen müssen.

Was ist dann der Anlass?

In der Vergangenheit oft ein eigener Fehler. Ich hätte unsere quantitativen Ziele klarer definieren, die Erfolge messen und bei Nichterreichen der

Ziele die Konsequenzen ziehen müssen. Bei den ersten Mitarbeitern hatten wir uns zu wenig mit der richtigen Rollendefinition befasst. Das Prinzip war eher: Wenn jemand smart ist und das Projekt toll findet, stellen wir ihn ein, und es wird sich eine Aufgabe finden. Das war ein Irrtum. Heute haben wir drei Bewerbungsrunden, am Ende stehen schriftliche Aufgaben. Wir sagen nicht mehr: Wir suchen einen Fan mit Lust, etwas für uns zu machen. Vielmehr: Wir suchen einen Vertriebsmitarbeiter, der sich nicht nur mit unserer Unternehmenskultur identifizieren kann, sondern auch konkret Lust auf die Rolle und die damit einhergehenden Leistungsanforderungen hat.

Was hilft Ihnen in kritischen Situationen?

Gespräche mit meinem Co-Founder, aber auch mit Investoren und anderen Gründern.

Ihr bisheriges Highlight?

Die Reise nach Minnesota mit den ersten zwei Journeymen war unvergesslich und gehört dazu. Und außerdem die Expansion des Kernteams. Vielleicht können wir uns bald verdoppeln.

Sie dürften mit Ihrem Wissen von heute noch mal neu starten – was liefe anders?

Ich würde mir definitiv mehr Zeit bei der Einstellung neuer Mitarbeiter lassen. Außerdem würde ich früher Kennzahlen konsequent tracken und Schlussfolgerungen daraus ziehen. Reine Telefonakquise wie am Anfang machen wir nicht mehr. Nun folgt ein Erstgespräch nach gezielter und professioneller Mail-Marketing-Kampagne. Diesen Weg mussten wir erst mal finden.

Insider-Tipps

31. Hire slow! Klarheit darüber gewinnen, welche Profile ins Team passen, und sich beim Recruiting Zeit lassen. Insbesondere bei einem kleinen Team verdirbt ein schlechter Apfel das ganze Team. Bei Kollegen, die nicht die erwartete Leistung bringen oder nicht ins Team passen, frühzeitig die Reißleine ziehen.

32. Einfach starten! Hört sich nach Klischee an, aber eine Idee zum hundertsten Mal durchzudenken, bringt meist nicht viel. Definiere drei Grundhypothesen, teste sie und wenn's passt – weitermachen. Sonst: nächste Idee.

KLARE SACHE

Der Aushub für die Vererdungsanlage
ist ein perfekter Ausguck.

Hartnäckige Dorfbewohner bauten sich eine Kläranlage – und damit die eigene Zukunft

Mancher macht in Immobilien, ein anderer in Biotechnologie. Wieder andere machen in Klärschlamm. Klingt komisch, ist im sächsischen 130-Seelen-Örtchen Treptitz aber Realität. Dort haben die Einwohner die Ärmel hochgeschoben und selbst eine Lösung für ihre Abwasserentsorgung gesucht.

Die brauchte es dringend; bis 2015 mussten alle ländlichen Klärwerke nach EU-Richtlinie auf dem neuesten Stand sein. Viele Grundstücksbesitzer brachte das in finanzielle Bedrängnis. Die Treptitzer fühlten sich hingegen angespornt. Sie legten strenge Kriterien an: Innovativ, kostengünstig, umweltschonend und nachhaltig sollte die örtliche Antwort sein. Das Vorhaben ist gelungen.

Mit einem ortsansässigen Landwirt erarbeiteten die Bürger 2010 ein Konzept für die Nahwärmeversorgung des Ortes. Diese konnte zusammen mit der Schmutzwasserkanalisation 2011/2012 realisiert werden. Die abwassertechnische Reinigung funktionierte gut, die Bürger waren zufrieden. Ab 2013 stiegen allerdings die Kosten für die Klärschlammentsorgung enorm an. So reifte der Plan für eine Schlammvererdungsanlage. Unter Initiative des Treptitzers Tilo Sahlbach – Vater von zwei Kindern und Diplomingenieur – hatte ein Großteil der Einwohner bereits 2010 den Verein zum ökologischen Gewässerschutz Treptitz e. V. gegründet. Solche Pläne standen schon in der Satzung.

Der Bau der Vererdungsanlage dauerte nur wenige Monate. Zwischen Wollen und Machen lag letztlich ein Jahr – die Kläranlage ging 2015 in Betrieb. Der Erfolg, in Eigeninitiative gestaltet, euphorisiert immer noch alle Beteiligten. Die Klärschlammproblematik ist im Wortsinn bis ins Jahr 2050 geklärt. Den Betrieb der technischen Anlagen organisiert der Verein. Er veranlasst die Wartungsarbeiten; die Kosten werden umgelegt.

Treptitz wurde, mit Ausnahme der Einwohnerzahl, zu einem Ort imposanter Zahlen. Als die neuen Abwasserkanäle verlegt wurden, installierte man auch eine Fernwärmeleitung: Darüber sind die Haushalte nun an eine Biogasanlage angeschlossen und sparen jährlich rund 130 000 Liter Heizöl und 364 000 Kilogramm CO_2 ein. 43 Grundstücke wurden in Eigenleistung mit 2200 Metern neu verlegtem Kanalsystem an die beiden Gruppenkläranlagen angeschlossen. Dafür erbrachten die Vereinsmitglieder 3500 Arbeitsstunden – 81 pro Grundstück. Der jährliche Strombedarf beider Kläranlagen ist so gering, dass die Einwohner im Vergleich zu 43 Einzelanlagen ca. 50 000 Kilowattstunden einsparen. Weitere 29 500 Kilogramm Kohlendioxid jährlich gelangen nicht in die Atmosphäre.

Auf Treptitz' moderner Infrastruktur ruht viel Hoffnung. Sie soll den ländlichen Ort, in dem viele junge Familien für einen unüblich niedrigen Altersschnitt sorgen, vor Abwanderung und Aussterben bewahren. Das Leben im Dorf ist nicht nur günstiger geworden, sondern auch attraktiver: Weitere junge Familien haben ihren Lebensmittelpunkt nach Treptitz verlegt. Im Vergleich zu 1989 ist die Einwohnerzahl um 30 Prozent gestiegen.

Das Modell des kleinen sächsischen Orts spricht sich herum. Nicht nur in Deutschland eifert man den ambitionierten Dorfbewohnern nach; auch Delegationen aus der Ukraine und China haben die Kläranlagen schon besichtigt. Treptitz goes world.

2200 m

Kanalsystem für die Gruppenkläranlagen

3500 h

Arbeit der Vereinsmitglieder

Herr Sahlbach, wie kam es zum ersten Funken für das Projekt?

Wir Treptitzer sind für Zusammenhalt und Ideenreichtum in unserer Gemeinde bekannt. Nach zwei Infoveranstaltungen im Jahr 2009 und der Vorstellung einer Diplomarbeit unter Mitwirkung und Initiative des Instituts für Wasserbau und Siedlungswasserwirtschaft an der Hochschule für Technik, Wirtschaft und Kultur Leipzig (IWS) 2010 gab es für die Einwohner von Treptitz nur die eine Konsequenz, in Eigenregie Gemeinschaftskläranlagen zu errichten.

Warum war das so zwingend?

In der Diplomarbeit wurde deutlich dargestellt, dass der Bau einer Gruppenkläranlage sowohl in der Erstellung als auch in der langfristigen Betreibung wesentlich kostengünstiger ist. Das würde also allen zugutekommen. Die Dorfbewohner haben ein sehr gutes Gespür, ob etwas funktionieren kann oder nicht: Sie haben den Vorteil, komplexe Zusammenhänge zwischen Natur und Mensch tagtäglich vor ihrer Haustür zu erleben.

Was läuft bei Ihnen im Ort anders als in anderen?

Treptitz ist, entgegen den üblichen demografischen Gegebenheiten in Deutschland, ein junger Ort. Wir sind im Schnitt 41 Jahre alt. Darauf dürfen wir uns aber nicht ausruhen. Unser kleines Dorf liegt mitten im ländlichen Raum; wir müssen es langfristig für junge Leute attraktiv halten. Wir brauchen also eine für unsere Kinder finanzierbare und umweltfreundlich-nachhaltige Infrastruktur. Wir wollen das Wohnen auf dem Land lebenswert und bezahlbar machen, um die kleinen Orte wie Treptitz vor dem Aussterben zu bewahren. Ich bin fest davon überzeugt, dass das Leben hier nachhaltiger ist als in den Städten. Deshalb mache ich mir um die langfristige Perspektive von Dörfern keine Sorgen.

Welche Hemmnisse gab es?

Für unser Vorhaben musste das Abwasserbeseitigungskonzept abgeändert werden. Mit diesem Anliegen stellten wir uns als Verein 2010 erstmals den Gemeinderäten unserer Gemeinde Cavertitz vor. Die Gemeindevertreter schätzten die Chancen für unser Vorhaben jedoch als gering ein.

Gruppenfoto mit Bagger: Beim ersten Spatenstich für die Vererdungsanlage waren alle Einwohner versammelt.

393,5t CO_2

spart Treptitz jährlich dank Biogasanlage und Gruppenkläranlage ein.

Haben Sie sich entmutigen lassen?

Nein, einen Monat später sprachen wir über unser Vorhaben vor der Landesdirektion Leipzig und der unteren Wasserbehörde. Dort bekamen wir positives Feedback. Durch die permanente Berichterstattung in der Lokalzeitung wurde auch der Staatsminister Frank Kupfer auf unser Projekt aufmerksam. Er hat uns zum Durchbruch verholfen. Wir durften Monate später unsere Idee im Staatsministerium für Umwelt und Landwirtschaft (SMUL) vorstellen. Dort sagte man uns Unterstützung zu. Unsere Hartnäckigkeit und Geduld zahlten sich aus; so änderte die Gemeindeverwaltung wenig später tatsächlich das Abwasserbeseitigungskonzept zu unseren Gunsten. Eine Direkteinleitung war nun möglich. Bald konnten wir mit dem ersten Bauabschnitt beginnen.

Dabei blieb es aber nicht.

Richtig. Mit Beginn der Baumaßnahmen ergab sich für uns die Möglichkeit, in Zusammenarbeit mit dem ortsansässigen Landwirt, der eine Biogasanlage betreibt, die Abwärme des Blockheizkraftwerks für den Ort und seine Einwohner nutzbar zu machen. Also begannen wir gleichzeitig mit der Verlegung des Abwassernetzes und eines zusätzlichen Nahwärmenetzes.

Brachte das zusätzliche Kostenvorteile für die Menschen?

Ja, für die Mitglieder erhöhte sich der Wert ihrer Investitionen erheblich. Auf Dauer profitieren sie nun nicht nur von der kostengünstigen Abwasserentsorgung, sondern sie können ihren Wärmebedarf in den nächsten Jahren zum etwa halben Erdgaspreis mit der bis dahin ungenutzten Abwärme des Blockheizkraftwerks decken – das entspricht dem Grundgedanken des Erneuerbare-Energien-Gesetzes. Unser neues Vorhaben wurde vom Landesumweltministerium unterstützt; wir bekamen von der Sächsischen AufbauBank einen Fördermittelzuschuss von 35 Prozent für den Bau des Nahwärmenetzes.

Insider-Tipps

33. Netzwerken! Beziehungen schaden nur dem, der keine hat.

34. Fachleute engagieren – gute Ideen müssen auch gut umgesetzt werden.

35. Öffentlichkeitsarbeit: Presse, Funk – tu Gutes und rede darüber.

36. Vertrauen bei den Mitstreitern/Bürgern schaffen. Bleib bei der Wahrheit, auch wenn es wehtut.

37. Anreize für die Bürger schaffen zum Mitmachen, etwa: kostengünstiges Bauen.

38. Kommunikation auf Augenhöhe.

Dann ist da aber immer noch der operative Anteil: Wie konnten die Einwohner diese vielen anstrengenden Arbeiten stemmen?

Die meisten Schacht- und Verlegearbeiten erledigten die Mitglieder an den Wochenenden. Da kamen Tausende Stunden zusammen. Das war schon sehr hart, aber wir hatten immer unser Ziel im Blick. Aufgeben und die Hände in den Schoß legen gab's für uns nicht. Außerdem konnten wir einen optimierten Trassen-Tiefenverlauf wählen. Wir brauchten keine Rücksicht darauf zu nehmen, ob wir privates oder öffentliches Land vor uns hatten; dadurch konnten wir den notwendigen Tiefbauarbeiten fast um die Hälfte reduzieren.

Was machte das Projekt mit Ihnen als Gemeinschaft?

Das ist ein wichtiger Nebeneffekt unserer Vereinsarbeit: Der Zusammenhalt im Dorf ist maßgeblich gewachsen, monatelang haben alle Hand in Hand gearbeitet. Aus ICH und DU sind WIR und ein Verein im Wortsinn geworden. Wir haben die Probleme zusammen gemeistert, und das Ergebnis kann sich sehen lassen.

Ihr größter Fehler?

Das Projekt hätte fünf Jahre früher beginnen müssen; so wäre die Strahlwirkung auf andere Dörfer noch größer gewesen. Viele Bürger, die das Treptitzer Konzept nachahmen wollten, sind an der fehlenden Zeit gescheitert, und es wurden am Ende doch die teuren Einzelkläranlagen gebaut, die teilweise heute wieder ersetzt werden müssen, weil sie nicht funktionieren.

Wenn Sie mit dem Wissen von heute noch mal neu anfangen könnten – was liefe anders?

Ich würde versuchen, das Projekt frühzeitig bekannt zu machen, damit mehr Dörfer uns nachmachen können. Ich würde versuchen, es in der Politik zu verankern, damit die Strahlwirkung noch größer wird. Und was den praktischen Teil betrifft: Ich würde neben Abwasser und Nahwärme auch gleich Strom und Glasfaserkabel mit verlegen lassen.

Was ist Ihr persönliches Highlight?

Unser Tatendrang spricht sich herum. Auf der Regionalkonferenz 2011 zur Abwasserbeseitigung im Freistaat Sachsen stellte ich das »Modellprojekt Gruppenkläranlage in Treptitz« vor. Es gab auch einen Tag der offenen Tür; Besucher konnten sich ein Bild von der Arbeit unseres Vereins machen. Viele Interessenten aus der Umgebung nutzten die Möglichkeit. Orte in der Nachbarschaft luden ihre Einwohner zu Infoveranstaltungen. Mehrmals kam schon der Staatsminister Frank Kupfer bei uns vorbei – unter anderem zur Übergabe des Förderbescheids für das Nahwärmenetz; das hat uns gefreut. Wir hatten auch schon ausländische Gäste hier. 2013 erhielten wir einen Sonderpreis des sächsischen Umweltpreises. Und 2014 beschlossen die Mitglieder, mit einer eigenen Wahlliste politisch interessierten Bürgern eine Plattform zu bieten, um sich bei der Gemeinderatswahl aufzustellen.

Wie ging es aus?

Mit drei Personen ist der Verein nun im Gemeinderat vertreten.

» Aus ICH und DU sind WIR und ein Verein im Wortsinn geworden.

PING PONG

SPIELT MAN NICHT ALLEIN.

Erleuchtung unterm Wolkenhimmel

Wie die Arbeitsstrukturen von übermorgen Büroarbeiter innovativer machen

Stephan Wilhelm

Hell, offen und stilvoll geschwungen: Das Haus der Wissensarbeit gehört zum Fraunhofer Institut für Arbeitswirtschaft und Organisation in Stuttgart. Die Architektur des weißen Gebäudes wirkt derart einladend, dass man dringend ergründen will, wozu es so ein Gebäude braucht und was darin geschieht.

So machen das jährlich einige Tausend Besucher bei Führungen, Veranstaltungen und mit besonderem Interesse an unseren Projekten. Sie erfahren: Im Gebäude gestalten und erproben Wissenschaftler Kollaborations- und Raumkonzepte von übermorgen. Das Ziel dieser neuen Welten? Wir nennen es innovationsfokussiertes Arbeiten.

Jüngst war der Chef eines inhabergeführten Familienbetriebs mit seiner Führungsmannschaft bei uns zu Besuch. Er wollte sich Inspiration für den Neubau eines Verwaltungs- und Entwicklungsgebäudes am Traditionsstandort auf der Schwäbischen Alb holen. Der ältere Herr mit selbstbewusstem Auftreten kam, sah – und war erkennbar irritiert beim Anblick wohnzimmerartiger Aufenthaltsbereiche, offener Flächen, die hier und da von Designermöbeln unterbrochen werden, und überdimensionierter Kaffee-Ecken, in denen die Menschen munter plaudern, als hätten sie nichts zu tun. Umgehend kommentierte er: »Bei uns sollen die Leut lieber schaffe, net schwätze.« Keiner der Begleiter wagte Widerspruch.

Für uns war diese Reaktion alltäglich. Sie zeigte, wie neues Denken im Konkurrenzkampf zu etabliertem Wissen steht. Die Skepsis unseres Traditionalisten wandelte sich schnell in ein interessiertes Zuhören, als wir ihm von unseren Erfahrungen im eigenen Betrieb berichteten. Die Küchengespräche drehen sich eben nicht nur um Urlaub, Freizeit und Hobby, sondern auch um aktuelle Herausforderungen. Oft diskutieren die Mitarbeiter völlig neue Lösungswege, teilen Wissen oder steuern eine wertvolle Information bei. Das Besprochene kann gleich vor Ort an vernetzten Bildschirmen visualisiert werden. »Man muss dem Zufall eine Chance geben« – das ist unser Credo.

Oft tut sich in quälendem Selbststudium kein zündender Gedanke auf, wertvolle Zeit verstreicht.

In einer offenen Kommunikationszone wie der erweiterten Kaffeeküche kann durch den Informations- und Wissensaustausch zufällig eine geniale Lösung entstehen, auf die der Einzelne nie gekommen wäre. Das zeigt, wie wichtig es heute ist, Begegnungsflächen zu schaffen und den Austausch zwischen Menschen zu stiften. Architektur, Raumgestaltung und -ausstattung können das fördern. Das Ambiente – ein Zusammenspiel aus Beleuchtung, Klimatisierung, Luftqualität und Akustik – leistet einen entscheidenden Beitrag zum Wohlbefinden.

»Man muss dem Zufall eine Chance geben – das ist unser Credo.

Dr. Stephan Wilhelm ist Leiter Kommunikation und Netzwerk am Fraunhofer-Institut für Arbeitswirtschaft und Organisation (IAO), das mit Unternehmen, Institutionen und Einrichtungen der öffentlichen Hand Strategien, Geschäftsmodelle und Lösungen für die digitale Transformation entwickelt.

Und Wohlbefinden ist eine Grundvoraussetzung für Leistungsfähigkeit und gute Ideen. Im Licht-Labor tippen und klicken Mitarbeiter unter einem virtuellen Sommerhimmel mit langsam dahinziehenden Wolken. Sie fühlen sich wach und wohl.

Im Haus der Wissensarbeit nehmen somit fast alle Personen an einem Großversuch teil: Sie testen bei der eigenen Arbeit Raumkonzepte, die ein für unterschiedliche Situationen optimiertes Ambiente anbieten. Für kreative Teamarbeit eignet sich etwa ein multifunktionaler Mehrpersonenraum, während Konzentrationsarbeit im Einzelbüro stattfindet. Im laufenden Betrieb gewinnen die Forscher Erkenntnisse zu Sinn und Zweckmäßigkeit und entwickeln mit Partnern aus der Industrie ständig weitere Lösungen. So bleibt das Haus ein lebendiger Demonstrator, in dem wir Besucher empfangen und wie im Fall des neugierigen Unternehmers Impulse zu neuem Denken nicht nur anstoßen, sondern auch vorzeigen. Ein tägliches Abenteuer für uns alle.

»KULTURVERÄNDERUNG DAUERT LAAAAANGE«

Jana Tepe und **Anna Kaiser** haben die Matching-Plattform gegründet – ohne Plan B.

Der Matching-Dienstleister Tandemploy legte mitten im Wachsen eine Kehrtwende ein

Am Anfang stand eine Stellenausschreibung. Jana Tepe sollte eine Führungsposition besetzen. Keine Herausforderung, sondern Berufsalltag – sie und ihre Kollegin Anna Kaiser arbeiteten in einer Personalberatung. Dann geschah etwas außerhalb der Norm: Zwei Menschen bewarben sich gemeinsam auf den Job.

Das brachte die Gedanken der Personalberaterinnen ins Strudeln. Warum eigentlich ist es gesetzt, dass jeder Job am besten in 40 Wochenstunden passt und eine Person ihn allein ausübt? Die beiden fanden das irrational und unflexibel und sahen in der Erleichterung von Jobsharing-Modellen eine praktische Lösung. Sie gingen nach Hause, schliefen zwei Nächte darüber und kündigten ihre Stellen. Das neue Ziel lautete: den Arbeitsmarkt positiv verändern.

Mit dem ersten Businessplan ihres Lebens bewarben sie sich für das EXIST-Gründerstipendium, das Förderprogramm des Bundeswirtschaftsministeriums, und damit eine erste Finanzierung. Einen Plan B? Gab es nicht. Anna Kaisers Wohnzimmer wurde zum Homeoffice für das Duo, später zogen sie dank des Stipendiums in die »Gründervilla« in Berlin-Dahlem, durch eine spätere Finanzierungsrunde war dann der Umzug in Uni-Räume möglich: eine alte Remise, die einst ein Pferdestall war. Sie sitzen heute noch hinter den Flügeltüren, haben im Gebäude aber weitere Räume dazugemietet.

Als die beiden nach einem CTO, einem Chief Technical Officer, suchten, der ihr Konzept und Mock-up, ihren Werbeauftritt, in Code übersetzte, lernten sie den Richtigen auf einer Party kennen. Er hatte gerade bei IBM gekündigt und wollte bei einem Start-up einsteigen. Die Glückssträhne hielt an: 2015, zwei Jahre nach der Gründung, wurde Tandemploy in den Microsoft Accelerator aufgenommen. Das Programm, das nun Microsoft ScaleUp heißt, unterstützt Start-ups mit Tech-Fokus bei ihrer Expansion. Einige Monate später stieg die Schörghuber Unternehmensgruppe mit ein. 2017 kam eine weitere Finanzspritze: Zwei Business-Angels, darunter ein Ex-SAP-Vorstand, ließen drei Millionen Euro springen; die Gründerinnen nutzten den Anlass für eine Zäsur: Sie steckten das Geld in die komplette Neuausrichtung ihres Portfolios. Eine goldrichtige Entscheidung: Innerhalb weniger Jahre haben Kaiser und Tepe eine der stärksten Marken im HR-Tech-Markt aufgebaut.

Und das Erfolgsgeheimnis? Die Gründerinnen betreiben gutes Storytelling. Außerdem trifft ihre Software den Zeitgeist und löst große Herausforderungen von Unternehmen auf sehr konkrete und praktische Weise. Für die darin steckende Innovation, die Software, aber auch die Art, wie sie selbst arbeiten, wurden Tepe und Kaiser mit Auszeichnungen überhäuft. Viele DAX-Konzerne, aber auch immer mehr größere Mittelständler zählen zum Kundenkreis; Tandemploy bekommt außerdem zunehmend Anfragen aus dem Ausland; SAP etwa stellt seinen Beschäftigten die Matching-Software rund um den Globus zur Verfügung.

Das Chefinnen-Duo erntet wohlwollende Berichterstattung auf allen Kanälen. Zuspruch und Bewunderung kommen aus der Politik. In einem Doppelinterview für die WirtschaftsWoche schwärmte Bundeswirtschaftsminister Peter Altmeier, es müsste mehr Gründerinnen wie Anna Kaiser geben.

Frau Tepe, Frau Kaiser, was fiel Ihnen schwer bei der Gründung?

Wir mussten sehr viel Aufklärungs- und Aufbauarbeit leisten. Wir schreiben und erzählen nun seit fast sieben Jahren sehr viel über Arbeit und wie sie anders gelingen und gestaltet werden kann. Da gab und gibt es immer noch viele Hürden in den Köpfen der Menschen – ja, in den Köpfen. Denn tatsächlich bestehen sie am Ende nur dort! Ein Job umfasst 40 Stunden die Woche. Und Karriere geht nur nach oben. Solche Denkmuster. Dabei kann alles anders sein, auch die Art und Weise, wie wir arbeiten. Das müssen einige erst mal verdauen. Ein anderes Hemmnis: Wir haben viel Energie in Bereiche gesteckt, die wir später gar nicht mehr priorisiert haben. Zum Beispiel unsere frühere Plattform, damit waren wir unserer Zeit wohl etwas voraus.

Ihr schlimmster Moment?

Es gab Zeiten, in denen gefühlt nichts so richtig voranging. Gerade Kulturveränderung in großen Unternehmen dauert laaaaaange. Gerade bei einem Thema wie unserem und einer Software, die etwas fundamental verändern und voranbringen kann, wollen viele Leute mitsprechen – wir müssen etwa Betriebsräte, IT-Sicherheit und Datenschutz einbinden. Auch wenn diese in aller Regel sehr unterstützend und grundsätzlich offen sind, braucht es extrem viel Zeit. Unser längster Sales-Zyklus ging über 26 Monate! Man muss schlicht durchhalten.

Ihr größter Fehler?

Es gab fast täglich viele kleine Fehler. Nach zwei Jahren Betrieb unserer öffentlichen Jobsharing-Plattform mussten wir lernen: Bis wir den freien Arbeitsmarkt und Jobsuchende so weit haben, wie selbstverständlich nach Tandempartnern zu suchen und sich gemeinsam auf ausgewiesene Vollzeitstellen zu bewerben, ist es ein langer Weg. Daher entschieden wir uns 2016 bewusst dazu, völlig umzuschwenken.

Die modularen Möbel im ersten eigenen Tandemploy-Büro 2015 waren selbst gebaut.

In welche Richtung?

Wir wechselten vom B2C in den B2B-Markt. Im Ursprungsmodell hatten wir teilzeitwillige Tandempartner zusammengebracht, seit der Kehrtwende bedienen wir nur noch Unternehmen. Wir haben ein komplett neues und anderes Produkt auf den Markt gebracht: eine firmeninterne Software, die Mitarbeiter innerhalb einer Organisation für mittlerweile 18 verschiedene Themen zusammenbringt. Jobsharing ist nur noch eines davon, wir matchen darüber hinaus zum Beispiel Kollegen für spannende Projekte, den Austausch von Expertenwissen, Mentor-Mentee-Konstellationen, Onboarding-Buddys oder organisieren einen Generationenaustausch. Damit haben wir einen viel größeren Hebel, denn viel mehr Menschen arbeiten bereits in Firmen und möchten genau dort etwas verändern. Außerdem ist es der spannendere Business Case. Denn fast alle Firmen stehen vor der großen Herausforderung, ihre Strukturen zu öffnen und Mitarbeitende und deren Wissen cleverer miteinander zu verbinden.

Wer/was hat Ihnen in kritischen Situationen geholfen?

Die Tatsache, dass wir gemeinsam gegründet haben und uns auch als Tandem die Geschäftsführung teilen, macht vieles leichter und – oft auch spaßiger. Wenn eine von uns in ihrem Aufgabenbereich einen Rückschlag erleidet, ist automatisch die andere da, um zu unterstützen und die Lösung gemeinsam zu finden.

Ihr Highlight?

Wir könnten Preise und Auszeichnungen, erfolgreiche Finanzierungsrunden, Fernsehauftritte oder die Gewinnung großer Kunden nennen. Aber ein »ongoing Highlight« ist unser wunderbares mittlerweile 30-köpfiges Team. Wir freuen uns nach wie vor jeden Morgen, ins Büro zu kommen und mit diesem Team gemeinsam die Arbeitswelt zu verändern.

Sie legen Wert auf gutes Storytelling.

Absolut, unser Ansatz ist, nie nur von unserem Produkt zu erzählen, denn dies ist letztlich Mittel zum Zweck, sondern immer die »Story dahinter«. Wir haben für ein Start-up mit 30 Köpfen eine sehr große Marketingabteilung – vier Menschen – und sogar eine eigene Redaktion. Heißt: Wir schreiben insgesamt sehr viel über die Zukunft der Arbeit und die Veränderungen durch die Digitalisierung.

Teilen Sie sich selbst einen Job?

Ja, wir beide teilen uns eine 80-Stunden-Geschäftsführer-Stelle. »Live what you preach!« Wir haben auch ein Juristen-Tandem, das sich optimal in seinen Schwerpunkten ergänzt und jeweils nur vier Tage die Woche arbeitet. Wir haben außerdem ein Tandem im Produktmanagement, in der Leitung unseres IT-Teams und immer wieder mal weitere Tandems, vor allem in Teamleitungsfunktionen oder bei Aufgaben, die essenziell wichtig sind und bei denen wir kein Inselwissen haben möchten.

» **Manche Dinge würden wir im Nachhinein beschleunigen, einige Fehler schneller machen und somit auch schneller aus ihnen lernen.**

Zusammenhalt und gute Laune:
Das Team ist stetig gewachsen.

30
Mitarbeiter

425
Artikel/Interviews in den Medien

28
Awards

30.160
Espresso-Shots seit 2015

Worauf hätten Sie im Entstehungsprozess auf keinen Fall verzichten können?

Auf Funding! Wer Software entwickeln und an größere Unternehmen verkaufen möchte, braucht Durchhaltevermögen und damit vor allem zu Beginn eine gute Finanzierung. Ausschreibungen und Gründerstipendien sind zu Beginn super Optionen. Später braucht es aber oft wesentlich größere Beträge – und dann muss jedes Start-up seine eigene Strategie finden. Für uns war immer wesentlich, dass wir Investoren finden, die kulturell zu uns passen. Denn Investoren sind für uns Teammitglieder, wir wollen uns auf Gesellschafterversammlungen freuen und tun das tatsächlich bis heute.

Wenn Sie mit Ihrem Wissen von heute noch mal neu starten dürften – was würden Sie anders machen?

Manche Dinge würden wir im Nachhinein beschleunigen, einige Fehler schneller machen und somit auch schneller aus ihnen lernen. Wir haben die wichtige Erkenntnis gewonnen, bei Einstellungen immer, immer, immer aufs Bauchgefühl – und niemals auf externen Rat – zu hören. »Better a hole than an ***hole« klingt hart, ist aber sehr wahr.

Insider-Tipps

39. Nicht allein bleiben! Einen Mitgründer finden, der die eigene Vision teilt.

40. Ein tolles Team aus Menschen zusammenstellen, die bestimmte Dinge besser können als man selbst!

41. Gemeinsame Werte definieren – was für ein Unternehmen möchtest du führen?

42. Zeit für Reflexion fest einplanen.

43. Dem Bauchgefühl vertrauen.

44. Dem Bauchgefühl vertrauen.

45. Dem Bauchgefühl vertrauen.

46. Gut zuhören (Mitarbeitern, Kunden, Partnern ...) und am Ende: dem Bauchgefühl vertrauen.

SCHÖNER HEBEN

Wie ein Trekkingrucksack: Der Cray X des Roboter-Spezialisten German Bionic erleichtert das Heben.

Roboter zum Anziehen wurde spontaner Verkaufshit – Entwickler mussten eilig skalieren

Es wirkt wie Science-Fiction, ist aber die Zukunft der körperlichen Arbeit: Das Exoskelett, ein Roboter zum Anziehen, soll Krankenschwestern, Industriearbeitern und anderen, die täglich ihr Päckchen zu tragen haben, buchstäblich den Rücken frei halten. Indem sie etwas draufsetzen: Wie ein Trekkingrucksack sitzt der Cray X des Roboterspezialisten German Bionic auf den Hüften des Trägers und erleichtert dessen Hebebewegungen.

German Bionic war 2018 der erste Anbieter für Robotik-Exoskelette in Europa. Dabei ist die Firma fast noch ein Start-up: Gegründet wurde sie 2016 in Augsburg. Die beiden Gründer brachten bereits viel Hightech-Vorwissen mit. Dr. Peter Heiligensetzer, der Technologiechef, war vorher Robotikentwickler beim Maschinenbauer Kuka. Die Mensch-Maschine-Interaktion ist sein Spezialgebiet; aus der Forschung dazu entstand die Idee zum Cray X. Er gründete German Bionic mit Armin G. Schmidt, der schon zwei IoT-Start-ups gegründet und erfolgreich veräußert hatte. Schmidt wurde zum CEO.

Das Duo suchte das Gespräch mit vielen Verantwortlichen und Vordenkern aus der Industrie und zog daraus den Schluss, dass die viel beschworene Vollautomatisierung der Industrie keineswegs mehr als das Allheilmittel für Effizienz und Leistungsfähigkeit angesehen wird. Die ökonomische Sinnfrage spricht dagegen – die Anschaffungskosten für Industrieroboter und deren Programmierung sind sehr hoch. Und: Auch im voll automatisierten Betrieb bleibt der Mensch das Nadelöhr. Wenn etwas schiefgeht, muss er wieder ans Werk. Also schufen die Gründer eine hybride Lösung: die Verbindung von menschlicher Intelligenz mit maschineller Kraft. Das Ergebnis war die Entwicklung des intelligenten Kraftanzugs.

Dessen Einsatzgebiet ist vielfältig: Arbeiter bei Automobilzulieferern bewegen damit kinderleicht Reifen. Neben der Industrie profitieren aber auch Logistik, Handel und Handwerk von der Hebehilfe. In der Medizin können die Roboter Patienten nach Schlaganfällen oder Lähmungen beim Muskelaufbau unterstützen. Denkbar viele Anfragen erreichen German Bionic zudem aus der Pflege.

Das Exoskelett nimmt die Bewegungen des Trägers wahr, imitiert und verstärkt sie dank Elektromotoren und einer intelligenten Softwaresteuerung. Das schont vor allem den unteren Rücken. Wie stark Cray X den Hebevorgang unterstützen soll, stellt der Träger ein. Vorschläge für die ideale Einstellung werden von einer KI berechnet. Nutzerprofile für verschiedene Tätigkeiten können sogar in einer Cloud gespeichert und wieder aufgerufen werden. Grundsätzlich kann das Exoskelett Gewichte bis zu 28 Kilogramm kompensieren. Die Vision der Entwickler: Rückenschmerzen und anderen Erkrankungen des Muskel-Skelett-Systems soll vorgebeugt werden – das erspart der Volkswirtschaft jährlich Kosten in Milliardenhöhe.

Rückenschmerzen kennen keine Grenzen. Und so sind auch German Bionic Grenzen fremd: Die Gründer strecken ihre Fühler vor allem in hoch robotisierte Länder aus – und haben 2018 eine Niederlassung in Tokio eröffnet.

Herr Schmidt, welche ersten Schritte unternahmen Sie, um aus der Idee ein Projekt zu machen?

Wir haben uns zuerst umgeschaut, welche technologischen Grundlagen bereits vorhanden sind und welche wir selbst entwickeln müssen. Beispielsweise konnten wir passende Komponenten wie Sensoren einkaufen. Die Softwaresteuerung, also quasi das Gehirn unseres Cray, mussten wir komplett selbst entwickeln.

Wie finanzierten Sie sich zu Beginn?

Unser Umfeld erkannte sehr früh das ökonomische Potenzial der Exoskelette. Entsprechend hoch war die Bereitschaft, sich an einer Anschubfinanzierung zu beteiligen.

Was hat Sie motiviert?

Wir haben von Anfang an sehr viel Zuspruch aus unserem Netzwerk, aber auch von unabhängigen Experten erhalten. Im Zentrum stand immer die Aussicht, dass wir mit unserem Projekt das Leben vieler Menschen verbessern können. Und das tun wir heute.

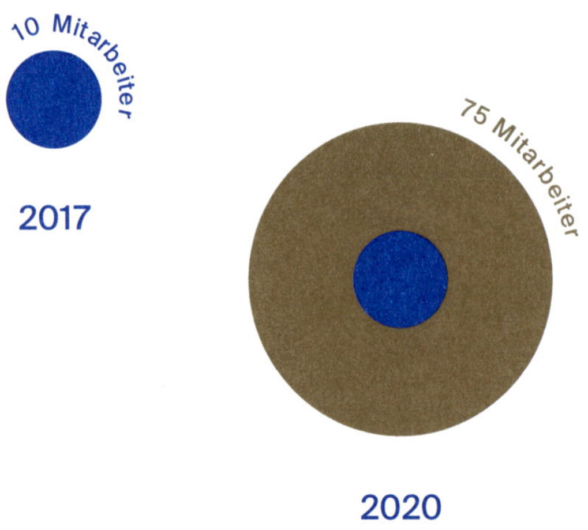

Gab es Katalysatoren, die Ihnen halfen?

Sicher spielt auch eine Rolle, dass die Medien unsere intelligenten Kraftanzüge extrem spannend finden. Das brachte uns außergewöhnlich viel Aufmerksamkeit ein und sorgte für neuen Kundenzulauf.

Welche Hemmnisse gab es?

Neben anspruchsvollen technologischen Herausforderungen, vor allem im Bereich der Robotik und der smarten Software-Steuerung, wollten wir natürlich auch die passenden Partner und Mitarbeiter für uns gewinnen. Das hat viel Zeit und Mühen gekostet. Heute arbeiten bei uns 75 Spezialisten im Team, von denen etliche extra für den Job vom Ausland nach Berlin und Augsburg umgezogen sind – das sagt schon etwas über die Strahlkraft des Projekts aus.

Ihr schlimmster Moment?

Als aufgrund der intensiven Berichterstattung in den Medien die Nachfrage nach unserem Exoskelett 2019 massiv anzog, mussten wir unter Hochdruck an der Skalierung arbeiten. Das bedeutete natürlich, dass auch Überstunden geleistet werden mussten, und war sehr anstrengend für unsere Mitarbeiter. Das Ergebnis ist eine neue Fabrikationshalle mit einem deutlich höheren Output in Augsburg, für die wir am Ende sehr viel Lob von allen Seiten bekommen haben.

Ihr größter Fehler?

Nicht im Vorfeld erkannt zu haben, wie viele unterschiedliche Zielgruppen unser smarter Kraftanzug haben würde. Beispielsweise haben wir uns nicht vorstellen können, wie groß der Bedarf im Handwerk ist. Diesen haben uns die Handwerkskammern dann aber schnell aufgezeigt. Jetzt arbeiten wir eng zusammen und beraten die Betriebe.

Das vernetzte Exoskelett soll die Datenbasis für die nächste Stufe der bionischen Revolution liefern.

6-8 kg

wiegt das Exoskelett

»Deutschland hat nicht sehr viele Rohstoffe. Historisch gesehen hat sich dieser Mangel seit langer Zeit in einen Segen verwandelt. Innovation und Effizienz sind zwei wesentliche Säulen, auf denen der wirtschaftliche Erfolg unseres Landes ruht. Die rastlose Suche nach der Idee für die immer noch bessere, intelligentere und effizientere Lösung ist ein Grundmuster deutscher Unternehmen. Um das zu erhalten, braucht es unternehmerische Haltung, Bildung und Ideenreichtum.

Holger Lösch, stellvertretender Hauptgeschäftsführer Bundesverband der Deutschen Industrie e. V., Aufsichtsratsvorsitzender »Deutschland – Land der Ideen«

Produktion des Exoskeletts in der Gläsernen Fabrik in Augsburg.

Was hat Ihnen in kritischen Situationen geholfen?

Unser großes internationales Netzwerk: Partner, befreundete Unternehmen, unsere Investoren und natürlich unser tolles Team.

Ihr bisheriges Highlight?

Schöne Momente waren die Markteinführung unseres Cray X im Jahr 2018 und die Anerkennung, die wir in Form von Preisen und Awards erhalten haben – trotz unserer kurzen Firmengeschichte! Auch die Eröffnung unserer Fabrikationsanlage in Augsburg war ein großartiger Moment. Der Augsburger Bürgermeister schnitt mit uns das Band durch. Aber am Ende ist es das Lächeln der Menschen, die das erste Mal unseren Cray X ausprobieren und merken, dass es etwas gibt, das ihren Arbeitsalltag maßgeblich verbessert.

Insider-Tipps

47. Immer offen sein für neue Ideen.

48. Das eigene Netzwerk einbeziehen.

49. In interdisziplinären Teams arbeiten.

50. Möglichst früh ein Feedback aus dem Markt einholen.

51. Global denken.

52. Lokal handeln.

53. Auch ein Start-up benötigt professionelles Management.

PASST MEINE IDEE IN DIE WELT?

Vom Funken zum Projekt

So wird aus dem Wollen ein Machen

Norbert Kunz

Ideen kommen manchmal unter der Dusche, wie bei Frank Hoffmann, dem Gründer von Discovering Hands. Und dann? Selbst wenn eine Idee professionell erarbeitet wurde: Zum Projekt oder Unternehmen ist es ein langer Weg.

Sozialunternehmer **Norbert Kunz** berät seit mehr als zwanzig Jahren Existenzgründer. Als Mitbegründer mehrerer Organisationen und Geschäftsführer der Social Impact GmbH wirkt er am Aufbau einer Infrastruktur für soziale Innovationen in Deutschland mit. Er ist Träger des Bundesverdienstkreuzes.

Eine der wichtigsten Kompetenzen auf dieser Strecke ist Leidenschaft. Man muss an die Mission glauben, die zur Idee führte. So ist auch Frank Hoffmann der neue Ansatz, blinde Frauen als Tastuntersucherinnen zur Brustkrebsfrüherkennung einzusetzen, nicht einfach zugefallen. Als Frauenarzt hatte er sich jahrelang die Frage gestellt, wie er besonders jüngeren Frauen, die gesetzlich finanzierte Screenings noch nicht in Anspruch nehmen dürfen, Gewissheit oder zumindest Unterstützung bieten kann.

Dann begann er mit der Arbeit. Tests, Erprobungen, Analysen, Vergleichsstudien, Schulungen und viel Überzeugungsarbeit waren nötig, bevor er das Angebot implementieren konnte. Ohne die Leidenschaft für seine Mission, unbedingt ein Problem zu lösen, wäre er diesen Weg nicht gegangen.

Als Coach habe ich viele von Leidenschaft beseelte Gründer kennengelernt. Zwei weitere Grundbedingungen einer erfolgreichen Gründung: Vernunft und Fleiß. Viele Gründer sind unvernünftig. Sie sind so beseelt von ihrer Idee, dass sie die Welt nur noch durch ihre Idee betrachten und davon überzeugt sind, dass die Welt in ihre Idee passt. Sie prüfen zu wenig, ob ihre Idee in die Welt passt. Seien Sie offen für Kritik. Sie ist ein Geschenk. Nur durch das ständige Hinterfragen des Gründungskonzepts kann die Idee wachsen und ein Projekt starten.

Mit diesen Fragen sollte die Entwicklung jedes Geschäftskonzepts beginnen – die Beantwortung setzt diszipliniertes Arbeiten voraus:

- Wer sind meine Kunden, und was haben sie für ein Problem?
- Bedient mein Produkt wirklich einen Bedarf bei den Kunden?
- Kann ich die Kunden mit meinem Produkt begeistern?
- Ist mein Produkt wirklich besser und zwar so essenziell besser, dass meine Kunden ihre Kaufentscheidungen ändern und sich für mein Produkt entscheiden?
- Passt mein Preismodell in die Kaufentscheidungslogik meiner Kunden?

Wissen Sie ALLES über die Kunden! Legen Sie Kundenprofile an (Personas) und beobachten Sie das Verhalten der Kunden; führen Sie Gespräche und Interviews mit ihnen und mit Unternehmern, die in einem ähnlichen Angebotssegment tätig sind. Man kann auch auf Sekundäranalysen zurückgreifen. Passt das Produkt oder die Dienstleistung wirklich zu den Kunden? Das können Sie über das Kunden-Nutzen-Verhältnis des Produkts via Prototypen, an Testmärkten oder in Pop-up-Stores testen. Auch über Crowdfunding-Aktivitäten können Sie auf die Nachfragestruktur schließen.

Erst wenn Sie Ihre Kunden kennen und zuversichtlich sind, dass Ihr Produkt bei ihnen Begeisterung auslöst, beginnen Sie mit der Entwicklung der Geschäftsstruktur. Berücksichtigen Sie dabei Ihre eigenen Stärken und Kompetenzen. Wenn Sie sich mit Dingen beschäftigen, die Sie nicht wirklich verstehen oder die Sie nicht interessieren, kommen Sie bei der Gründung nicht voran.

Schon am Anfang steht daher die Frage: Mache ich es allein oder binde ich Partner ein; welche Leistungen muss ich selbst erbringen, welche kann ich kaufen? Die Entscheidung beeinflusst das Ertragsmodell. Je mehr Sie an Partner auslagern können, desto geringer sind Ihre Investitions- und Fixkosten (für Räume, angestelltes Personal etc.). Allerdings steigen die variablen Kosten für die gekauften Leistungen. Letztlich muss sich das Geschäft rechnen.

Und Rechnen ist fortwährend eine Grundanforderung an Unternehmer. Stellen Sie ordentliche Kostenanalysen an. Manchmal muss man sich für eine wirtschaftlich ungünstigere Variante entscheiden, weil man die Investitionen für die günstigere Variante nicht aufbringen kann. Aber auch die ungünstigere Variante muss einen Ertrag bringen.

» Tipp zum Schluss: Die besten Freunde sind selten die besten Geschäftspartner.

EINE STADT ZUM ANBEISSEN

Warum nicht Landwirtschaft in die Stadt bringen? Beete an der Stadtmauer.

Die Furcht vor Vandalismus trieb Blüten – Andernach pflanzte trotzdem öffentliche Beete

Andernach im Norden von Rheinland-Pfalz ist eine der ältesten Städte Deutschlands. Seit der Neuzeit ist die Gegend industriell geprägt. Was nicht heißt, dass man nicht etwas Neues ausprobieren kann. Andernach wollte das. Und so kam es, dass die Stadtvorderen eines Tages über einer kommunalen Grünraumplanung brüteten.

Klingt trocken, fiel im Andernacher Fall aber sehr innovativ aus: Warum nicht Aspekte der Landwirtschaft in die Stadt bringen? Ein nachhaltiges Baukastensystem sollte her; Ökologie, Wirtschaft und Soziales sollten sich im Gesamtkonzept wiederfinden. So ging die Stadt am Mittelrhein einen einzigartigen Weg. Sie pflanzte öffentliche Gemüsebeete, die nicht nur jedem zugänglich sind, sondern auch von allen Bürgern abgeerntet werden können, und setzte Hühner ins Grün am Schlossgraben. Außerdem entstand im Stadtteil Eich eine 14 Hektar große Permakulturanlage – Obst und Gemüse wachsen dort ohne Herbizide und mineralische Dünger. Auf dem Areal stehen auch seltene Nutztierrassen wie Schwäbisch-Hällische Landschweine oder die Schafsrasse Coburger Fuchs. Zudem wurden neue Veranstaltungen ins Leben gerufen – alles mit dem Ziel, öffentliche Grünräume kreativer zu gestalten und urbane Biodiversität zu fördern, auch in einer schwierigen Haushaltsituation.

So macht Andernach als »Essbare Stadt« seit 2010 einen Lebens-Mittelpunkt wieder mit Lebens-Mitteln erlebbar. Dort, wo viele Menschen leben und einige den Bezug zur Natur schon verloren haben, können die Menschen nun Biodiversität anfassen, riechen, fühlen und schmecken.

Die Kampagne »Essbare Stadt« nahm am Schlossgraben mitten im Stadtzentrum ihren Ausgang. 2010 war das »Jahr der Biodiversität«. Weltweit standen Wildarten und die Gefahr der Generosion bei traditionellen Nutzpflanzen im Fokus. So legten die Initiatoren am Graben Beete mit 101 beschilderten Tomatensorten an. Mit mehr als 3000 Sorten ist die Tomate ein interessantes Anschauungsobjekt für die Biodiversität. Am Ende des Jahres gab es ein Tomatenfest mit Bierzelt und Kinderunterhaltung – es erfreute sich enormen Zulaufs. Lektion für die Initiatoren: Die Idee trägt auch ein längeres Projekt. Ein weiterer sozialer Aspekt kam hinzu: Die Beete werden von Langzeitarbeitslosen gepflegt. Andernach wurde eine Stadt zum Naschen.

Die Fragen beantwortet Dr. Lutz Kosack vom Amt für Stadtplanung und Bauverwaltung.

Willkommen zur Naschpause:
Aufenthaltsbereich im Grünen.

1 ha

öffentliche Grünfläche in essbare Beete umgewandelt

100 Touren

der Touristik-Info mit geschulten Guides zum Thema »Essbare Stadt« pro Jahr

Welche ersten Schritte unternahmen Sie, um aus der Idee ein Projekt zu machen?

Es brachte uns eine besonders hohe Akzeptanz für unser Vorhaben ein, dass alle Bürger im entstandenen Bürgergarten selbst ernten dürfen. Neben den Tomaten bauten Mitarbeiter der Perspektive gGmbH, der örtlichen Beschäftigungs- und Qualifizierungsgesellschaft für Langzeitarbeitslose, nun weitere Gemüsesorten an – möglichst attraktive wie Mangold –, außerdem Obstsorten wie Beeren, Spaliergehölze und Küchenkräuter. Statt des oft üblichen »Betreten verboten« hieß es plötzlich im öffentlichen Raum »Pflücken erlaubt« – so ist ein völlig neuer Wahrnehmungsraum entstanden.

Moment mal, es gibt attraktive Nutzpflanzen?

Ja! Artischocken, Kartoffeln, Mangold und Grünkohl überzeugen durch ihre Schönheit.

Was hat Sie motiviert?

Das fast durchgehend positive Feedback der Besucher. Gerade in Sachen Stadtgrün sind wir überwiegend Beschwerdebriefe gewohnt, etwa wegen ungepflegter Beete. Dass nun Dankesschreiben per E-Mail und Post von vielen Besuchern bei uns eintreffen und sogar Bürger persönlich ins Rathaus kommen, um sich zu bedanken – das spornt uns an.

Welche Hemmnisse gab es?

Besonders zu Beginn der Kampagne thematisierten wir in der Stadt intensiv die Gefahr des Vandalismus. Die Diskussion wurde anfangs durchaus kontrovers geführt, hatte aber einen fruchtbaren Aspekt: Die Bevölkerung nahm die Gefahr von Vandalismus und die damit verbundenen Kosten für die Allgemeinheit zunehmend als Problem wahr; Politik und Presse griffen das Thema auf. Letztendlich blieben mutwillige Beschädigungen weitgehend aus – die Bedenken waren aus dem Weg geräumt. So zeigte sich, dass mit zunehmendem Bewusstsein für ein Thema auch die Eigenverantwortung der Bürger wächst. Stell dem Bürger eine hochwertige Anlage zur Verfügung, und er geht hochwertig damit um. Und: Es ist sicher nicht pauschal so, aber in Andernach machten wir die Erfahrung, dass es womöglich auch einen besonderen, vielleicht archaischen Respekt gegenüber Lebensmitteln in allen sozialen Schichten gibt. Das beugt ebenfalls Vandalismus vor.

Ihr schlimmster Moment?

War tatsächlich einer der seltenen Vandalismus-Schäden. In dem Fall verursacht durch eine geistig verwirrte Frau. Leider hat sie einen unserer schönsten Kakibäume zerstört, auf den wir so stolz waren.

Panorama mit hohem Grünanteil: Andernach hat sein Antlitz mit der Initiative verändert.

Ihr größter Fehler?

Die »Essbare Stadt« ist ein Experiment – Experimente können auch scheitern. So hat die Pflanzung von Weinstöcken an privaten Häusern gezeigt, dass mit zunehmendem Wachstum der Pflanzen der Pflegeaufwand ausuferte – sodass viele der Pflanzen inzwischen wieder verschwunden sind.

Was hat Ihnen in kritischen Situationen geholfen?

Die »Essbare Stadt« ist eine Teamarbeit aus verschiedenen Mitarbeitern der Stadtverwaltung und der Perspektive gGmbH. Auch kleinere Krisen bewältigten wir immer mit gegenseitiger Unterstützung.

Ihr bisheriges Highlight?

Nach der Würdigung als »Ausgezeichneter Ort« durch das »Land der Ideen« wurde das Projekt 2014 auch durch den ZEIT-Wissen-Preis hervorgehoben. Ich durfte den Preis gemeinsam mit dem Ökonomen Nico Paech entgegennehmen.

Worauf hätten Sie im Entstehungsprozess auf keinen Fall verzichten können?

Es bedarf immer einer guten Planung – aber auf die Erfahrung und Motivation unserer Gärtner und Mitarbeiter in den Beeten könnten wir auf keinen Fall verzichten.

Wenn Sie mit Ihrem Wissen von heute noch mal neu starten dürften – was würden Sie anders machen?

Wenig – der Erfolg war zu Beginn des Projekts nicht absehbar, sogar teilweise gar nicht avisiert. Wir hatten vielmehr den Eindruck, mit Schneebällen zu werfen und letztendlich von einer Lawine überrollt zu werden. Mehr als 100 Stadtführungen zum Thema »Essbare Stadt« werden pro Jahr gebucht – Tendenz weiter zunehmend. Auch eine Vielzahl von Städten unterschiedlicher Größe erkundigt sich, wie das Modell übertragen werden kann. Derzeit ist Andernach Teil eines mit rund zwölf Millionen Euro geförderten EU-Projekts, das »Essbare Städte« weltweit verbinden soll. Von Berlin aus gesteuert, sind die Vorreiterstädte dieses Projekts »EdiCitNet« Berlin, Havanna, Oslo, Rotterdam – und Andernach.

Insider-Tipps

54. Im Kleinen anfangen.
55. Essbare Beete möglichst sichtbar anlegen.
56. Entscheidungsträger einbinden, aber nicht zu viele fragen.
57. Hartnäckigkeit zahlt sich aus.
58. Im Team arbeiten.
59. Maximal Presse und Medien einbinden: Tu Gutes und sprich darüber.
60. Nicht zu viel planen, sondern bald die Umsetzung in Angriff nehmen.

APPETITANREGER FÜR MEHR KREUZCHEN

Teammitglieder erklären CSU-Politikerin
Dorothee Bär den Wahl-O-Mat.

Der Wahl-O-Mat ist DAS Online-Tool für potenzielle Wähler – und musste auch schon mal offline gehen

Er ist aus der Phase vor anstehenden Wahlen nicht mehr wegzudenken: Der Wahl-O-Mat ist ein stehender Begriff, eine Institution, eine anerkannte Entscheidungshilfe. Die Idee zu dem Tool kommt ursprünglich aus den Niederlanden und heißt dort »StemWijzer«.

Das Konzept ist so einfach wie genial: Ähnlich einem Psychotest nach dem Prinzip »Welcher Sporttyp sind Sie?« werden Wählervoten und Parteienpositionen verglichen. Der »StemWijzer« war ein großer Erfolg im Nachbarland – daher wollte die Bundeszentrale für politische Bildung (bpb), geleitet vom Präsidenten Thomas Krüger, den Test zur Bundestagswahl 2002 in Deutschland ausprobieren. Eigentlich nur für diese eine Wahl.

Die erste von mittlerweile 50 Online-Versionen ging damals in Deutschland an den Start – ein Überraschungserfolg: Das Tool registrierte auf Anhieb 3,6 Millionen Nutzungen. Die User konnten sich zu 27 Thesen positionieren. Am Schluss wurde die Nähe der eigenen Position zu den Positionierungen der Parteien angezeigt. In dieser frühen Version des Wahl-O-Mat waren zunächst nur die Parteien aufgeführt, die schon im Parlament saßen oder in aktuellen Wahlumfragen mehr als drei Prozent der Befragten von sich überzeugen konnten.

Aufgrund des Erfolgs plante die bpb nun doch weitere Versionen des Online-Tools. Im September 2003 folgte die nächste Premiere. Zur Landtagswahl in Bayern kam der Wahl-O-Mat auf Landesebene zum Einsatz, später auch bei den Wahlen zum Europäischen Parlament.

Wichtiger Erfahrungswert: Der Wahl-O-Mat erreicht besonders junge Menschen. 2002 war er ein völlig neues spielerisches und digitales Informationstool der politischen Bildung rund um Wahlen. Damals zählte er zu den »Neuen Medien«.

Der Siegeszug hielt an. Der Wahl-O-Mat ist im Vorfeld von Wahlen schon mehr als 82 Millionen Mal genutzt worden – allein bei der Bundestagswahl 2017 rund 15,6 Millionen Mal und bei der Europawahl 2019 rund zehn Millionen Mal. Prominente Multiplikatoren leisteten Starthilfe. 2002 spielte Entertainer Harald Schmidt den damals ganz neuen Wahl-O-Mat in seiner Show durch; Stefan Raab erwähnte ihn beim Kanzler-Duell in der ersten Frage an Angela Merkel. Der Wahl-O-Mat wird von Anfang an durch die Universität Düsseldorf wissenschaftlich begleitet und sein Einsatz untersucht. Sein Name steht heute im Duden und ist ein fester Begriff für digitale Vergleichstools von Parteipositionen.

Pamela Brandt ist für das Projekt verantwortlich. Und freut sich vor allem über einen der vielen Effekte des Tools: Obwohl sie das ursprünglich nicht geplant hatten, lassen sich vier bis sechs Prozent der Nutzer durch den Wahl-O-Mat motivieren – und gehen zur Wahl.

Frau Brandt, was war die Vision von der deutschen Variante des Wahl-O-Mat, als die bpb das Projekt etablierte?

Anders als in den Niederlanden wollten wir gezielt junge Menschen erreichen.

Warum gerade sie?

Studien belegten, dass vor allem Erst- und Zweitwähler oft nicht zur Wahl gingen – aus drei Gründen: Sie verstanden die Themen und Diskussionen der Parteien nicht, die Unterschiede zwischen den Parteien waren ihnen nicht deutlich genug, und viele fragten sich, was der Wahlkampf mit ihrem eigenen Leben zu tun habe. Da außerdem nachgewiesen ist, dass die Teilnahme an der ersten oder zweiten Wahl entscheidend dafür ist, ob jemand auch weiterhin an Wahlen teilnimmt, war die Zielgruppe der Erst- und Zweitwähler für uns besonders wichtig.

Welchen Schluss haben Sie daraus gezogen?

Wir beschlossen, die Hälfte der Redaktion aus jungen Menschen zwischen 18 (je nach Wahlalter auch 16) und 26 Jahren zu besetzen, damit sie zusammen mit Politikexperten die Formulierung der Wahl-O-Mat-Thesen selbst übernehmen: einfach, verständlich und lebensnah.

Fruchtet die Strategie des jungen Teams?

Ja, wir erhalten enormes Feedback unserer Nutzer. Manche schreiben, dass sie eigentlich nicht zur Wahl wollten, aber es sich anders überlegt haben, nachdem sie den Wahl-O-Mat »gespielt« haben. Andere berichten, dass sie wegen des Wahl-O-Mats zum ersten Mal in der Familie oder mit Freunden über Politik und Wahlen diskutiert haben. Der größte Erfolg für die politische Bildung.

Gab es auch Kritik?

Durchaus. Während die Nutzer von Anfang an begeistert von der Idee waren, auf kurze, verständliche Thesen nur mit »stimme zu«, »neutral« und »stimme nicht zu« antworten zu können, war

Einfach mal ausprobieren: SPD-Politikerin **Andrea Nahles** vor der Bundestagswahl 2013.

Willst Du mit mir wählen gehen? Mitglieder des Wahl-O-Mat-Teams 2013.

genau das für Politikexperten und besonders für die Parteien schwierig. Man kann doch nicht auf ein komplexes Thema nur mit Ja oder Nein antworten – das war und ist der häufigste Einwand. Und es ist auch richtig, dass politische Diskussionen und Entscheidungsfindungen komplex sind. Dennoch will der Wahl-O-Mat als Appetitanreger für Wahlthemen zunächst eine grundsätzliche Entscheidung abfragen, ob der Nutzer oder die Partei eher die eine oder die andere Idee unterstützt. In den Begründungen am Ende des Wahl-O-Mat können die Parteien den Nutzern ihre Sicht genau begründen.

Ihr schlimmster Moment?

Die Abschaltung des Wahl-O-Mat im Mai 2019, sechs Tage vor der Europawahl. Ursprünglich konnten die Nutzer aus allen – damals 41 – Parteien zunächst acht Parteien für ihren persönlichen Vergleich auswählen. Wir wollten mit dieser Funktion die Nutzer auf die Vielzahl der Parteien aufmerksam machen und durch die Möglichkeit, die Parteien immer wieder neu miteinander zu vergleichen, die Auseinandersetzung mit ihnen fördern. Eine Partei fand, dass diese Auswahlfunktion kleinere Parteien benachteilige. Da wir das Gericht mit unserer Konzeption nicht überzeugen konnten, mussten wir den Wahl-O-Mat drei Tage lang, in der Woche vor der Europawahl, offline stellen.

Wie haben Sie das Dilemma gelöst?

Wir haben angeboten, bei den nächsten Wahlen mit einem Klick einen Vergleich aller Parteien gleichzeitig zu ermöglichen. Erst dadurch konnten wir vier Tage vor der Europawahl wieder online gehen.

Gab es einen schmerzhaften Einbruch in den Nutzerzahlen?

Am Ende wurde der Wahl-O-Mat zur Europawahl trotzdem fast zehn Millionen Mal genutzt.

Wo haben Sie sich sonst noch in die Nesseln gesetzt?

Die Übersetzung der Wahl-O-Mat-Version zur Landtagswahl in Schleswig-Holstein 2017 ins Dänische und Friesische war eigentlich eine großartige Idee – wir wollten damit die beiden Minderheiten des Landes mit eigenen Sprachausgaben würdigen. Doch die Übersetzungen erwiesen sich als viel komplexer als gedacht. Zum einen gab es mehrere Sprachversionen des Friesischen und damit Unterschiede auf den Inseln und dem Festland. Zum anderen wurde bei der Übersetzung ins Dänische bald die Problematik von Übersetzungsnuancen deutlich. Schon bei der Thesenformulierung des Wahl-O-Mat auf Deutsch diskutierten wir in der Redaktion sehr lange über die Bedeutungen und Assoziationen einzelner Begriffe, die unbewusst ein Antwortverhalten beeinflussen könnten. Bei den Übersetzungen in andere Sprachen wurde uns dann klar: Eine Übersetzung bedeutet – trotz aller Bemühungen – immer auch eine leichte Sinnveränderung des Originaltextes.

Gingen die Sprachversionen dann dennoch an den Start?

Ja. Aber die Arbeit daran war sehr mühsam und zeitintensiv gewesen.

Worauf hätten Sie im Entstehungsprozess auf keinen Fall verzichten können?

Es gäbe keinen Wahl-O-Mat ohne sein Team und die vielen Jugendlichen, die jedes Mal in der Wahl-O-Mat-Redaktion teilnehmen. Bei der Bundestagswahl 2017 haben sich mehr als 500 junge Menschen aus dem gesamten Bundesgebiet beworben, um mit uns an drei Tagen ehrenamtlich über Parteiprogrammen zu brüten und Thesen zu

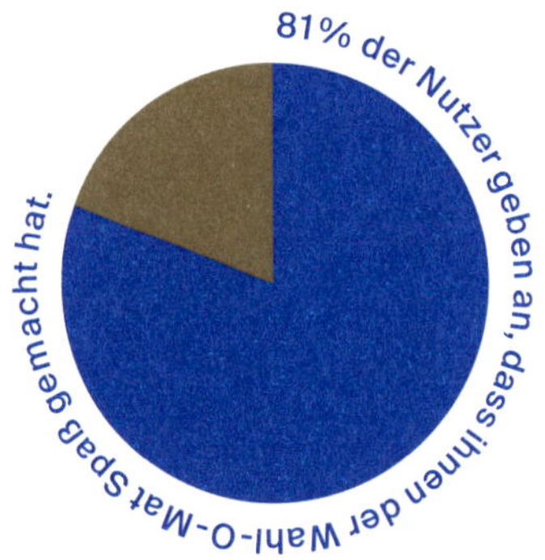

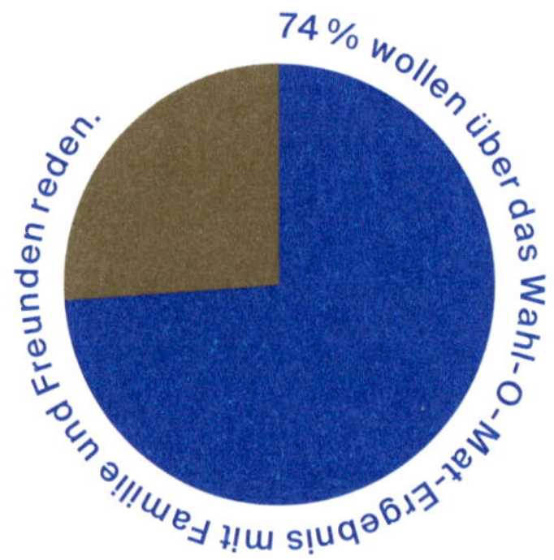

diskutieren. Das ist jedes Mal aufs Neue spannend und inspirierend.

Wenn Sie mit Ihrem Wissen von heute noch mal neu starten dürften – was würden Sie diesmal anders machen?

Der Wahl-O-Mat wurde sehr schnell sehr erfolgreich und damit immer professioneller und aufwendiger. Ein größeres Team innerhalb der bpb wäre sicher hilfreich gewesen, da es zu Beginn nur eine zuständige Person gab. Ohne das externe wissenschaftliche Wahl-O-Mat-Team, den großartigen Programmierer und die Designer wären wir nie so weit gekommen.

9:44 min
Durchschnittliche Durchspielzeit

50
Versionen des Wahl-O-Mat

82 Mio.
Nutzungen

Insider-Tipps

61. Beim Brainstorming alle Ideen zulassen – auch die verrücktesten.

62. Fehler machen dürfen – sonst entwickelt man nichts Neues.

63. Starke Medienpartner finden.

64. In Workshops mit Jugendlichen: immer genug Essen, Schoki und Kaffee bereithalten.

65. Auch im größten Stress: Humor behalten und am Ende des Tages gemeinsam lachen.

WENN IM DORF DAS LICHT ANGEHT

Speziell für Afrika entwickelt: Ein Solartainer wird in Djoliba in der Koulikoro-Region in Mali aufgebaut.

Hoffnungsprojekt Solartainer – Gründer pendelt zwischen zwei Welten

Sie setzen sich gelb, grün und rot gegen die rostfarbene Erde auf dem schwarzen Kontinent ab: die Solartainer des 2015 gegründeten Sozialunternehmens Africa GreenTec. Unter der sengenden Sonne in Mali, Niger oder Senegal stehen die Container, kompakte und mobile Solarkraftwerke, die in den letzten Jahren jeweils eine lange Reise durch viele Häfen angetreten haben. Startpunkt war ein Fabrikgelände nahe Cottbus. Die Solarmodule, die auf und an jedem der bunten Container angebracht sind, erzeugen saubere Energie – und neues Leben in afrikanischen Dörfern.

2500

Haushalte in Senegal, Mali und Niger mit Strom versorgt

102.679

Menschen in Senegal, Mali und Niger, die daran partizipieren

Den ersten Solartainer stellten Gründer Torsten Schreiber, seine Frau Aida und ihr Team im Heimatdorf des damaligen, in der Bevölkerung hoch angesehenen Präsidenten von Mali auf. Per Crowdfunding wuchs das Interesse an der Lösung aus Deutschland. 4000 Menschen, also um die 400 Haushalte, können mit einer Anlage versorgt werden – und bei Bedarf auch mit Trinkwasser, Kühlketten und Internetzugang. Ein Tarifsystem berücksichtigt die Bedürfnisse der Dorfbewohner nach Tarifen aufgeteilt: Der günstigste Tarif stellt genug Strom für drei LEDs, einen Ventilator und den Handyakku bereit. Im höchsten Tarif können gewerbliche Kunden, Dorfschulen oder sogar kleine Krankenhäuser mit ausreichend Energie versorgt werden.

Neue Generationen zu Selbstbestimmung und Wohlstand befähigen – das ist die Vision von Africa GreenTec. Produktionsmanager Robert Skibicki war am Anfang dabei, wenn ein neuer Solartainer aufgestellt wurde. Mit den Erfahrungen vor Ort verbessern sich die Anlagen immer weiter; die neuesten Exemplare sehen ganz anders aus als der erste Prototyp.

Die Solartainer müssen starken Winden oder heftigen Regenfällen standhalten, vor allem aber den hohen Temperaturen – 45 Grad im Schatten sind in Mali die Regel. Für den Transport kalkuliert das Team auch die katastrophalen Zustände der Straßen in die Vorbereitung mit ein. Wenn der Solartainer aufgestellt, ans Stromnetz angeschlossen ist und die Zähler in den Haushalten montiert sind, markiert das erst den Anfang. Denn das Unternehmen wirtschaftet nachhaltig: Mit jedem Solartainer beschäftigt es auch drei Mitarbeiter im Dorf. Ein Wachmann verbringt die Nacht beim Container; zwei Elektriker warten ihn und sind bei den Kunden unterwegs. Sie helfen ihnen nicht nur bei Problemen am Zähler oder Fragen zum Tarifwechsel, sondern die Verbraucher können den Strom bei ihnen auch per Vorkasse zahlen. Die Elektriker, die zusätzlich in Photovoltaik ausgebildet werden, leben mindestens sechs Monate im Dorf, dann rotiert die Mannschaft. Schreiber will, dass die meist sehr jungen Männer innerhalb des Landes herumkommen. Es sei denn, dass der Elektriker im Dorf heiratet, das kommt auch mal vor.

Das Unternehmen wird in Europa als positives Beispiel wahrgenommen – auch für die Bekämpfung von Fluchtursachen und Prävention gegen Migration. Denn besonders die jungen Bewohner sehen, dass sich ihr Dorf entwickelt und neue Perspektiven bietet. Ein junger Mann, der nach Europa flüchten wollte, um seine Familie besser versorgen zu können, ist dann doch geblieben: Dank des Stroms, der nun fließt, konnte er in seinem Dorf ein Internetcafé eröffnen.

Herr Schreiber, was war der erste Funke für Ihre Idee?

Die Idee entstand beim Besuch eines 20-Megawatt-Dieselkraftwerks in Malis Hauptstadt Bamako im Juni 2014. Das Kraftwerk stammt aus den 1960er-Jahren. Es verbrennt täglich 170 000 Liter Diesel bei einer Effizienz von knapp über zehn Prozent und einer Außentemperatur von 45 Grad im Schatten in einem Land mit über 2000 Sonnenstunden im Jahr. Als Klimaschutzaktivist und Sozialunternehmer gab es für mich kein sinnvolleres Ansinnen, als diese Dinge zu verändern.

Zu welchem Zeitpunkt und warum hielten Sie Ihre Idee für tragfähig?

Tragfähig fand ich die Idee von der ersten Sekunde an. Was wir allerdings erst 2018 durch viel Erfahrung herausarbeiten konnten, war die notwendige Dimension, um daraus ein tragfähiges Geschäfts- und Finanzierungsmodell zu entwickeln, das auch skalierbar ist.

Wie wurde aus der Idee ein Unternehmen?

Angefangen haben wir mit einem 3-D-Modell und einem 3-D-Rendering, um mögliche Partner, Lieferanten und Investoren zu gewinnen. Klar war, wir brauchen ein Pilotprojekt und einen ersten Prototypen. Nachdem wir über unser Netzwerk Malis letzten Präsidenten Dioncounda Traoré bei einer persönlichen Audienz für das Pilotprojekt gewinnen konnten, war klar, dass wir auch einen technischen Prototypen bauen werden. Von Beginn an war Traoré überzeugt von unserem Projekt und warb in Deutschland und Mali dafür – mit großem Medienecho. Den ersten Prototypen konnten wir mit Crowdfunding finanzieren. Danach kamen immer mehr Dörfer auf uns zu und wollten auch von uns versorgt werden.

Was hat Sie motiviert?

Das Wissen um die Zusammenhänge. Ich wusste, mit unserer Technologie, dem notwendigen Unternehmergeist und der Sonne in der Sahelzone kann man eine Delle im Universum hinterlassen und vielleicht Hunderten Millionen Menschen helfen, selbstbestimmt und unabhängig Energie zu erzeugen. Dieses Gefühl von positivem Impact auf so viele Menschen ist auch heute noch der Kern unserer Motivation.

Werden Sie offenherzig empfangen, wenn Sie mit Ihrem Angebot in die Dörfer kommen?

Es gibt sehr traditionelle Strukturen in den Dörfern. Clans, die Religion, der Imam spielen eine große Rolle. Besonders bei der älteren Generation, die noch immer wichtige Entscheidungen trifft, muss man häufig viel Überzeugungsarbeit leisten. Die Technik und die Elektrizität selbst sind für die Menschen in den abgelegenen Dörfern neu. Sie wissen zwar, was Strom ist, aber für sie ist das erst einmal ein bisschen so, als würde ein Ufo landen. Darum muss ich mit meinem Team die Dorfbewohner zunächst sensibilisieren, bevor der Container

Farbklecks auf roter Erde: eines der kleinen
Kraftwerke aus der Perspektive einer Drohne.

aufgestellt werden kann. Anfangs haben das Aida und ich noch selbst mitorganisiert, inzwischen übernehmen das unsere lokalen Mitarbeiter. Wir haben die Prozesse immer weiter verbessert. Heute haben wir zum Beispiel Comics, die auf große Plakate gedruckt werden; zum Teil wird unser Anliegen in Theaterstücken erklärt, vergleichbar mit einem Bühnenwerk.

Welche Steine mussten Sie aus dem Weg räumen?

Der Platz reicht nicht aus, alle aufzuzählen. Korruption, kulturelle Unterschiede, Finanzierung, Sprachbarrieren, Mentalität, Erwartungsmanagement sind nur einige Stichworte. Am Anfang dachte ich, in Ländern wie Mali zu arbeiten, sei ungefähr mit einer Mondlandung zu vergleichen: Man hat die Fähigkeiten und die Technologien, hinzufliegen und im Raumanzug über Krater hinwegzuspringen. Irgendwann im Laufe der Jahre kam mir nach der Rückreise Deutschland wie der Mond vor. Das Pendeln zwischen beiden Welten ist auch heute noch immer die größte Herausforderung im Tagesgeschäft.

Inwiefern?

Wenn ich in Deutschland bin, verteidige ich die Menschen der Sahelzone, bin ich in der Sahelzone, fühle ich mich wie ein Außerirdischer, der erklären muss, warum er Pünktlichkeit und Prozesse schätzt. Dennoch, es hängt alles zusammen: Der globale Norden beutet den globalen Süden aus, befeuert Konflikte mit Waffen, raubt die Rohstoffe. Die Migration führt zu politischem Rechtsruck, und der Kampf um Ressourcen bedingt eine Gewaltspirale.

Ihr schlimmster Moment?

Der kam, als ich vor einem Investor in London pitchte, der mir als führender Impact-Investor empfohlen worden war. Also jemand, der sehr reich ist, und – angeblich – sein Geld sinnvoll investieren wollte. Sinnvoller als bei uns gab es für mich nicht. Letztlich zählte für ihn aber ausschließlich die monetäre Rendite, also wie schnell und wie sehr er sein Geld vermehren konnte. Die Inhalte und unsere Werte, mit denen wir Africa GreenTec aufbauen, waren für ihn völlig bedeutungslos! Ich ließ ihn in seinen Helikopter steigen und musste für mich die Vorstellung aufgeben, dass sich Kapital und Impact wirklich versöhnen werden.

Ihr größter Fehler?

Einer der größten Fehler ist es, an sich und der eigenen Idee zu zweifeln. Nach so vielen Nein und Miesepetern war ich zwischendrin immer wieder von Zweifeln befallen. Dadurch habe ich viel Zeit verloren.

Was hilft Ihnen in schwierigen Momenten?

In kritischen Zeiten reise ich durch Dörfer und besuche Bürgermeister, die uns einladen, ihnen mit unserem Social-Business-Modell zu helfen. Tausende Menschen sind dann auf der Straße, und wir blicken in die Augen der vielen Kinder, denen unser Unternehmen hilft, indem wir eine gewisse Chancengleichheit für ein besseres Leben ermöglichen.

Ihr bisheriges Highlight?

Jede Einweihung eines unserer Solartainer in einem Dorf ist ein Höhepunkt, denn dann können

» **Bis 2030 will Africa GreenTec drei Millionen Menschen mit sauberer Energie, Trinkwasser, Kühlketten und Internetzugängen versorgen.**

Ein Solartainer wird produziert: Das Fabrikgelände liegt nahe Cottbus im Land Brandenburg.

die Menschen eine eigene Mikroökonomie gestalten. Ich kann nicht sagen, welche Eröffnungsfeier mehr Glücksgefühle ausgelöst hat. Für mich ist der Weg das Ziel, insofern ist es ein immer stärker wachsendes Highlight, Teil dieser großartigen Bewegung zu sein. Ein besonderer Höhepunkt war aber sicher, als ich meine beiden größeren Kinder für mehrere Wochen nach Mali mitgenommen habe und mit ihnen all unsere Solartainer und Dörfer besucht habe. In einem Interview mit einem Journalisten erzählte meine damals neunjährige Tochter dann, dass sie unser Unternehmen später einmal weiterführen möchte – weil sie so stolz sei auf das, was ihr Papa aufgebaut hat. Das war wundervoll.

Worauf hätten Sie im Entstehungsprozess auf keinen Fall verzichten können?

Ganz sicher nicht auf meine Frau, Mitgründerin und Freundin, die mich mit ihrer unbeirrbaren Intuition immer wieder auf Spur und Kurs hält.

Wenn Sie mit Ihrem Wissen von heute noch mal neu starten dürften – was liefe anders?

Ich würde direkt für 100 Millionen Euro Investoren suchen – statt für bescheidene 100 000 Euro.

Insider-Tipps

66. Mehr auf den Bauch als auf den Verstand hören.

67. Tue etwas für andere! Das Sozialunternehmertum bietet die richtige Balance, um sein eigenes Leben gestalten zu können und zugleich im Universum eine Delle zu hinterlassen.

68. Früh von der Idee erzählen, selbst auf die Gefahr hin, dass andere versuchen, sie zu kopieren, man bleibt das Original.

69. Lieber größer denken als kleiner.

70. Bei der Entwicklung des Geschäftsmodells auf Skalierbarkeit achten.

71. Früh versuchen, Prozesse zu definieren und diese einzutrainieren.

Geschafft! Das Team vor einem aufgestellten Solartainer.

Gründer Torsten Schreiber ist bei der Inbetriebnahme eines Solartainers in Afrika vor Ort.

Kleine Unternehmen wie dieses Nähgeschäft werden dank der Versorgung mit sauberer Energie möglich.

Insider-Tipps

72. Lange die Zügel in der Hand behalten und die ersten Mitarbeiter nicht mit Mitgründern verwechseln. Die meisten Start-ups zerbrechen an der Gier der Mitgesellschafter.

73. Schnell lernen zu unterscheiden zwischen Investor, Freund, Familie, Mitarbeiter, Partner, Lieferant und Kunde.

74. Erfolg zieht Neid und Eifersucht an – Kopf hoch, Brust raus und Arsch in der Hose behalten. Sich selbst treu bleiben, Authentizität ist mehr wert als wirtschaftlicher Erfolg.

FLÜGEL

DARF MAN SICH
AUCH LEIHEN.

Unter den Fittichen des Business Angels

Warum der Ersthelfer immer wichtiger wird

Ute Günther

Zwei starke Flügel: Das ist das Versprechen, das die Business Angels innovativen Start-ups geben. Ein Flügel steht dabei für das Beteiligungskapital, das zur Verfügung gestellt wird. Mindestens genauso wichtig ist aber der zweite Flügel, angereichert mit Know-how, unternehmerischer Erfahrung und Netzwerkkontakten.

Im Gegenzug erhalten Angel-Investoren Anteile an dem jungen Unternehmen. Business Angels lassen sich ihr Engagement weder durch Beratungshonorare noch durch Dauervergütungen bezahlen. Sie profitieren von der späteren Veräußerung ihrer Firmenanteile, die dann, wenn alles nach Wunsch verläuft, erheblich an Wert gewonnen haben sollten.

Business Angels sind unbestritten Deutschlands wichtigste Frühphaseninvestoren. Sie stehen am Anfang der Finanzierungskette, statten Innovationen mit Geld aus, wenn der Engpass am größten und das Risiko am höchsten ist. Zunehmend spielen sie auch in Folgefinanzierungsrunden eine bedeutende Rolle. Business Angels sind die treibende Kraft hinter der Entwicklung des Start-up-Ökosystems. Sie haben eine überragende volkswirtschaftliche Bedeutung für den Aufbau und die Entwicklung neuer innovativer Unternehmen, die Beschäftigung und Wohlstand sichern.

Welche Unternehmen sind für Business Angels interessant? Gefragt ist vor allem ein starkes Gründerteam, das sich durch Engagement, Begeisterung und Kooperationsfähigkeit auszeichnet und möglichst die wesentlichen Unternehmensaufgaben persönlich und inhaltlich abdeckt. Darüber hinaus sollte das Start-up auf einer innovativen Geschäftsidee beruhen, über hohes Wertsteigerungspotenzial verfügen, Wettbewerbsvorteile und Alleinstellungsmerkmale bieten. Handelt es sich wirklich um ein Produkt oder eine Dienstleistung, die dem Wettbewerb überlegen ist und sich im Markt durchsetzen kann?

Dr. Ute Günther ist seit 2001 Vorstand von BAND und Vice-President von Business Angels Europe. Sie ist außerdem Geschäftsführendes Vorstandsmitglied von pro Ruhrgebiet e. V., Vorstand der Business Angels Agentur Ruhr e. V. und Geschäftsführerin der Startbahn Ruhr GmbH.

Der Wunsch nach Risikokapital durch einen Business Angel muss sich in der Größenordnung zwischen 50 000 und 500 000 Euro bewegen, wobei auch höhere Beträge durchaus gestemmt werden. Zumal es eine nicht unerhebliche Zahl an Angels gibt, die in Kooperation mit anderen Business Angels investieren, schließlich wird dadurch das Risiko verteilt und das Know-how gebündelt.

Start-ups auf der Suche nach Angel-Kapital sollten nicht vergessen, sich frühzeitig ihre INVEST-Förderfähigkeit bestätigen zu lassen. Dadurch haben sie eine größere Chance, einen Investor zu finden, denn der erhält über das Förderprogramm »INVEST – Zuschuss für Wagniskapital« vom Bund einen Zuschuss von 20 Prozent seines Investitionsbetrags, was seine Investitionspower deutlich erhöht und damit auch die Chancen des Start-ups verbessert, einen Investor zu finden.

Auch wenn sich einzelne Branchen immer wieder an die Spitze der Beliebtheitsskalen setzen – aktuell etwa IKT, Healthcare, GreenTech –, kommen Unternehmen aus allen Branchen für ein Angel-Investment in Betracht, denn die Vorlieben der einzelnen Angels sind sehr unterschiedlich. In jüngster Zeit gewinnt das Thema Nachhaltigkeit über alle Branchen hinweg mehr und mehr an Bedeutung.

Den typischen Business Angel gibt es nicht, der Markt ist heterogen, vielfältig und weithin informell. Das ist ein großes Plus für beide Seiten, um den passenden Deal zu finden. Und es gibt sie, die passenden Deals, wo – auch das ist ganz wichtig – die Chemie stimmt und Angel und Gründerteam gemeinsam am Erfolg des Start-ups arbeiten.

Das deutsche Angels-Ökosystem gehört zu den führenden Business Angels-Marktplätzen in Europa. Etwa 2000 Angel-Investoren sind in Netzwerken organisiert, andere in Angels-Clubs oder Syndizierungspartnerschaften, wieder andere agieren auf Matching-Plattformen, wo Arbeitsplatzanforderungen und Kompetenzen zusammengebracht werden, oder finden sich in Communitys mit einem definierten Branchenfokus zusammen. Das Business Angels Netzwerk Deutschland (BAND), der Verband der Business Angels, geht von mehr als 10 000 aktiven Angel-Investoren in Deutschland im Jahr 2020 aus.

»Wir brauchen mehr Start-ups, und wir brauchen mehr Angel-Investoren, um Innovationen nachhaltig zu fördern und unser aller Zukunft zu sichern.

Den Anteil der weiblichen Angels schätzt er dabei auf rund sieben bis zwölf Prozent. In Sachen Diversität ist also noch viel zu tun. Deshalb hat BAND das Jahr 2020 zum »Women Business Angels Year 2020« erklärt und unter der Schirmherrschaft des Bundesministers für Wirtschaft und Energie, Peter Altmaier, eine groß angelegte Offensive zur Mobilisierung von Angel-Investorinnen gestartet mit dem ehrgeizigen Ziel, bis 2025 den weiblichen Anteil der Business Angels in Deutschland auf 25 Prozent zu erhöhen.

Jeder kann Partner der Offensive werden, um für mehr weibliche Geschäftsengel zu werben, sich für Angels Investing generell und für mehr Genderdiversität in der Investorenszene stark zu machen.

Vorbilder und Best Practices für gelungene Angels-Deals gibt es in großer Zahl. Sie müssen herausgestellt werden, um Mut zu machen und zur Nachahmung anzuregen. Denn es geht um Veränderungen in beide Richtungen: Wir brauchen mehr Start-ups, und wir brauchen mehr Angel-Investoren, um Innovationen nachhaltig zu fördern und unser aller Zukunft zu sichern.

KLICK FÜRS KLIMA

Bäume statt Ölpalmenplantagen:
ein Gärtner in Indonesien.

Suchmaschine Ecosia kam dank Business Angel in Fahrt – und ließ sogar Google zittern

Ecosia-Gründer, Idealist und Macher: **Christian Kroll.**

Christian Kroll ist ein echter Idealist. Jemand, dem jegliche Eitelkeit abgeht. Der sein eigenes Wohl einem höheren Interesse unterordnet. Ein Vegetarier im T-Shirt mit gebrauchten Möbeln in der Wohnung. Der mal essen gehen oder sich einen Kaffee kaufen möchte, alles darüber hinaus aber obszön fände. Was ihn antreibt? Der Klimawandel in all seinen grausamen Erscheinungsformen. Wie kann man sein Voranschreiten stoppen?

Kroll fiel dazu ein hübscher Kniff ein: Er würde Ökonomie und Ökologie zusammenbringen. Er erfand die Suchmaschine Ecosia, nutzte also die Macht der Internetnutzer, um eines der größten Probleme der Welt anzugehen: das Verschwinden der Wälder.

Sein Team setzt junge Bäume auf der ganzen Welt, um die Klimaschäden abzufedern – positive Nebenwirkungen für die Gemeinden und die Wirtschaft vor Ort werden gern in Kauf genommen. Sich selbst nachhaltig zu engagieren, macht Ecosia ihren Nutzern kinderleicht: Sie müssen nichts weiter tun, als ihre übliche Webrecherche anzustellen. Suchbegriff eingeben, Klick, fertig. So finanzieren sie alle 0,8 Sekunden einen neuen Setzling. Demnächst ist die 100-Millionen-Grenze geknackt, die Kroll vor Jahren als Ziel ausgerufen hatte. Damals schüttelte vielleicht mancher noch grinsend den Kopf über dieses irre Vorhaben.

Dem Nutzer entstehen keine Kosten, die Spenden stammen aus Werbeeinnahmen von Suchanzeigen. Ecosia basiert auf der Technologie von Bing. Jeden Monat fließen mindestens 80 Prozent des Ertragsüberschusses in 31 Aufforstungsprojekte in 20 Ländern.

Kroll wollte mit seiner grünen Suchmaschine auch eine Alternative zum Datenmagnaten Google anbieten. Dass er selbst keinen Großkonzern aufbauen und sich damit eine goldene Nase verdienen will, machte er zuletzt äußerst glaubhaft deutlich: Kroll und Tim Schumacher, sein Mitgesellschafter, haben das Unternehmen gespendet, sie sind nunmehr Anteilseigner. Eine Stiftung überwacht alle Geschäftsvorgänge. Ecosia wird niemals verkauft werden können. Die Suchmaschine bleibt – wirtschaftlich gesehen – ein Non-Profit-Unternehmen.

Christian Kroll und seine Mitarbeiter unterstützen Baumpflanzprojekte auf der ganzen Welt.

Herr Kroll, was war der erste Funke für Ihre Idee?

Google hat große Macht und verdient unglaublich viel Geld. Daher hatte ich die fixe Idee, auch eine Suchmaschine aufzuziehen – nur eben gepaart mit einem positiven Impact.

Was genau hat Sie so stark motiviert?

In meinem BWL-Studium gab es eigentlich nur einen Fokus, nämlich die Profitmaximierung. Es wurde nicht danach gefragt, was glücklich macht oder wie sich die Welt verbessern lässt. Das habe ich hinterfragt, ich wollte nicht einfach Karriere machen. Da ich aber nicht genau wusste, was ich stattdessen tun sollte, habe ich nach dem Studium erst einmal in Nepal und Südamerika gelebt. Die globalen sozialen und ökologischen Ungerechtigkeiten dort fand ich furchtbar – vor allem mit anzusehen, wie Menschen auf der Straße sterben oder wie der Regenwald abgeholzt wurde. Das zu ändern, hat mich motiviert.

Zu welchem Zeitpunkt und warum hielten Sie Ihre Idee für tragfähig?

Von Anfang an habe ich an die Idee geglaubt. Der Druck kommt eindeutig vom Klimawandel. Wir müssen einfach etwas tun. Ich dachte mir: Wenn ich untätig dasitze, werde ich mir in zehn Jahren Vorwürfe machen.

Wie wurde aus der Idee ein Projekt?

Zu Beginn musste ich schauen, wer Lust hatte, mit mir zusammenzuarbeiten. Als ich kein Geld hatte, um Mitarbeiter zu bezahlen, habe ich allein von morgens bis abends am Code geschrieben und nach Investoren gesucht. In den letzten Jahren haben wir es zum Glück geschafft, ein tolles Team aufzubauen, das Ecosia voranbringt und für die Idee brennt.

Die Suchmaschine als Smartphone-App.

Was machten Ihnen auf Ihrem Weg zu schaffen?

Kein Geld, keine oder kaum Mitarbeiter – damit umzugehen war eine Herausforderung. Ich musste mich zum größten Teil allein durchkämpfen. Daher habe ich zum Beispiel Programmieren gelernt, weil ich einen Programmierer nicht bezahlen konnte.

Ihr schlimmster Moment?

Mein erstes Unternehmen funktionierte nicht, wodurch ich viel Geld verloren habe. Google unterstützte mich mit Ecosias Vorläufer Forestle, kündigte dann aber nach zwei Wochen die Partnerschaft. Das war für mich ein ziemliches Tief. Alles fiel wieder in sich zusammen.

Wie erklärten Sie sich Googles Verhalten?

Google selbst hat als Grund angegeben, dass durch die Baumpflanzungen die User die falsche Motivation für die Geld generierenden Klicks auf Werbung hätten. Das war in meinen Augen aber nur ein Vorwand, denn solche »falschen Werbeanfragen« kann man leicht herausfiltern. Ich glaube, dass das Unternehmen erkannt hat, dass die User bei der Wahl zwischen Google normal und Google mit Bäumen immer Letzteres wählen würden – und man dadurch Marktanteil an uns verlieren könnte.

Wie entkamen Sie dem Tief?

Mit Klinkenputzen. Ich habe einfach direkt weitergemacht, das Gespräch zu anderen Suchmaschinenbetreibern gesucht und nicht aufgegeben. Als Bing dann einer Kooperation zusagte, war das der Erfolg, der Ecosia endlich ins Rollen brachte.

Ihr größter Fehler?

Wir haben uns in viele Dinge verrannt, die das Unternehmen nicht vorangebracht haben. Das lag auch an meiner mangelnden Erfahrung als Unternehmer. Wir haben beispielsweise Videos für Kampagnen gedreht, die sich keiner anschaute. Es fehlte die Erfahrung – und das Geld, um diese Erfahrung von außen ins Unternehmen zu holen.

Gut behütet sind in Indonesien sowohl der Gärtner als auch die Pflänzchen.

Pflanzprojekt in Kenia.

Christian Kroll schaut auf einer Baumplantage in Spanien nach dem Rechten.

Die Leben spendenden Jungbäume werden liebevoll großgezogen.

In Ghana werden am häufigsten Afrikanisches Mahagoni, Kapokbaum und Cashewbaum gesetzt.

Insider-Tipps

75. Finde Partner, die Deine Idee teilen!

76. Kümmere Dich um das Marketing.

77. Wenn Du die Arbeit nicht selbst machen kannst, finde jemanden, der das kann.

78. Partnerverträge sollten eine Mindestlaufzeit haben.

79. Mach die Welt ein bisschen besser.

80. Du musst das System verstehen, um es ändern zu können.

81. Auch für ein soziales Unternehmen brauchst Du Durchhaltevermögen, Glück und eine gewisse Aggressivität.

Eine Mitarbeiterin in Ghana
wässert Setzlinge.

Was hat Ihnen dann geholfen?

Ohne die Zusammenarbeit mit Tim Schumacher, Business Angel und Mitgesellschafter, wäre Ecosia wahrscheinlich nicht so erfolgreich geworden. Tim hat uns geholfen, die richtigen Ziele zu setzen und dort zu investieren, wo es Sinn machte, beispielsweise ins Marketing oder in unser Team. Kleine, aber effektive Maßnahme: Er hat uns die grünen Rahmen um unsere Anzeigen entfernen lassen. Das führte sofort zu 25 Prozent mehr Umsatz.

Ihr bisheriges Highlight?

Jeder neue Baum. Millionen Setzlinge wurden bereits in Ländern wie Äthiopien, Brasilien, Indonesien und Spanien gepflanzt. Zudem haben wir gerade einen Jahresüberschuss in Millionenhöhe. Wir können ihn in die Pflanzungen und den Bau von Solaranlagen stecken. Diese finanzielle Unabhängigkeit ist natürlich toll.

Worauf hätten Sie im Entstehungsprozess auf keinen Fall verzichten können?

Auf Tim. Außerdem ist die mentale Gesundheit für einen Start-up-Gründer enorm wichtig. Ich versuche, Routinen zu entwickeln, dazu gehören meine Meditation, regelmäßiger Sport und Zeit ohne mein Handy. Neben der mentalen und emotionalen Hygiene hilft auch ganz einfach gutes Essen. So kann der Akku wieder aufgeladen werden.

Wenn Sie mit Ihrem Wissen von heute noch mal neu starten dürften – was liefe anders?

Ich wusste nicht, wie man ein Unternehmen gründet. Vieles hätte einfacher sein können, wenn ich mir einen Mentor gesucht hätte, um Sachen zu diskutieren und Ratschläge zu bekommen.

Insider-Tipps

82. Meditiere.

83. Folge Deinem Instinkt.

84. Besteige einen Berg! Danach weißt Du alles Wichtige über Dich.

85. Im Team muss gute Energie fließen; Ihr braucht Vertrauen und Respekt.

86. Versuchen, scheitern und weiter versuchen.

87. Weiterbildungen helfen.

WO TRÄUME FLIEGEN LERNEN

Seit 2009 sind Fellows von Teach First Deutschland bundesweit an Schulen im Einsatz.

»Teach First Deutschland« entsendet Fellows an Schulen und war anfangs sehr auf Wachstum fixiert

Gleiche Bildungschancen für alle Kinder – klingt toll in der Theorie. Aber ungünstige Startbedingungen gleichen sich nicht per Fingerschnips aus. Das hat den Ehrgeiz der gemeinnützigen Initiative »Teach First Deutschland« (TFD) geweckt; sie will erfolgreiche Lebensläufe von Faktoren wie Herkunft oder Einkommen der Eltern entkoppeln.

8
Bundesländer

175
Schulen

242
Fellows

Seit 2009 vermittelt sie Hochschulabsolventen aller Studienrichtungen für zwei Jahre als Fellows an Schulen, die dafür Bedarf anmelden. Die Fellows verstärken die Lehrerteams, helfen bei Hausaufgaben, geben Nachmittagskurse. Vor ihrem Einsatz müssen sie sich einem Auswahlverfahren unterziehen und werden speziell ausgebildet. Fellows unterstützen Lehrkräfte im Unterricht, geben aber keine Noten und sind Ansprechpartner in allen Belangen. Ihre Rolle schwankt zwischen Lehrkraft, Mentor und Projektpartner.

In acht Bundesländern entsendet »Teach First Deutschland« mittlerweile Fellows an die Schulen. Schirmherrin ist die Bundespräsidenten-Gattin Elke Büdenbender. 2019 feierte die Initiative ihren zehnten Fellow-Jahrgang. Die Fellowgehälter werden meist von den Ländern getragen. Die ebenfalls entstehenden Programmkosten werden durch Zuwendungen von Unternehmen, Stiftungen und Privatpersonen finanziert. »Teach First Deutschland« ist für Bundesländer mittlerweile ein etablierter Partner – 2017 wurde die Organisation in drei Ländern im Koalitionsvertrag genannt. Geschäftsführer Ulf Matysiak sieht vor allem den Wechsel zwischen zwei Schulformen oder in eine Ausbildung als mögliche Bruchstellen im Lebensweg vieler Schüler. Das Ziel: Neben besseren schulischen Leistungen und der Beratung der Schüler geht es TFD auch darum, selbstbewusste Persönlichkeiten mit starken Stimmen ins Leben zu schicken. Am Konzept wird ständig gefeilt, um die Schüler optimal zu unterstützen.

Die letzten Einsatztage von Fellows verlaufen schon mal tränenreich für Fellows und Schüler. Nach den zwei Jahren verfolgen die Alumni verschiedene berufliche Wege. Viele bleiben nach ihrem Einsatz dem Bildungssektor treu. Geprägt durch ihre Erfahrungen engagieren sie sich weiterhin für die Verbesserung der Chancen benachteiligter Kinder. Viele der Alumni arbeiten dann in Stiftungen, NGOs, für Vereine oder Unternehmen. Einige haben selbst

Bildungsprojekte gegründet. Der frische Wind, den die Fellows an die Schulen bringen, ist deutlich: Träume kommen auf, der Wunsch, eine gute Zukunft zu haben – und sich dafür richtig ins Zeug zu legen.

Manchmal schreibt das Leben besonders runde Geschichten: Eine junge Frau aus Duisburg hatte als Schülerin einen weiblichen Fellow an ihrer Seite. Sie studiert nun Sozialwissenschaften – und verspürt den dringenden Wunsch, nach ihrem Abschluss selbst aktiv zu helfen. Als Fellow.

Herr Matysiak, was genau war der erste Funke für das Projekt?

Im Sommer 2006 machte der Brandbrief der Berliner Rütlischule auf einmal deutlich, wie weit der Alltag an manchen Schulen von einer guten Arbeitsatmosphäre entfernt ist. Unsere Gründer Kaija Landsberg und Michael Okrob erstellten mit ihrer Masterarbeit einen fiktiven Businessplan, wie der Bildungserfolg von Schülerinnen und Schülern an Brennpunktschulen nach dem erfolgreichen Konzept von »Teach For America« erreicht werden könnte. Die beiden begannen, diesen fiktiven Plan für Deutschland in die Tat umzusetzen. Ausschlaggebend für die Gründung war ein Besuch bei »Teach For America«: Die durch das Programm ermöglichten Bildungserfolge von Schülerinnen und Schülern beeindruckten die beiden so sehr, dass sie Ähnliches wagen wollten.

Welche ersten Schritte unternahmen Sie, um aus der Idee ein Projekt zu machen?

Am Beginn standen zahlreiche Gespräche mit Schulleitungen, Bildungsexperten und Verantwortlichen aus Verwaltung und Politik. Das Feedback aus diesen Gesprächen half, die Idee zu verbessern, die nötigen rechtlichen Anpassungen vorzunehmen und das Modell an den deutschen Kontext anzupassen. Das aus den Gesprächen erwachsende Netzwerk war dann das entscheidende Fundament, um mit dem Konzept auf Entscheidungsträger zuzugehen.

Da fehlte aber noch das Geld.

Ja. Und wir mussten viele Klinken putzen, um Förderer zu finden, die uns halfen, den ersten Jahrgang an die Schulen zu bringen. Das hat alles seine Zeit gedauert. Das Gründungsteam hat 2007 begonnen, mit Bundesländern über die Umsetzbarkeit und ihre spezifischen Bedürfnisse zu sprechen, mit potenziellen Förderern über die Finanzierung und mit Schulleitungen über die Entwicklung unseres pädagogischen Konzepts. Dafür gab es die Anschubfinanzierung einer Stiftung. Als wir 2008 wussten, dass einige Bundesländer Interesse hatten, mussten wir Fellows begeistern und auswählen, eine Sommerakademie planen, die Finanzierung für die Fellows und das Team sicherstellen sowie Partner an Schulen und Behörden gewinnen. Im Herbst 2008 haben wir dann ausreichend Mittel von neu gewonnen Partnern und Förderern bekommen.

Die Fellows sind Ansprechpartner im Unterricht, aber auch Vertrauenspersonen für die Schüler.

Hielten Sie die Idee gleich für tragfähig?

Im Winter 2008 hatten wir die drei wichtigen Komponenten unseres Konzepts zusammenbekommen: die Zusage eines Bundeslandes und eines Förderers sowie Bewerbungen von Absolventen. Irgendwann war es dann so weit: der erste Tag in der ersten Sommerakademie. Da habe ich unsere Fellows kennengelernt – und war überzeugt: Das kann etwas richtig Gutes werden.

Was hat Sie motiviert durchzuhalten?

Wir haben uns damals schon sehr darüber aufgeregt, wie ungleich Bildungschancen verteilt sind – das treibt mich bis heute um. Um das zu ändern, haben wir uns für einen Lösungsansatz entschieden, der konkret und nachhaltig ist. Mit unserem Programm packen wir das Problem wirklich an. In Deutschland werden einige Kinder und Jugendliche zwar durch die Schule geschleust, sie verlassen sie aber nicht mit den Kenntnissen, die sie brauchen, um ihr Leben selbstbestimmt in die Hand zu nehmen. Das wollen wir ändern. Außerdem haben uns die Leidenschaft, der Anspruch und die Beharrlichkeit unserer Mitstreiter angetrieben. Und natürlich die allerersten Fellows und deren Schüler, die uns Vertrauen geschenkt haben.

Welche Hemmnisse gab es, welche Steine mussten Sie aus dem Weg räumen?

Anfangs war es ein »Catch 22«, da sich viele Akteure gleichzeitig für etwas völlig Neues und Unbekanntes entscheiden mussten – ohne Netz und doppelten Boden, da es das Programm ja noch nicht gab. Wir mussten anfangs gegen verschiedene Zweifel kämpfen, dass wir nicht genug Bundesländer davon überzeugen, mitzumachen und uns Geld zu geben, dass wir keine Förderer finden, die unser Vorhaben finanzieren, und keine Absolventen, die wir für einen Fellow-Einsatz gewinnen können. Viele dieser Akteure fanden unser Programm gut und richtig – wollten sich aber vor ihrer Entscheidung rückversichern. Das heißt, Förderer wollten zum Beispiel erst zusagen, wenn ein Bundesland zugesagt hatte. Bundesländer wollten erst zusagen, wenn es Fellows gab. Ein Dilemma. Wir konnten zu Beginn nicht vorweisen, dass unser Programm funktioniert. Das machte die Situation besonders schwierig. Wir brauchten Akteure, die das Risiko einfach eingingen und mit uns ins kalte Wasser sprangen. Die haben wir glücklicherweise gefunden. Aber es dauerte.

Die Schüler bekommen Unterstützung – das stärkt sie für ihr weiteres Leben.

Ihr größter Fehler?

In der Anfangszeit waren wir zu schnell auf Wachstum fixiert – wir haben uns nicht die Zeit für einen Proof of Concept genommen. Dabei wäre es wichtig gewesen, eine Datenbasis zu schaffen, die die Qualität unseres Programms nachweist. Das hat uns später zurückgeworfen. Zum Beispiel wäre es bei der Gewinnung neuer Bundesländer hilfreich gewesen, ein Wirkkonzept zu haben und beschreiben zu können, wie Schülerinnen und Schüler von unserem Programm profitieren. Wir konnten lange nicht beweisen, wie die Fellows an der Schule arbeiten sollen und was sie dabei bewirken. Später haben wir unsere Programme nachgeschärft und datenbasiert ausgerichtet – so hatten wir mehr Informationen und bessere Argumente.

Wer oder was hat Ihnen in kritischen Situationen geholfen?

Unsere Partner im internationalen Netzwerk »Teach for All« und das starke Netzwerk der anderen Geschäftsführer darin, mit denen wir in engem Austausch sind. Außerdem ist unser Team in den vergangenen Jahren noch stärker zusammengewachsen, und wir helfen uns untereinander sehr.

Ihr bisheriges Highlight?

Es gibt viele schöne Momente: die unbändige Vorfreude und der Enthusiasmus der Fellows auf der ersten Akademie, die uns alle ansteckten. Die vielen klugen Kommentare, die Schüler mir bei Schulbesuchen mitgegeben haben. Die Kinder und Jugendlichen sind so weise!

Ein Beispiel?

Ich erinnere mich immer wieder an ein Gespräch mit einem Mädchen, das mich zum Kern unserer Arbeit zurückgeführt hat. Sie hat darauf hingewiesen, dass sie nicht noch mehr Erwachsene brauche, die sie »irgendwo unterbringen« wollen. Sie brauche Raum zur Entfaltung und Zeit, sich selbst zu finden – und dafür brauche sie jemanden

» Manchmal schreibt das Leben besonders runde Geschichten: Eine junge Frau aus Duisburg hatte als Schülerin einen weiblichen Fellow an ihrer Seite. Sie studiert nun Sozialwissenschaften – und verspürt den dringenden Wunsch, nach ihrem Abschluss selbst aktiv zu helfen. Als Fellow.

an ihrer Seite, der sie als ganzen Menschen sieht. Und nicht als Fall.

Da hat sie den Finger in eine gesellschaftliche Wunde gelegt.

Absolut. Unsere Fellows arbeiten mit Schülerinnen und Schülern, deren Familien häufig sozial benachteiligt sind. Die Kinder und Jugendlichen haben Träume und Ambitionen, aber wir erleben auch, dass die gesellschaftliche Stigmatisierung vor ihnen nicht haltmacht. Jugendliche beschäftigen sich viel mit sich selbst und dem Bild, das andere von ihnen haben. Unsere Jugendlichen werden oft nach ihrem Äußeren, ihrem Nachnamen und Dialekt beurteilt. Oft kommen sie nicht an den Punkt, dass sie andere Facetten von sich zeigen können. Das wollen wir ändern.

Worauf hätten Sie im Laufe Ihres Projekts auf keinen Fall verzichten können?

Auf den Scheck von der Vodafone-Stiftung 2008, auf die wertvollen Ratschläge von Wegbegleitern und auf den Pionierspirit der ersten beiden Jahrgänge unserer Fellows. Wir wussten nicht, ob das Konzept ankommt – sie haben sich also auf ein Abenteuer eingelassen. Natürlich war auch unser Team mit all seinem Einsatz und einer Prise Verrücktheit in den ersten Jahren ganz wichtig für unseren Erfolg.

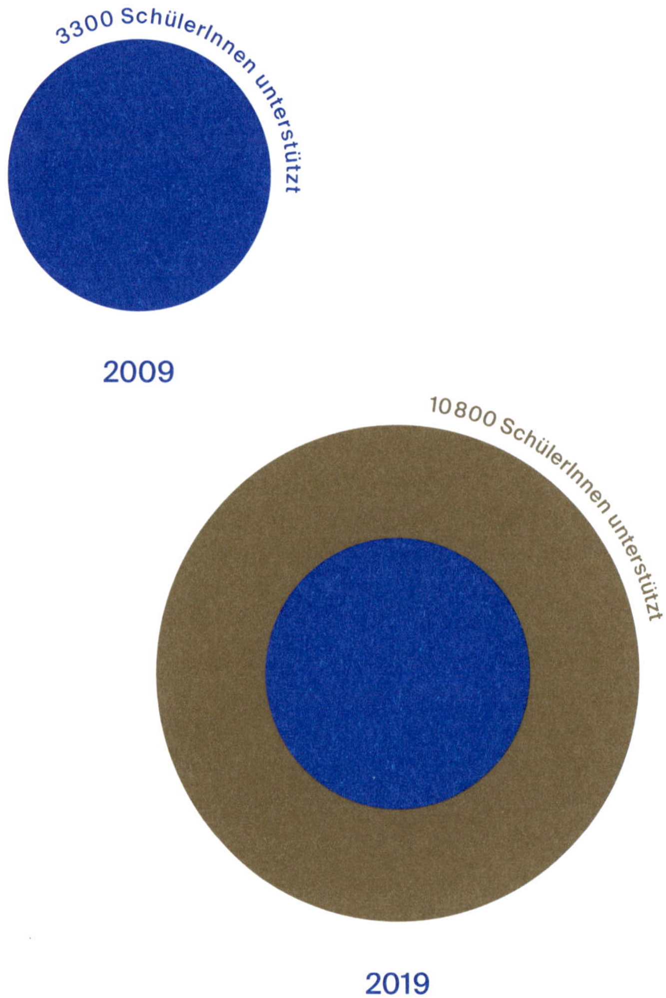

Wenn Sie mit Ihrem Wissen von heute noch mal neu starten dürften – was würden Sie anders machen?

Wir würden mehr Zeit für einen Proof of Concept einplanen. Wir würden zu einem frühen Zeitpunkt andere Menschen außerhalb von TFD in die Arbeit einbinden und ehrenamtliches Engagement zu einer stärkeren Säule machen. Wir würden Kindern und Jugendlichen eine stärkere Stimme in der Organisation geben, genauso Stadtteilen – an diesem Ziel arbeiten wir nach wie vor.

Sie nahmen immer wieder Anpassungen des Konzepts vor. Was zum Beispiel hat sich verändert?

Wir arbeiten zum Beispiel seit einigen Jahren ganz gezielt an Übergängen. Das sind für Kinder und Jugendliche häufig Bruchstellen auf ihrem Bildungsweg, und deshalb unterstützen Fellows sie dort besonders. Zudem versuchen wir, viel stärker prognostisch zu arbeiten. Unsere Fellows verschaffen sich am Anfang ihrer Einsatzzeit einen Überblick über die schulisch-fachlichen Kompetenzen ihrer Schülerinnen und Schüler, über ihr Selbstmanagement und ihr Selbstvertrauen. So wissen die Fellows, wo die Kinder und Jugendlichen stehen, und können genau da mit ihrer Unterstützung ansetzen. Außerdem versuchen wir, sehr gezielt Partner mit einzubinden und einzubeziehen, damit sie gemeinsam mit uns wirken können.

Insider-Tipps

88. Bereite Dich auf einen Marathon vor – nicht auf einen Sprint. Tempo ist wichtig, Durchhalten ist wichtiger.

89. Keine Kompromisse beim Team! Alle fordern und fördern, die dabei sind – aber streng auswählen, wer dabei ist. Eine leere Position ist besser als eine falsch besetzte.

90. If I can't dance, it's not my revolution. Wenn die Gründung keinen Spaß macht, wird sie schnell zur Obsession. Sich nicht so wichtig nehmen, Platz für Albernheit und Ausgleich schaffen.

91. Für künftige Projekte einen realistischen Zeitplan machen – und die eingeplante Zeit dann verdoppeln.

92. Ehrlich zu sich selbst sein: Bin ich bereit, »all in«, also auf volles Risiko, zu gehen und die Zeit zu investieren, die es braucht?

Deutschlands 10x-DNA

Der besondere Blick

Frank Thelen, Unternehmer, Autor, bis 2019 Investor bei »Die Höhle der Löwen«

Deutschland hat dank seiner zahlreichen hochkarätigen Universitäten, Forschungszentren und herausragenden Ingenieure die nötige Kompetenz und das Potenzial, Innovationsführer zu sein. Lange Zeit waren wir das auch – die deutsche Autoindustrie war jahrzehntelang weltweit führend. Inzwischen hat Tesla, ein US-amerikanisches Start-up, den größten deutschen Autohersteller VW an der Börse überholt. Zeit, sich die Frage zu stellen: Steht Deutschland nach wie vor für Innovation?

Die weltweit größten Unternehmen kommen aus den USA und China: GAFAM und BAT, die acht größten Internet-Konzerne, sind zusammen viermal so viel wert wie unser DAX 30. Mit dem Internet, dem Smartphone und der Cloud haben wir eine Welle an Innovationen verschlafen – doch nun startet die nächste Welle mit KI, Blockchain, 5G, IoT, 3-D-Druck und weiteren Technologien aus dem »Baukasten der Zukunft«. Diese Welle wird noch deutlich höher und stärker. Jede einzelne Technologie hat das Potenzial, Produkte hervorzubringen, die zehnmal effizienter, zehnmal schneller, zehnmal sicherer sind.

Deutschland muss jetzt seine 10x-DNA entdecken, um diese Welle nicht auch noch zu verpassen. Wir brauchen mutige, progressive Entscheidungen und Handlungen aus der Politik und Wirtschaft. Deutschland ist das Land der Dichter und Denker. Doch für die gesellschaftlichen Veränderungen, die uns in den nächsten zehn bis zwanzig Jahren durch die sich exponentiell entwickelnden Technologien bevorstehen, brauchen wir vor allem eines: mutige Macher!

Frank Thelen ist Autor des Bestsellers »10 x DNA – Das Mindset der Zukunft«.

VOR DEM

HOCHSEIL

KOMMT
DAS NETZ.

Deutschland, Land der Netzwerke

Wie Du Dir ohne Small Talk ein virtuelles Dorf aufbaust

Alexander S. Wolf

Drei der fünf wertvollsten Unternehmen der Welt kommen aus einer Gegend, die nur knapp größer ist als Berlin: Silicon Valley ist die Heimat von Giganten, die unsere Welt verändern. Apple, Google, Facebook, Instagram. Dieses Tal der Ideen ist das Rom der Neuzeit, das Kraftwerk der globalen Transformation, wo unser aller Zukunft erdacht und gebaut wird.

Wenn Du nach dem Ursprung dieses Imperiums suchst, dem Tempel der Zukunft, wo alles begann, dann landest Du in einer kleinen Holzgarage in Palo Alto. Und Du stellst fest, dass Silicon Valley gar nicht existiert. Dass es kein Ort ist, sondern eine Idee. Kein Tal, sondern ein Netzwerk.

NETZWERKE VERWANDELN IDEEN IN WIRKLICHKEIT

1939, als Hitler mit dem Überfall auf Polen den Zweiten Weltkrieg entfesselte, bastelten die Studenten Bill Hewlett und David Packard in dieser Garage an neuartigen Geräten herum. Ein paar Jahre später waren die Deutschen besiegt, aber die beiden Studenten begannen, die Welt zu erobern. Was war geschehen?

Anders als an anderen Orten dieser Welt gab es im Umfeld der kleinen Garage (bzw. der Uni von Bill und David) etwas, das woanders so nicht existierte: ein gut funktionierendes, heterogenes Netzwerk. Ihre Stanford University war von Anfang an mit dem Gedanken gegründet worden, Menschen mit guten Ideen zu fördern und zu vernetzen, egal, woher sie kamen.

Und so kam es, dass die beiden Jungen schnell die richtigen Kontakte zu Entscheidern aus der Wirtschaft bekamen: Ihre Idee eines neuartigen Tonfrequenzgenerators erreichte schnell einen Mann, der im 350 Kilometer entfernten Hollywood Filme drehte. Er kaufte acht ihrer selbst gebastelten Garagengeräte für sein neues Werk »Fantasia«. Besagter Mann war Walter Disney, der Film wurde als erstes Musikvideo der Welt Legende (mit Mickey Mouse in der Hauptrolle) – und Hewlett-Packard hat heute 55 000 Mitarbeiter.

»Es geht nicht um schnelle Kontakte, sondern um belastbare Beziehungen. Und genau hier sind die Deutschen Weltklasse.

Die Geschichte von Bill Hewlett, David Packard und Walt Disney ist nur eine von vielen Erfolgsgeschichten aus Silicon Valley. Regionen mit funktionierenden Netzwerken sind fast immer erfolgreicher als andere Orte. Weil Ideen dort schnell auf Möglichkeiten treffen. Weil niemand allein vor sich hin werkeln muss, sondern man immer sofort Gleichgesinnte findet. Das ist die Kernfunktion von Netzwerken: dass aus Fremden schnell Freunde werden.

Blicken wir nach Deutschland, ins Land der Ideen. In Deutschland gibt es genau genommen nicht mehr Ideen als in anderen Ländern. Der Grund, weshalb das kleine Deutschland die viertgrößte Volkswirtschaft der Welt werden konnte, sind nicht unsere Ideen. Deutschland ist das Land der Netzwerke. Wir sind ein Miteinander-Land. 50 Prozent aller Deutschen sind Mitglied in einem der 600 000 Vereine; bei uns hat immer eine Wir-Kultur geherrscht, wir haben eine sehr lange Tradition des Interessenausgleichs und der Offenheit. Schon bei den Germanen war Kooperation wichtiger als Herkunft (der Begriff »Volk« kommt von »Fulka« – »Gemeinschaft der Mitstreiter«).

»Wenn Du etwas beitragen kannst, sei willkommen!«, war immer die Botschaft Deutschlands. So baut man Netzwerke. Deshalb war auch das erfolgreichste Netzwerk der letzten 1000 Jahre, die Hanse, eine deutsche Erfindung.

GUTES NETWORKING IST DEUTSCHE INGENIEURSKUNST

Wir sind vielleicht nicht mehr die Weltmeister im Fußball oder Export. Aber im Networking sind wir immer noch die Nummer eins. Wenn Du jetzt denkst: »Aber das sind doch die Amis oder die Italiener!«, dann weißt Du nicht, was echtes Networking ist. Denn Networking hat nichts damit zu tun, wie viele Visitenkarten Du verteilst oder wie gut Du im Small Talk bist. Networking ist System-Bau. Du musst nicht extrovertiert sein, um gutes Networking zu betreiben. Denn es geht nicht um charmante Unterhaltung, sondern um Strukturen. Es geht nicht um schnelle Kontakte, sondern um belastbare Beziehungen. Und genau hier sind die Deutschen Weltklasse.

Ein Netzwerk ist ein System von Menschen, die einander vertrauen und miteinander effizient interagieren. Ähnlich wie ein Dorf, in dem sich jeder kennt und vertraut und sich regelmäßig mit den anderen austauscht. Nur, dass Netzwerke keine Hütten brauchen, die nebeneinanderstehen, weil sie virtuelle Dörfer sind.

Das wichtigste Element, damit so ein virtuelles Dorf funktioniert, ist Vertrauen. Wenn Menschen einander vertrauen, öffnen sie sich, erzählen sich alles, helfen sich ohne Zögern. So können Ideen sich schnell entwickeln, Ressourcen fließen frei dorthin, wo sie gebraucht werden, Probleme finden zügig gute Lösungen, neue Teilnehmer werden schnell integriert. Netzwerke sind Vertrauenssysteme. Ein gutes Netzwerk fühlt sich ungefähr so an wie eine frische Liebesbeziehung: Jeder ist sofort bereit, alles für den anderen zu tun – ohne zu zögern. Und ähnlich wie eine junge Liebe sind gute Netzwerke voller Kraft, voller Zuversicht, unkaputtbar.

Der Grund ist einfach: Wenn ich jemandem vertraue, kann ich berechnen, wie er oder sie sich in Zukunft verhalten wird. Das gibt mir Sicherheit und Kraft. Und ich kann all meine Energien auf konstruktive Dinge konzentrieren, wie zum Beispiel die Erfindung einer neuen Technologie oder eine Lösung zur Rettung der Welt.

Alexander S. Wolf ist Geschäftsführer von AusserGewöhnlich Berlin, einem Berliner Netzwerk für Querdenker. Er hat das Dictyonomie-Institut gegründet, ein wertebasiertes Netzwerk, das ein europäisches Gegenmodell zum hektischen US-amerikanischen Networking darstellt.

VERTRAUEN BAUEN DURCH GEMEINSAME WERTE

Die Deutschen sind deshalb so erfolgreich, weil sie einander vertrauen können. Und das liegt nicht nur daran, dass wir uns gern an Regeln halten, sondern weil dieses Land eine Ansammlung von Dörfern ist, sogar in den Großstädten – als Berliner weiß ich, dass der Kiez mein eigentlicher Lebensraum ist. Aber was unterscheidet den gemütlichen Gräfekiez in Kreuzberg vom anonymen Potsdamer Platz? Wie baut man Vertrauen auf?

Vertrauen entsteht durch gemeinsame Werte. Netzwerke baut man um Werte herum. Netzwerke sind Werte-Gemeinschaften. Denn Werte sind Verhaltensnormen – innere Regeln, die niemand kontrollieren muss. Wenn wir ähnliche Werte haben, werden wir uns ähnlich verhalten. Und deshalb können wir einander vertrauen, ohne uns abzusprechen. Gruppen mit einem harmonischen Werte-Kodex sind wie eine gute Sportmannschaft. Wir sind im Flow, spielen als Einheit.

Das unterscheidet ein gutes Netzwerk von einem unkoordinierten Haufen: gemeinsame Werte mit einer gemeinsamen Vision und regelmäßigem Kontakt.

WENN DU ALSO GUTES NETWORKING BETREIBEN WILLST, MUSST DU NUR DREI DINGE TUN:

- **Sprich über Werte, nicht über das Wetter. Kein Small Talk mehr.**
- **Arbeite an einer Zukunft, von der alle profitieren: Denk an den anderen, nicht nur Dich selbst.**
- **Sorge für dauernden Austausch und Treffen, vernetze Menschen regelmäßig.**

Und wenn Dir das alles zu viel Text war, musst Du Dir eigentlich nur eines merken: Gutes Networking ist, wenn Du öfter mal fragst: »Wie kann ich den anderen helfen?« Denn wer anderen hilft und sie miteinander vernetzt, vernetzt in Wahrheit sich selbst.

HEIMATLIEBE FIRST

Lebenstraum Landei: **Anja Neuberg** kehrte mit ihrer Familie zurück und eröffnete in einem kleinen Ort eine Pension.

Ein Wirtschaftsförderer witterte den Fachkräftemangel vor allen anderen – und holt flügge gewordene Erzgebirger zurück

Das Erzgebirge – eine deutsche Preziose mit berühmter Schnitzkunst, Weihnachtstourismus, Skipisten am Fichtelberg, Hochmooren und Wanderwegen. Doch die märchenhafte Region war lange auch ein Sorgenkind. Zu Beginn des neuen Jahrtausends sah die Wirtschaft im Erzgebirgskreis alles andere als rosig aus.

Über Facebook wurde ein Rückkehrercafé organisiert, in dem sich über 130 Rückkehrer vernetzen.

Die Arbeitslosenquote lag kurzfristig bei 25 Prozent, die Unterbeschäftigung weit höher – junge Menschen sahen keine Perspektive und verließen ihre Heimat. Trotz des Wegzugs und des zunehmenden Pendelns in westdeutsche Bundesländer entstanden dank Fachkompetenz und Willenskraft der Menschen in der Region viele kleine und mittlere Unternehmen neu – begleitet von einer attraktiven Investitionsförderung im Freistaat Sachsen. Außerdem identifizieren sich die Erzgebirger stark mit ihrer Heimat. Und so bekam die Wirtschaftsförderung Erzgebirge (WFE) immer wieder Anfragen von Fachkräften, die auf geeignete Angebote warteten, um wieder im Erzgebirge arbeiten zu können. Die Geburtsstatistiken zeigten: Perspektivisch würde es einen Mangel an qualifizierten Arbeitskräften in der Region geben; dem wollte die WFE rechtzeitig entgegenwirken. Sie führte ab 2004 eine Excel-Liste über die Anfragen potenzieller Rückkehrer und Pendler und kommunizierte das Angebot ab dem Jahreswechsel 2005/2006 als »Heimkehrerbörse«. Die vertraulich aufgenommenen Daten wurden zum verdeckten Bewerber-Pool für Firmenanfragen.

Motive für die Rückkehrer sind die Bindung an die Heimat und das Bedürfnis mitzugestalten.

Die Excel-Tabelle wuchs sich aus – zum professionellen »Fachkräfteportal Erzgebirge«. Seit 2008 vermittelt die Wirtschaftsförderung Erzgebirge darüber Stellen aus der Region an Rückkehrer,

»Die Unternehmerinnen und Unternehmer des HanseBelt e. V. haben sich zusammengeschlossen, um gemeinsam Ideen für die Region zu entwickeln und voneinander zu lernen. Insbesondere in den Bereichen der Personalgewinnung, -bindung und -entwicklung sowie der Unternehmenskultur zeigt der langjährige vertrauensvolle Austausch, dass ein Miteinander die Innovationskraft einer Region fördert und sich insgesamt auch positiv auf das Image einer Region auswirken kann.

Julia Beckmann, Leitung Geschäftsstelle des HanseBelt e. V.

Pendler und Erzgebirger. Die Zahl der Ausschreibungen, der inserierenden Unternehmen und der Nutzer stieg seitdem rasant. Das Erzgebirge steht heute als attraktiver Arbeitsort da: Die Geburtenrate liegt deutlich höher als die in Sachsen und der Bundesrepublik überhaupt. Die Beschäftigungsquote der Frauen ist im bundesweiten Vergleich top, die Einkommensunterschiede zwischen Frauen und Männern sind so gering wie in nur wenigen anderen Landkreisen der Republik.

Erbauliche Erfolgsgeschichten stellt die WFE regelmäßig auf ihre Webseite. Fachkräfte schwärmen darin von der Rückkehr in ihre Heimat – vom Job in Duz-Atmosphäre, von Aufstiegschancen, der Tagesmutter gleich gegenüber und den Wiesenblumen vor Mittelgebirgskulisse. Das Regionalmanagement Erzgebirge hat sogar das Lied »Heidi« neu vertonen lassen. Online generieren User mit ihrem Vornamen eine individuelle Version des Songs und senden sie per WhatsApp, Twitter, Facebook oder E-Mail an Freunde und Verwandte. Ein Ohrwurm für Abtrünnige – »komm nach Haus, find dein Glück, komm doch wieder zurück«. Projektverantwortlicher bei der Wirtschaftsförderung Erzgebirge ist Jan Kammerl.

Herr Kammerl, wann hielten Sie die Idee für tragfähig?

Die erste, noch recht improvisierte Version der »Heimkehrerbörse« hatte gezeigt, dass es auf beiden Marktseiten Bedarf gab. Allerdings war er nicht über alle Branchen gleich verteilt und erzeugte bei Fachkräften aus Branchen mit geringer Nachfrage Unzufriedenheit. Wir spürten also die Notwendigkeit, erfolgreiche Vermittlungen besonders in der Metall-, Elektro- und Kunststoffindustrie transparent darzustellen. Denn die Menschen neigten dazu, die Erfahrungen aus schwierigen Branchen zu verallgemeinern, und sahen nicht, dass sich vor allem in der Industrie das Blatt zum Positiven gewendet hatte. Im Juli 2008 riefen wir dann die Onlineplattform www.fachkraefte-erzgebirge.de ins Leben. Wir waren angespornt, die Börse qualitativ weiterzuentwickeln.

Welche ersten Schritte unternahmen Sie, um aus der Idee ein Projekt zu machen?

Wir hatten gut mit dem Internetdienstleister Pitcom zusammengearbeitet. In Abstimmungsgesprächen entstand die Idee, aus einer schon entwickelten Plattform für den Finanzdienstleistungsbereich das Fachkräfteportal Erzgebirge als regionales Jobportal zu entwickeln.

Was hat Sie motiviert?

Die größte Motivation im Entwicklungsprozess des Portals sind zufriedene Kunden: Unternehmen, die ausgeschriebene Stellen mit bestens qualifizierten und regional verbundenen Fachkräften besetzen können, auf der einen Seite. Und Rückkehrer oder Zuwanderer, die im Erzgebirge ihre Lebensträume verwirklichen, auf der anderen. Bis 2014 lag die Rückkehrerquote im Erzgebirgskreis bei mehr als 20 Prozent.

Welche Steine mussten Sie aus dem Weg räumen?

Das größte Hemmnis auf Arbeitgeberseite war damals die Wahrnehmung in der Region, dass es doch gar keinen Fachkräftebedarf gebe. Wenn wir den Unternehmen Zahlen zeigten, wie die Entwicklung in den kommenden Jahren aussehen würde, wollte das niemand glauben. Man hatte jahrelang viele gute Bewerbungen auf dem Tisch gehabt, wollte sich auch weiterhin nicht dafür anstrengen. Erst musste es wehtun. Das ist bei den Unternehmensstrukturen aber auch verständlich: Es gab kaum Personalabteilungen, die sich strategisch damit auseinandergesetzt hatten, sondern sie agierten sehr kurzsichtig.

Die Nickelhütte Aue, eines der wirtschaftlichen Urgesteine des Erzgebirges, exportiert in 45 Länder.

MOGATEC ist einer der letzten Gartengeräteproduzenten in Europa – und sitzt im Erzgebirge.

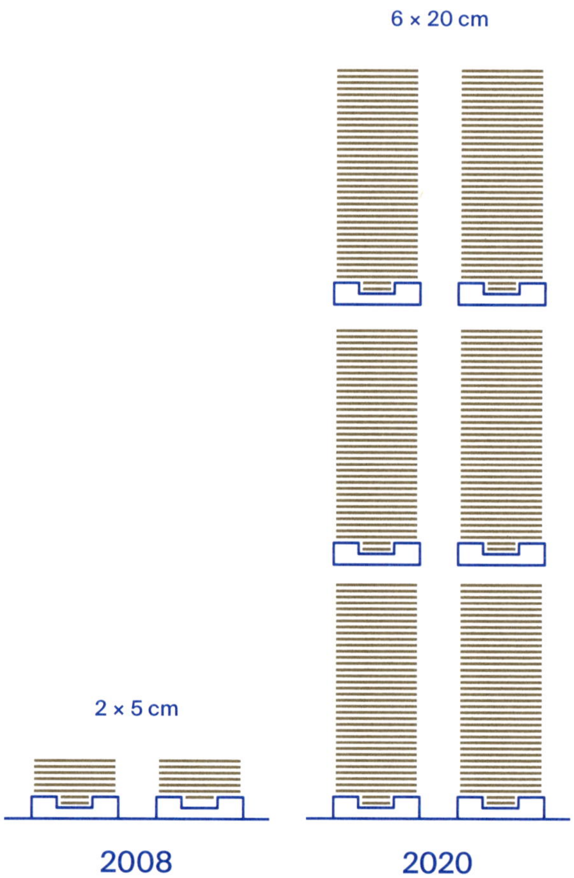

Höhe des Papierstapels auf dem Schreibtisch

Und die Arbeitnehmer?

Menschen, die jahrzehntelang einen Arbeitsmarkt kennengelernt hatten, der keinerlei Optionen bei der Suche nach einer (neuen) Arbeitsstelle zuließ, und die daher entmutigt waren, mussten wir ebenfalls überzeugen, dass in einigen Branchen eine gravierende Änderung anstand. Der Prozess des Wahrnehmungswandels dauerte viele Jahre, denn ein einmal geprägtes negatives Bild konnte nicht allein durch die Online-Schaltung des Portals geradegerückt werden. Unterstützend trugen eine Reihe von Marketingmaßnahmen, Veranstaltungen wie der Pendleraktionstag ab 2012 sowie die Zusammenarbeit mit lokalen Partnern – etwa der IHK – dazu bei. Die Unternehmen waren am Anfang auch wenig bereit, das kostenpflichtige Angebot des Portals zusätzlich zur kostenfreien Möglichkeit der Jobbörse der Agentur für Arbeit zu nutzen. Unsere Plattform war aber auf regionale Bedürfnisse zugeschnitten. Ein Vorteil, der stetig für mehr Akzeptanz sorgte.

Ein längerer Prozess ...

Ja, irgendwann haben die Unternehmen gemerkt, über welche Kanäle gute Bewerbungen ankamen. Und da wir verstärkt potenzielle Rückkehrer im Blick hatten, gab es da schon eine gute Basis. Wir haben über alle Projekte hinweg das Fachkräfteportal als wichtigste Dienstleistung für unsere Unternehmen vorgestellt. Zufriedene Kunden und Mitarbeiter kamen zu Wort, das half. Inzwischen nutzen 390 Unternehmen das Fachkräfteportal Erzgebirge, um aktuell über 1200 offene Job- und Ausbildungsstellen anzubieten. Im Jahr 2007 hatte die »Heimkehrerbörse« gerade einmal rund 100 offene Stellen im Angebot gelistet.

Ihr schlimmster Moment?

Kurz nach Freischaltung des Portals erreichte die weltweite Finanzkrise im September 2008 ihren Höhepunkt, die auch die Wirtschaft im Erzgebirge

Insider-Tipps

93. Wenn niemand über Deine Idee lacht, ist sie auch nicht innovativ.

94. Jede Umleitung erhöht die Ortskenntnis.

95. Reibe Dich nicht an den Menschen auf, die Dir erzählen, was alles nicht funktioniert, sondern umgib Dich mit denjenigen, die sich von Deiner Idee mitreißen lassen.

96. Denk an Kolumbus: Volles Risiko – totale Selbstüberschätzung. Segle einfach mal drauflos. (Daniel Hoch)

nachhaltig beeinflusste. Wir waren mit großem Enthusiasmus mit der Jobbörse gestartet und trafen plötzlich auf Skepsis. Nachvollziehbar – die Unternehmen wollten flexibel bleiben und in der Krise keine Stellen besetzen. In dieser Phase schlich sich zeitweise das Gefühl ein, dass alle Anstrengungen zum Portal vergeblich waren.

Wie haben Sie es geschafft, sich nicht entmutigen zu lassen?

Die WFE bietet neben dem Portal eine Reihe weiterer Dienstleistungen an. Wir haben also die Prioritäten anders gesetzt und auf bessere Zeiten gewartet. Im Rückblick kann man sagen, dass die Krise auch eine Chance bot: Wir entwickelten das Fachkräfteportal langsam.

Ihr größter Fehler?

In einem Relaunch haben wir vor der technischen Weiterentwicklung separat die Überarbeitung des Designs in Auftrag gegeben und die Ergebnisse an die umsetzende Agentur übergeben. Leider hatte der Partner offensichtlich noch nie etwas vom Urheberrecht gehört, denn er verwendete die von uns finanzierte grafische Gestaltung einfach als Grundlage für andere regionale Fachkräfteportale. Unser Fehler war in dem Fall das blinde Vertrauen in einen langjährigen Partner, weil wir ein solches Vorgehen überhaupt nicht erwartet hatten. Es hat im Nachgang dazu beigetragen, dass wir uns inzwischen besser absichern.

Haben Sie die Agentur rechtlich belangt?

Nein, auf Basis der langjährigen Zusammenarbeit verzichteten wir auf einen Anwalt und sahen das Problem vor allem als Lehrgeld für unser eigenes Versäumnis. Inzwischen prüfen wir ähnliche Verträge und bauen einen entsprechenden Passus ein, aber auch das noch etwas hemdsärmelig ohne Anwalt. Wir haben bis heute keine Markenrechte für das Fachkräfteportal, auch wenn es Aktivitäten von Wettbewerbern gab, Alternativen aufzubauen. Aber durch

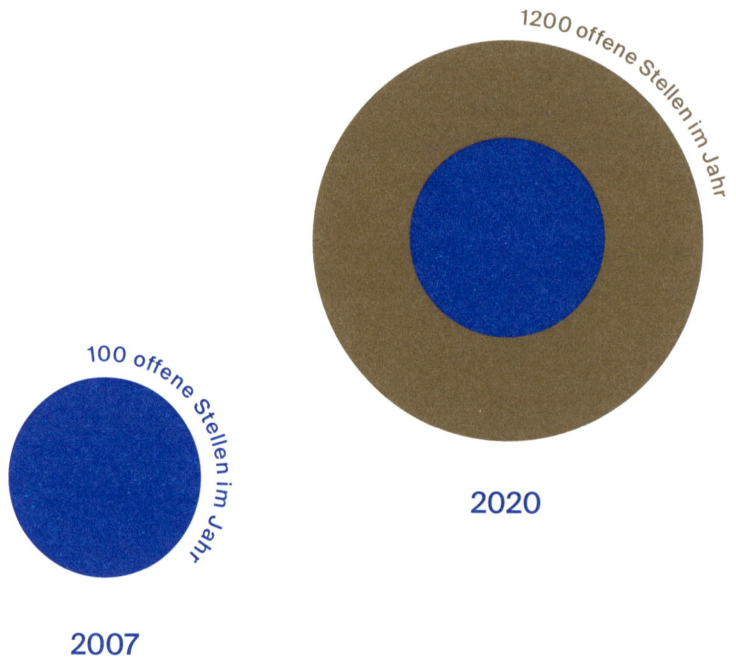

» Wer in seine Arbeit vertraut, übersteht auch kritische Momente.

die hohe Bekanntheit dank einer kontinuierlichen zielgruppengerechten und crossmedialen Marketing-kampagne, die ständige Weiterentwicklung des Portals und vor allem den nachweisbaren Erfolg bei den Unternehmen mussten wir nie aktiv werden.

Was hat Ihnen in kritischen Situationen geholfen?

Wer in seine Arbeit vertraut, übersteht auch kritische Momente. Und dieses Vertrauen kam dadurch zustande, dass wir die ganze Zeit im engen Austausch mit unseren Kunden – den Unternehmen im Erzgebirge – standen.

Worauf hätten Sie im Entstehungsprozess auf keinen Fall verzichten können?

Wie bei jedem guten Projekt ist der Erfolg maßgeblich von einer guten Zusammenarbeit mit regionalen Partnern abhängig. In unserem Fall der Agentur für Arbeit, der IHK, der Erzgebirgssparkasse und dem Regionalmanagement Erzgebirge. Das Zusammenwirken muss auf menschlicher Ebene erfolgen und frei von Besitzstandsdenken sein, wenn man etwas bewegen möchte.

Insider-Tipps

97. Wer immer tut, was er schon kann, bleibt immer das, was er schon ist. (Henry Ford)

98. Erzgebirgische Weisheit: Waar kaa Kuh hot, muss de Katz malken. Übersetzt: Wer keine Kuh hat, muss die Katze melken. Mach aus dem, was Du hast, das Beste.

99. Vertrauen ist gut, Markenschutz ist besser.

POSTKUTSCHE 4.0

Hoher Besuch: Bundespräsident **Frank-Walter Steinmeier** erhält eine Warenlieferung – mit regionalen Produkten.

Busunternehmen löst ländliches Versorgungsproblem – und findet Gegner in den eigenen Reihen

Fahrgäste befördern kann jeder. Die Linienbusse der Uckermärkischen Verkehrsgesellschaft (UVG) hingegen transportieren seit 2012 als Erste in Deutschland auch jede Menge gefragte Ware. Überall, wo sich im Fahrgastraum eine Nische findet, machen es sich Tiefkühlkost, Pakete oder Leihräder bequem für die Fahrt.

Fahrgäste befördern kann jeder. Die Linienbusse der Uckermärkischen Verkehrsgesellschaft (UVG) hingegen transportieren seit 2012 als Erste in Deutschland auch jede Menge gefragte Ware. Überall, wo sich im Fahrgastraum eine Nische findet, machen es sich Tiefkühlkost, Pakete oder Leihräder bequem für die Fahrt. Deren Ziel: Geschäfte, Restaurants, Unternehmen. Die beliefern die rollenden Riesen als KombiBus mehrmals am Tag. Bis ins entlegenste Dorf reicht die Versorgungskette. Die UVG, geleitet von Geschäftsführer Lars Boehme, machte sich dafür zunutze, dass ihre Fahrzeuge ohnehin jeden Tag flächendeckend alle Haltestellen des öffentlichen Nahverkehrsnetzes ansteuern. Heißt: Für das Konzept mussten keinerlei neue Infrastruktur und Kapazitäten aufgebaut werden.

Für die dünn besiedelte Region ist der KombiBus ein Segen: Unternehmen sparen sich lange Wege und Kosten für den Wareneinkauf oder -versand. Die Busse garantieren eine taggleiche Zustellung sogar von Kleinstmengen. In den Orten können sich die Kunden darauf verlassen, dass die Regale immer gut gefüllt sind. Und die Buslinien für die Bürger sind durch die zusätzliche Dienstleistung finanziell abgesicherter.

Außerdem erobern uckermärkische Erzeugnisse dank KombiBus neue Absatzmärkte. Die Linienbusse der UVG bündeln kleine Mengen in einer Station. Dort tritt die Ladung dann die Reise nach Berlin an – in den Fahrzeugen eines Partners. Das KombiBus-Konzept macht mittlerweile auch in anderen Regionen Deutschlands Schule. In Thüringen sind Linienbusse ebenfalls als sogenannte Doppelverdiener auf Tour. Denn die Ausgangslage ist für viele ländliche Gebiete ähnlich: Die Einwohnerzahlen gehen zurück, es werden weniger Schüler und Fahrgäste befördert, und so lastet auf dem öffentlichen Personennahverkehr ein erheblicher Kostendruck. Der KombiBus schafft da genial Abhilfe für eine ländliche Versorgung auf der Überholspur.

11.000 kg

Transportmenge jährlich: Briefe, Lebensmittel, Gepäck von Touristen, Pakete

Was genau war der erste Funke für Ihre Idee, Herr Boehme?

Wir hatten für unseren Fahrplan etwas Neues gesucht. Zuvor war er sehr individuell auf bestimmte Zielgruppen ausgerichtet – Schulen und einige Unternehmen. Dadurch waren die Abfahrtszeiten nicht unbedingt regelmäßig und für den normalen Kunden wenig verständlich und nachvollziehbar. Eine Beratungsagentur gab uns dann den Hinweis, dass es in Schweden und Finnland eine Kombination aus Personen- und Güterbeförderung im ländlichen Raum gibt.

Was hat Sie am stärksten motiviert?

Wir wollten die Menschen im ländlichen Umfeld mit Gütern des täglichen Bedarfs versorgen. Auch dass die Menschen mit zunehmendem Alter in ihrer Mobilität nachlassen, trieb uns an. Was lag also näher, als Infrastrukturen und Unternehmen zu nutzen, die ohnehin da sind? Da unsere Busse nahezu die gesamte Uckermark erreichen – zumindest an der Peripherie der Ortschaften –, könnten wir in ihren Bäuchen Waren, Güter und Dienstleistungen nah an die Leute und damit die Nachfrage bringen – und auf der anderen Seite die regionalen Erzeuger, Händler und Dienstleister stärken.

Wann hielten Sie Ihre Idee für tragfähig?

Mitte 2010 stellten wir uns die Frage: Ist eine Umsetzung in unserer Region möglich? Klar war: Wenn wir die Kapazitäten in unserem Linienverkehr zu bestimmten Tageszeiten für Güter erweiterten, brächte das einen Mehrwert für uns und alle anderen.

Wie schufen Sie zusätzlichen Platz?

Es gibt Stauraum unter, im oder hinter dem Fahrgastraum. Diese Möglichkeiten hatten wir schnell ausgelotet.

Welche ersten Schritte unternahmen Sie dann?

Wir suchten und fanden Partner bei den Genehmigungsbehörden, dem Bundes- und dem Landesinnenministerium, bei der Landesregierung Brandenburg und beim Landkreis Uckermark. Zeitgleich suchten wir intensiven Kontakt zur IHK Ostbrandenburg, der Unternehmervereinigung und der Tourismusmarketing Uckermark GmbH.

Gab es auch Probleme auf Ihrem Weg?

Durchaus. Das größte Hemmnis bestand darin, dass das Projekt in einer Art Grauzone stattfand. Normale Niederflurbusse oder Überlandbusse sind keine klassischen Speditionsfahrzeuge; der Transport von Waren und Gütern ist außerdem nicht unbedingt mit dem Personenbeförderungsgesetz in Einklang zu bringen. Erst mit dem neuen Nahverkehrsplan des Landes Brandenburg im Jahr 2018/19 wurde der KombiBus explizit erwähnt und somit faktisch legalisiert. Wir konnten gemeinsam mit der Landesregierung den KombiBus von einem genehmigten Projekt zu einem dauerhaften regulären Angebot weiterentwickeln.

Ihr schlimmster Moment?

Die Erkenntnis, dass es Widerstände innerhalb der eigenen Belegschaft gab, die zum Teil alles darangesetzt haben, das Projekt zum Scheitern zu bringen.

» Moderne, demokratische Gesellschaften sind immer bewegungsintensiv. Wir werden das zukünftig aber nicht mehr mit einem privaten Verkehrsmittel machen, wie wir das beispielsweise vom Auto her kennen. Wir nutzen die gesamte Vielfalt von Bussen, Bahnen, Flugzeugen, Schiffen, Autos, Rädern, Rollern, Drohnen mit dem mobilen Internet immer so, wie wir es gerade brauchen. Nutzen statt besitzen bleibt die Zukunftsformel: Damit sind wir effizient und nachhaltig unterwegs.

Prof. Dr. Andreas Knie, Mobilitätsforscher am Wissenschaftszentrum Berlin für Sozialforschung gGmbH

Bundespräsident **Frank-Walter Steinmeier** lässt sich 2018 einen KombiBus zeigen.

Wie erklärten Sie sich diese destruktive Stimmung?

Die Arbeiten der Beschäftigten im Fahrbetrieb sind bereits sehr anspruchsvoll. Sie führen den Bus, müssen also ihre Augen überall haben; sie verkaufen im Fahrzeug Fahrausweise, helfen mobilitätseingeschränkten Fahrgästen, organisieren das Umsteigen von Fahrgästen von Bus zu Bus und leisten noch vieles mehr. Die neue Anforderung überbeanspruchte viele. Es war ein Fehler zu versuchen, diese Mitarbeiter zu überzeugen und mit einzubinden – es hat sich als zwecklos herausgestellt.

Aber wie haben Sie Kritiker dann besänftigt?

Unsere Beschäftigten im Fahrdienst üben ihre Arbeit im Wesentlichen sitzend aus. Wir holten die Mitarbeitervertretung ins Boot und änderten unsere Kommunikation. Wir integrierten die wohltuende Bewegung und Abwechslung, die durch den Dienst im KombiBus dazukommt, in unser Gesundheitsmanagement. Die interne Wahrnehmung des neuen Angebots besserte sich sofort.

Die Beschwerdeführer verstummten?

Nicht alle. Aber wir fanden eine weitere Lösung: Für die Beschäftigten mit gesundheitlichen Problemen beim Heben und Tragen erstellten wir fortan Dienste ohne Transportarbeiten im Rahmen des KombiBus-Angebots. Die Transportfahrten lassen sich nämlich meist absehen und planen. Kommt doch auf einer Strecke spontan Transportgut hinzu, verrichtet der Fahrer einfach seinen Dienst, und die Ware fährt eine weitere Runde, bis ein Kollege übernimmt. So haben wir uns jetzt gut eingerichtet. Ein einfaches Attest genügt.

Sie haben aber genug Freiwillige für die Kombi-Fahrten gefunden?

Ja, wir konnten engagierte und neugierige Mitarbeiter mit der Aufgabe betrauen. Drei Personen arbeiten nun im Kernteam, das kombinierte Fahrten organisiert. Und wir wollen auch technisch neue Wege gehen: Damit der Endkunde das Kombi-System so komfortabel wie möglich nutzen kann, wollen wir für ihn eine einfache digitale Bestellmöglichkeit einrichten. Das planen wir für das kommende Jahr.

Was hat Ihnen in kritischen Situationen geholfen?

Durchhalten und einfach weitermachen.

Ihr persönliches Highlight?

Eine außergewöhnliche Würdigung erlebten unsere Mitarbeiter, als Bundespräsident Frank-Walter Steinmeier im Sommer 2018 unser Unternehmen besuchte und sich über den KombiBus informierte. Besonderes Interesse zeigte er für dessen vielfältigen Einsatz. So werden Güter mit dem Bus befördert, und zudem können die Einwohner den Bus als rollenden Briefkasten zum Versand ihrer Briefpost nutzen. Der Bundespräsident bekam sogar selbst eine Warenlieferung zugestellt – mit Lebensmittelprodukten aus der Region. Auch Ministerpräsident Dietmar Woidke war schon bei uns. Für den

Ministerpräsidenten spielte neben der Verbesserung der ländlichen Versorgung für Einwohner der Region eine Rolle, dass wir als kommunales Unternehmen mit sogenannten Annextätigkeiten einen gelungenen Lösungsansatz gefunden haben.

Worauf hätten Sie im Entstehungsprozess auf keinen Fall verzichten können?

Auf die Unterstützung externer Partner, auf Fördergelder. Die Zusammenarbeit mit Bundes- und Landesministerien, Landkreis Uckermark, IHK, Unternehmervereinigung und engagierten Mitarbeitern ermöglichte die Umsetzung und half, praktikable Lösungen zu finden.

Wenn Sie mit Ihrem Wissen von heute noch mal neu starten dürften – was liefe anders?

Wir würden eine gründliche Feldstudie über Bedürfnisse vorschalten und einen Testlauf mit Teilnehmern veranstalten – sowohl bei den Einkäufern als auch bei den Verkäufern. Die Akzeptanz des KombiBusses in der Region hätte damit noch früher gestärkt werden können; die Partner haben selbst ein großes Interesse an wirtschaftlichen und infrastrukturellen Vorteilen.

560

Bustouren pro Jahr

Insider-Tipps

100. Beweisen Sie einen langen Atem.

101. Finden Sie Kooperations- und Sparringspartner, binden Sie sie ein.

102. Binden Sie die eigenen Beschäftigten rechtzeitig und umfassend ein.

103. Üben Sie sich in Eselsgeduld im Umgang mit (Genehmigungs-) Behörden.

104. Optimismus!

105. Immer umfassende Informationen an alle Beteiligten.

»DIE BEHÖRDEN TRAUTEN EINEM KLEINEN DORF NICHTS ZU«

Feldheim vorn im Bild, im Hintergrund die sanft rotierenden Hünen.

Feldheim im Fläming bewies langen Atem – und wurde weltweit zum Modell für Energieautarkie

Feldheim – nein? Klingelt nichts? Müsste es aber. Sie waren schon alle zu Besuch: der damalige Präsident von Myanmar, die Herren Altmeier, Steinmeier, Platzeck, Regierungsvertreter aus Indonesien. Akie Abe, die Frau des japanischen Regierungschefs, schaute vorbei, als ihr Gatte gerade Kanzlerin Merkel die Hand schüttelte. Und alle namhaften Medien zückten dort schon Schreibblöcke, Mikros und richteten ihre Kameras aus.

Feldheim hat etwas geschafft, das in Deutschland kaum möglich scheint und nun in dieser Form seinesgleichen sucht: Das Dorf im brandenburgischen Fläming ist erneuerbar energieautark. Und erreicht sicher einen kaum zu überbietenden Marktwert, wenn man Aufmerksamkeit und die Zahl der Einwohner ins Verhältnis setzt. Es sind 130.

1993 kam Michael Raschemann aus einer anderen Ecke im Land Brandenburg ins idyllisch-grüne Feldheim. Er hatte gerade sein Bauingenieurstudium abgeschlossen, und das Thema Windkraft steckte noch in den Kinderschuhen. In ganz Brandenburg stand zu diesem Zeitpunkt nicht mal eine Handvoll der modernen Windmühlen. Raschemann fand bei der Bürgermeisterin ein offenes Ohr, als er ihr seine Pläne vorlegte: eine Windkraftanlage auf einem nahe gelegenen Höhenzug, 150 Meter über dem Meeresspiegel. Perfekte Windbedingungen. Der Fläming, landwirtschaftlich geprägt, bietet freie Flächen bis zum Horizont und darüber hinaus. Raschemann erhielt die Baugenehmigung; vier Windräder standen im Frühjahr 1995. Und sogar noch ein fünftes, das – von Einwohnern aus Feldheim und Umgebung betrieben – eine kleine Geldanlage darstellte. Heute umfasst der Windpark 55 rotierende sanfte Riesen. Aber es blieb nicht nur bei der Windenergie.

In Feldheim setzten die lokalen Partner ein spektakuläres Gesamtkonzept für die eigene regenerative Energieversorgung von Unternehmen, Privathaushalten und Kommunen um. So entstand auch ein privates Nahwärme- und Stromnetz, an das heute nahezu alle Haushalte des Dorfs angeschlossen sind. Die Bürger haben sich an beiden Infrastrukturprojekten mit jeweils 3000 Euro aus der eigenen Tasche beteiligt. Das kleine brandenburgische Feldheim – es ist nun Modell für Kommunen in aller Welt.

Doreen Raschemann, Ehefrau des Bauingenieurs, der in den Neunzigern alles ins Rollen brachte, arbeitet im Förderverein des Neue Energien Forum Feldheim e. V.

Frau Raschemann, was ist denn in Feldheim los, warum so progressiv? Bedenken, Ängste, Das-war-schon-immer-so – kennen Sie das nicht?

Der Fläminger, so auch der Feldheimer, ist freundlich, neugierig, aber nicht vorschnell oder unüberlegt. Die vielen Jahre, in denen wir gemeinsam Erfahrungen sammelten und Vertrauen aufbauten, haben Früchte getragen. Wenn wir gemeinsam partizipieren können, ist es nicht schwer, die Feldheimer ins Boot zu holen. Drei Faktoren haben eine Rolle gespielt: Die Bewohner wurden immer nach ihrer Einschätzung und ihren Wünschen zu den Veränderungen gefragt; sie bekamen das Gefühl einer Teilhabe am Zukunftsprojekt Energiewende. Nicht zu vernachlässigen ist auch, dass ihre Ausgaben für Strom und Wärme über unser eigenes Netz wesentlich geringer ausfallen, als es über einen externen Anbieter in Brandenburg der Fall wäre. Wir alle konnten gewinnen. Das erzeugte eine hohe Zustimmung im Ort.

Klingt geradlinig.

Ja, das Projekt zeigt wohl, wie erfolgreich man sein kann, wenn Partner zusammenarbeiten: In unserem Fall waren die Stadt Treuenbrietzen, die Anwohner des Ortsteils Feldheim, die Agrargenossenschaft Fläming e. G. und der Projektentwickler Energiequelle beteiligt.

Schauen wir auf die Anfänge zurück. Ihr Mann plante einen Windpark und durfte starten – wo blieb der Bürgerprotest, der sonst allenthalben auf solche Vorhaben folgt?

Mitte der Neunzigerjahre war Windkraft noch ein ganz frischer Trend. Das Thema war vielen noch völlig unbekannt. In Feldheim suchten alle Beteiligten den konstruktiven Dialog.

Und wie kam dann plötzlich auch die eigene autarke Wärmeerzeugung ins Spiel?

Die Agrargenossenschaft und Energiequelle errichteten gemeinsam eine Biogasanlage. Biogas wird dabei im Blockheizkraftwerk zu Strom umgewandelt, der ins Netz eingespeist werden kann. Bei diesem Prozess entsteht Wärme, die über Wärmetauscher ins Nahwärmenetz gelangt. Ursprünglich sollten die Ställe, ein Fabrikgebäude und Verwaltungsräume beheizt werden. Als die Feldheimer davon hörten, waren sie interessiert. Eine Machbarkeitsstudie wurde beauftragt, und nach drei Gemeindeversammlungen war man sich einig: Wir bauen ein eigenes Nahwärmenetz auf. Dafür erhielten wir auch Fördermittel des Landes Brandenburg.

Spektakulärer Anblick: Aufbau
eines Windrads in Feldheim.

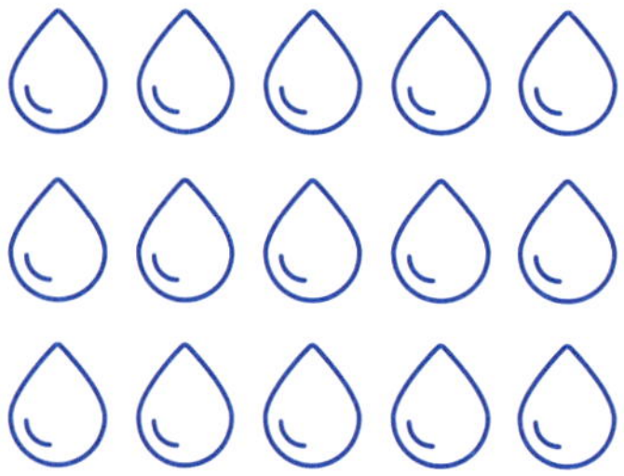

260.000 l

Heizöl sparen Biogasanlage und Hackschnitzelheizung jedes Jahr

Und dann?

In unseren Köpfen spukte die Idee herum, den Strom, den unsere Windräder erzeugten, direkt in unserem Dorf zu nutzen. Das ganze Dorf war aufgebuddelt. Als die Gräben also schon mal offen waren …

… haben Sie kurzerhand die Stromleitungen mit verlegen lassen?

Genau. Seit Ende 2009 läuft unser Wärmenetz. Bis auf zwei Haushalte sind alle daran angeschlossen. Vom Plan bis zur Umsetzung hat es ein Jahr gedauert. Die Feldheimer haben sich zur Feldheim Energie GmbH & Co KG zusammengeschlossen. Jeder Haushalt hat dort 3000 Euro für den Anschluss an das Strom- und Wärmenetz eingezahlt. Wir wählten die Form einer KG, um die Haftung der Feldheimer zu begrenzen.

Das heißt?

Jeder Gesellschafter haftet maximal mit seinem Kommanditanteil in Höhe von 3000 Euro.

Haben Sie das Ganze bei den Behörden einfach so durchbekommen?

Nein, absolut nicht. Wegen des Strom-Themas sprachen wir bei der Energieaufsicht in Potsdam vor. Für ein Dorfwerk einfach so eine Genehmigung herauszugeben – das kam nicht infrage. Für die Gewährleistung der Versorgungssicherheit und einer unterbrechungsfreien Stromversorgung wurden enorme Anforderungen gestellt. Wir haben lange auf den Bescheid gewartet. Deshalb konnte das Stromnetz erst rund ein Jahr nach dem Wärmenetz in den Betrieb gehen. Ein Staatssekretär im Wirtschaftsministerium hatte die Entscheidung letztlich zu unseren Gunsten getroffen. Die Behörde gibt es mittlerweile nicht mehr.

Auch das Wasserwerk ist an Ihr Netz angeschlossen.

Ja. Im Fläming ist es schwer, an das Grundwasser heranzukommen, da es sehr tief, mehr als 100 Meter, unter der Erdoberfläche fließt. Die Wasserwerke wollten ursprünglich nicht ans Feldheimer Netz angeschlossen werden. Die Sicherheit der Wasserversorgung sollte auf jeden Fall gewährleistet sein, da vertrauten die Wasserwerker auf den alten Netzbetreiber. Aber: Im Feldheimer Netz sind die Stromleitungen in der Erde verlegt. Beim alten Netzbetreiber hingegen sind es überwiegend Freileitungen. Das führte bei Stürmen dazu, dass Orte von der Stromversorgung abgeschnitten waren, weil die Freileitungen durch umstürzende Bäume beschädigt wurden. Wir wiederum hatten Licht, den Erdkabeln sei Dank. Nach zwei Stromausfällen des öffentlichen Netzes setzen die Wasserwerke heute, wie Verwaltung und Kirche auch, auf grünen Strom aus Feldheim.

Wie ist die Feldheimer Außenwirkung?

Stark! Weil das Besucheraufkommen aus dem In- und Ausland so groß ist, haben wir extra ein Infoforum in unserem Ort eingerichtet, in dem wir Interessierte empfangen und alles zu unserem energetischen Dorfleben erzählen. Wir gehen mit

»Innovationen sind der Schlüssel für mehr Nachhaltigkeit und Klimaschutz. Die Speicherung von Energie, der Verkauf von Nachbarschaftsstrom mittels Blockchain oder aber autonomes Fahren elektrisch angetriebener Individualfahrzeuge erfordern jede Menge innovativer Lösung aus allen Bereichen. Wir benötigen viele tatkräftige und mutige Unternehmen oder Start-ups, die bahnbrechende Innovationen auf den Markt bringen und so etablierte und behäbige Unternehmen mitziehen. Innovationen stärken Wirtschaft und Gesellschaft.

Prof. Dr. Claudia Kemfert, Deutsches Institut für Wirtschaftsforschung e. V., Abteilung Energie, Verkehr, Umwelt

Das Feldheimer Konzept erzeugt Neugier; das Energieforum empfängt viele Gäste.

55
Windräder

3000 m
Wärmenetz

277.700.000 kWh
aus Windenergie

Schulklassen direkt in unsere Windkraftanlagen und lassen sie lauschen. Viele standen noch nie unter einem Windrad. Sie merken dann: Es macht keine lauteren Geräusche als ein leises Gespräch. Man hört das sanfte Rauschen in Feldheim lediglich, wenn der Wind aus Richtung des Windparks kommt. Auch die KiKa-Nachrichtensendung »Logo!« war schon bei uns zu Gast. Unser Projekt wird gern im Ausland vorgestellt, weil wir ein positives Beispiel für die gelingende Energiewende sind. Die Länder, aus denen unsere Besucher kommen, sind oft solche, die noch stark auf Atomenergie und Kohle setzen – oder denen eine sichere Energieversorgung ganz fehlt. Auch Studentengruppen der Technischen Universität Berlin kommen ab und zu hierher. Hier können Sie Praxisluft schnuppern.

Was hätte im Laufe der Entwicklung besser laufen können?

Wenn Sie auf Unterstützung seitens der Politik und der Behörden angewiesen sind, empfehle ich einen langen Atem. Als wir den Förderverein gründeten und einen leer stehenden Gasthof zum Infoforum umbauen wollten, dauerte es fast vier Jahre bis zur Genehmigung und Bewilligung von Fördermitteln. Bis dahin hatten wir für unsere vielen Gäste im Ort als Behelfslösung einen Container aufgestellt ähnlich dem, den es einst auch als Infopoint am Potsdamer Platz in Berlin gab. Wir haben lange Zeit Miete dafür bezahlt. Für das Geld hätten wir ihn wahrscheinlich genauso gut kaufen können. Eigentlich gut, dass wir nicht schon vorher wussten, wie lange das Provisorium bei uns stehen würde – dann hätten wir vielleicht den Mut verloren. So haben wir durchgehalten.

Was hecken die innovativen Feldheimer als Nächstes aus?

Wir haben auch E-Mobilität ins Dorf geholt: Bei uns können die Bürger E-Bikes ausleihen und sogar ein E-Auto der Stadt Probe fahren. Wir verfügen über zwei Ladestationen. Überschüssigen grünen Strom aus dem Windpark wollen wir in Wasserstoff umwandeln und für Busse, Traktoren und Pkws zur Verfügung stellen. Übrigens heimsen wir nicht immer nur Lob ein.

Sie ernten auch Kritik? Von welcher Seite?

Es ist nicht alles rosarot. Es gibt durchaus Stimmen in der Umgebung, die die positive Sicht nicht teilen. Es sind teilweise abstruse Argumente, aber auch unseren Kritikern stellen wir uns.

Was antworten Sie dann?

Wir informieren, erklären und lassen unsere Besucher unser Modell selbst erleben und erfahren.

Insider-Tipps

106. Von Anfang an mit allen Akteuren reden. Maßnahmen nicht einfach überstülpen.

107. Die Idee mit allen weiterentwickeln – oft scheitern Vorhaben daran, dass einer der Akteure besonders profitiert.

108. Vieles in der Gemeinschaft regeln.

109. Wählen Sie einen Beirat, der Ansprechpartner vereint und sich regelmäßig trifft. Jeder muss die Chance haben, sich in dieses Gremium wählen zu lassen.

110. Flache Hierarchien helfen.

HEIMATSUCHE IM MUSEUM

Islamisch geprägte Kunst: Eine Multaka-Führung macht vor der Fassade des Mschatta-Palastes Halt.

Beim Start des Flüchtlingsprojekts »Multaka« half der Zufall mit

Von der New York Times bis zum chinesischen Staatsfernsehen – in Hunderten von Medienberichten sorgte eine Neuheit aus Berlin weltweit für wohlwollende Schlagzeilen. »Multaka«, arabisch für Treffpunkt, ist ein Kooperationsprojekt des Vorderasiatischen Museums, des Museums für Islamische Kunst, der Skulpturensammlung, des Museums für Byzantinische Kunst und des Deutschen Historischen Museums.

16.000
Geflüchtete in vier Berliner Museen

26
Guides in Berlin

Das Projekt wurde im Dezember 2015 ins Leben gerufen und bildet Syrer und Iraker zu Museums-Guides aus, die andere Geflüchtete kostenlos auf Arabisch durch die Berliner Museen führen. Initiator ist Prof. Dr. Stefan Weber, seit 2009 Direktor des Museums für Islamische Kunst und studierter Islamwissenschaftler.

Weber und seine Kollegen haben ein außergewöhnliches Beispiel dafür geschaffen, wie Wissenschaftler ihre Deutungshoheit zurücknehmen können. Die Guides von »Multaka« dürfen ihre Führung individuell gestalten, jenseits reiner Daten und Fakten. Sie suchen sich selbst aus, welche Exponate sie ansteuern wollen, verweben sie mit ihrer persönlichen Erfahrung – und rühren damit an die Erinnerungen der Besucher, die zum Teil schwer an ihren eigenen Päckchen von Gewalt, Angst und Flucht tragen, mit den Guides aber auch Humor, schöne Erinnerungen und Hoffnung teilen.

Beim Rundgang durch die Sammlungen liegt der Fokus auf historischen und kulturellen Zusammenhängen zwischen Deutschland, Syrien und dem Irak. Ein simpel klingender, aber in Wahrheit komplexer Gedanke liegt über allem: Wenn sich jemand wertgeschätzt und einbezogen fühlt, kann man ihn viel leichter in die Gesellschaft eingliedern. Der Anspruch geht noch weiter. Die Ausstellungshäuser, speziell das Museum für Islamische Kunst, machen deutlich, dass keine Kultur vom Himmel gefallen ist. Die Kulturen des christlichen sowie islamischen Orients und Deutschlands haben sich immer gegenseitig beeinflusst. Davon erzählen die Exponate – in ihnen spiegelt sich Migration. Schablonen von Wir und Ihr zerfallen da ganz schnell in ihre Bestandteile.

Was genau war der erste Funke für Ihre Idee?

Seit 2013 arbeitet unser Museum mit syrischen Experten zur Dokumentation des Kulturerbes Syriens. Als zwei Jahre später der berühmte Ausspruch der Bundeskanzlerin »Wir schaffen das!« durch die Medien ging, war uns klar, dass auch wir einen Beitrag leisten wollten. Wir hatten erlebt, wie Freunde oder Verwandte von Teammitgliedern depressiv wurden: Sie hatten eine schlimme Flucht hinter sich und ihren sozialen Status verloren, in Deutschland bot sich ihnen dann keine Tätigkeit mehr, stattdessen verbrachten sie ihre Zeit im Wartesaal von Behörden oder in ihren Unterkünften. Ankommen, einsteigen, mitmachen, Aufgaben übernehmen – das musste doch der Prozess sein für echte Teilhabe. So entstand bei uns die Idee, Geflüchtete und Neuankömmlinge als Guides in Museen einzustellen, um wiederum anderen Geflüchteten einen Zugang zu den kulturellen Institutionen in unserem Land zu ermöglichen.

Zu welchem Zeitpunkt glaubten Sie an einen Erfolg Ihrer Idee?

Die große Frage am Anfang war: Woher das Geld nehmen? Wir brauchten ein Leitungsteam, Ausbilder und – um Augenhöhe zu wahren – das gleiche Gehalt wie für jeden anderen Führer im Museum, Flyer, eine Webseite. Dann sprang uns der Zufall bei: Ich hatte einen Termin zur Besprechung mit dem Familienministerium, das ein anderes Museumsprojekt nicht unterstützen wollte. Dann kam plötzlich die Frage: Haben Sie etwas zu Flüchtlingen? Boing! Das war's, der Startschuss war gefallen. Zwei Monate später hatten wir das Treffen mit den ersten 19 Guides: Da wusste ich, es wird gelingen und toll werden.

Welche ersten Schritte unternahmen Sie, um aus der Idee ein Projekt zu machen?

Die Teamarbeit ganz vieler Menschen sprang an. Das ganze Syrien-Team half, Anträge zu schreiben, die ersten Guides zu finden, die anderen Museen zu kontaktieren, die wir eingeladen hatten mitzumachen. Wir wollten die Big Story erzählen, vom alten Nahen Osten, über die christliche und islamische Kunst bis ins Hier und Heute. Alle waren sofort an Bord, die Verwaltung der Museen, die Besucherdienste. Was sonst bei uns Monate dauert, klärte sich binnen Stunden – es geht also doch! Der Freundeskreis unseres Museums hat sehr kreative Wege gefunden, alles Administrative und Finanzielle durchzubekommen.

Eine junge Besuchergruppe beim Rundgang durch das Deutsche Historische Museum.

Projektinitiator **Prof. Dr. Stefan Weber** ist stolz auf sein international beachtetes Projekt.

Ein Führer aus dem Multaka-Projekt erzählt Kindern von den Zivilisationen in Mesopotamien.

Insider-Tipps

111. Klar, Nachdenken schadet nicht. Wenn es dann aber klick macht, nicht lange warten, bis alles durchdiskutiert ist. Mut haben, anfangen, das Momentum nicht verpassen. Entwickeln und verbessern kann man auch im Gehen.

112. Der Erfolg guter Ideen hat immer mehrere Väter und Mütter. Ist auch gut so, dann hat man direkt eine Familie und größere Reichweite.

113. Stolpern gehört zum Gehenlernen.

114. Immer Augenhöhe zu seinen Partnern wahren. Akzeptanz kommt nicht durch Rechthaberei, sondern durch offene, ernst gemeinte sachliche Abwägungen.

115. Der Wurm muss nicht dem Angler schmecken. Partizipative Projektentwicklung, Raum für Eigeninitiative, Möglichkeiten zur emotionalen Aneignung erhöhen die Wirksamkeit enorm.

Der Zeitdruck war offenbar enorm.

Ja, und er zwang uns zum Wandel: Wir konnten keine Historiker in einem Monat aus dem Hut zaubern, so haben wir dialogische Führungen trainiert, Infos zur Verfügung gestellt und den Guides vertraut, dass es klappen würde. Das hat sich als äußerst glückliche Entscheidung herausgestellt.

Fehlten nur noch die Guides ...

Wir fanden sie schnell. Tolle Menschen, die ihre Geschichte überzeugend erzählen konnten. Nach dem ersten Treffen fuhr ich wie beflügelt nach Hause: kluge Leute, Charaktere, Persönlichkeiten. Am Anfang haben wir hauptsächlich Arabisch gesprochen, und ich dachte, die Guides kommen alle zu mir ins Museum für Islamische Kunst, wenn sie ihr Museum auswählen. Weit gefehlt! Mehr als die Hälfte ging ins Deutsche Historische Museum.

Waren die Führungen auf Anhieb ein Erfolg?

Ja! Die Menschen kamen in Massen und blieben. Ich habe zwölf Jahre im Nahen Osten gelebt, Museen gehören dort nicht zur Freizeitgestaltung. Nun aber kamen ganze Familien mit großen Augen, viel Interesse und Fragen – und viele kamen mehrmals. Wie gut, dass ich nicht geführt habe, denn nur die Guides konnten und können die Objekte und ihre Geschichten in die Lebenswirklichkeit ihrer Landsleute übersetzen – nicht nur sprachlich, sondern auch kulturell. Der eine oder andere Zahlendreher in der Datierung von Objekten ist dabei vollkommen irrelevant.

Hochmotiviert für eine immer wieder besondere Aufgabe: Mitarbeiter aus dem Multaka-Team.

Welche Steine mussten Sie aus dem Weg räumen?

Eigentlich hatten wir wenige Schwierigkeiten. Die Finanzverwaltung hat mitgezogen, die Aufsichten konnten wir dafür sensibilisieren, dass Lachen und lautes Reden in der Ausstellung nicht schlimm seien. Einige Konflikte gehörten auch dazu, doch die konnten wir beilegen. Aber ohne finanzielle Hilfe verschiedener Privatpersonen, Stiftungen und Zuwendungen von Ministerien hätten wir nicht überlebt. Obwohl wir aus heutiger Sicht seit Jahren ein unglaubliches nationales und internationales Feedback in den Medien und von Museen bekommen, ist eine mittelfristige Förderung kaum zu finden. Die Programme sind kurzfristig, zu kompliziert und administrativ extrem umständlich. So schaffen wir das nicht, dachte ich bei mir. Die Rettung war dann eine private Stiftung aus dem Ausland – so konnte ich das Projekt für ganze elf Jahre sichern. Und sonst: Alle unsere Guides sind in Jobs, sprechen Deutsch und haben kaum noch Zeit. Es ist nicht nur schwierig, gemeinsame Momente zu finden, sondern auch das Momentum hochzuhalten. Geht schon, aber das ist auch eine Challenge.

Ihr schlimmster Moment?

Persönliche Konflikte im Team zwangen mich, die Leitung umzustrukturieren.

Was war Ihr größter Fehler?

Ungeduld. Ich hätte manchmal geduldiger, ruhiger, aber mitunter auch energischer und entschiedener eingreifen müssen. Das hätte bedeutet, einerseits nicht auf jeden Streit im Team zu reagieren, andererseits manchmal auch Grenzen zu setzen, wenn es genug war. Aber Ziel war es, das Projekt gemeinsam zu gestalten.

Was hat Ihnen in kritischen Situationen geholfen?

Das Team, aber auch die unglaublich positive Resonanz von außen.

Was machten diese so anderen Führungen mit den Besuchern?

Sie empfanden Freude und Stolz, fühlten sich angenommen – das sah man an ihren leuchtenden Gesichtern und der völlig veränderten Körperhaltung. Kulturelle Teilhabe und Anerkennung auf Augenhöhe sind extrem wichtig. Keiner identifiziert sich mit einer Gesellschaft, die einen ablehnt und negativ bewertet. Die Guides waren zu vielen Preisverleihungen und Fernsehauftritten weltweit eingeladen. Sie zeigen, was unser Land für einen Mehrwert hat, wenn man Personen Raum für Kreativität und persönliche Entfaltung gewährt. Es gab unendlich viele Auftritte in den internationalen Medien, geladene Kongressteilnahmen, Keynotes bei Museumtagungen in Europa – und mittlerweile gibt es ein Netzwerk von 16 Museen weltweit, die gestehen, dass sie sich von uns haben inspirieren lassen. Ich gehe davon aus, dass es sogar deutlich mehr sind. Unsere Ideen haben weit getragen. Unglaublich!

Insider-Tipps

116. Erfolge müssen gefeiert werden. Wenn man das selbst nicht kann, lässt sich das Problem auch in Teamarbeit lösen.

117. Wenn mal alles schwarz aussieht, kurz Pause machen, nachdenken, anpassen, weitermachen.

118. Das Museum hat seine Deutungshoheit aufgegeben und dadurch viel mehr Bedeutung bekommen. Raum für andere Lesarten zu geben, hat uns sehr viel gelehrt.

119. Stimmungen und Zeiten ändern sich: Geh immer zurück an die Grundfragen, schäle immer wieder heraus, wo die Relevanz des eigenen Themas liegt, bleib hartnäckig dran. Nicht vergessen, warum man angefangen hat!

120. Schlafen gehen, wenn mal etwas nicht klappt.

NEVER
GROW
DOWN

ALWAYS
GROW
UP

Vom Start-up zum Grown-up

Welche Hürden Innovatoren begegnen – und wie man sie überspringt

Sonja Jost

Deutschland ist ein hervorragendes Land, um ein Start-up zu gründen: 2019 haben Start-ups hierzulande laut Angaben des Handelsblatts 6,2 Milliarden Euro eingesammelt. Während es vor allem junge E-Commerce-, FinTech- oder Mobility-Unternehmen schaffen, an Kapital zu gelangen, ist es für Hightech-Start-ups schwieriger. Gerade einmal 2,4 Millionen Euro wurden 2018 in Chemie-Start-ups investiert.

Ein trauriges Bild, von dem man sich aber nicht abschrecken lassen darf. Denn Schlagzeilen über riesige Finanzierungsrunden gelingen nur Start-ups, die schon viele Jahre aktiv sind und eher der Definition eines Mittelständlers entsprechen.

Der Anfang ist für alle schwer, daher empfiehlt sich ein systematisches Vorgehen. Oft steht noch vor der Entscheidung für oder gegen eine Geschäftsidee die Frage, wo man gründen soll. Berlin führt beim Anteil an den deutschlandweiten Gründungen mit etwa 16 Prozent. Danach folgen die Region Rhein-Ruhr mit 14 Prozent sowie Hamburg, Stuttgart und München mit jeweils sieben Prozent. Dass es Berlin konstant an die deutsche Spitze geschafft hat, lag vor allem am guten Mix aus günstigen Lebensbedingungen, kultureller Vielfalt und einem hohen Anteil an Studienabgängern, die sonst keine Arbeit in der Stadt gefunden hätten. Vorteil: Man kann sich schnell ein Netzwerk aufbauen. Jedoch ist der Wettbewerb unter den angehenden Gründern höher als in anderen Regionen.

Da kann es sinnvoller sein, den Unternehmensaufbau an einem anderen Ort zu starten. In der Region Rhein-Ruhr, in München, Stuttgart oder Hamburg gibt es weit mehr Privatinvestoren, sogenannte Business Angels, als in Berlin, Dresden oder

Sonja Jost ist Sprecherin der Interessengemeinschaft Startups Produktion und sitzt in verschiedenen Aufsichtsräten und Jurys. Sie hat schon mehrfach selbst gegründet – und ist CEO ihres Chemie-Start-ups DexLeChem in Berlin.

Leipzig. Auch der Zugang zu etablierten Unternehmen und Mittelständlern ist dort aufgrund der schieren Fülle wesentlich leichter als in Ostdeutschland und in Berlin. Die Lebensbedingungen, der Zugang zu Talenten und andere Faktoren sind aber beispielsweise in Dresden und Leipzig besser.

Irgendwann stellen sich alle angehenden Gründer die Frage, was sie denn nun genau tun sollen. Viele haben keine Lust auf die Corporate World. Sie haben vielleicht auch schon mal eine Koryphäe der deutschen Gründerszene kennengelernt und sich gedacht: So smart sind die auch nicht. Vielleicht sind sie aber auch nur einfach dem Glitzern des großen Geldes erlegen. Daraufhin haben sie angefangen, über die Frage nachzudenken, was sie selbst auf die Beine stellen könnten. Viele entscheiden sich dafür, andere Start-ups und Ideen zu kopieren. Denn »First Movers« haben es schwerer als ihre Kopien. Bei Geschäftsideen, die wirklich disruptiv sind, ist auf allen Ebenen viel Überzeugungsarbeit notwendig: Kaum einer der Sachbearbeiter auf Fördermittel-Geberseite versteht zum Beispiel, was man eigentlich vorhat. Das ist nicht nur ärgerlich, sondern kann auch sehr zeitaufwendig werden, wenn man anfängt, mit ihnen zu diskutieren. Darum meine Empfehlung: Lasst es bleiben, wo es nicht von existenzieller Bedeutung für euch ist – und lebt dann mit dem Umstand, Reports über Arbeitspakete abgeben zu müssen, die im Zweifel jeder Sinnhaftigkeit entbehren. Aber lieber so, als ein Jahr darauf warten zu müssen, bis ihr loslegen könnt. Wenn ihr es überhaupt schafft, die andere Seite zu überzeugen.

Investoren wiederum sind schnell überfordert, wenn man sie mit Themen konfrontiert, die mehr als fünf Sekunden ihrer Aufmerksamkeit beanspruchen, und verlieren dann sofort das Interesse. Das mag überspitzt klingen, prägt sich aber besser ein. Meine Empfehlung: Keep it simple, oder ihr habt keine Chance! Baut nicht zu viele Eventualitäten in euren Pitch ein. Zeigt, wie ihr es machen wollt. Seid nicht unterwürfig. Im Gegenteil: Ein befreundeter CEO eines mittlerweile milliardenschweren Tech-Start-ups hat mir einmal erzählt, dass Investoren erst anfingen, ihn ernst zu nehmen und Geld anzubieten, als er sie zu beschimpfen begann.

Es gibt Gründe dafür, dass Frauen nach wie vor weniger Kapital einsammeln: weniger Testosteron und Alphatiergehabe. Mit Frauen im Leadershipteam sind Unternehmen zwar erfolgreicher, wie viele Studien belegen, aber Investoren sind selten rational. Sie folgen Trends und sind Herdentiere. Denn jeder hat Angst, etwas zu verpassen. Meine Empfehlung: Seid mutig und entschieden in eurem Auftreten, auch wenn euer Herz bis zum Hals schlägt. Lasst euch nichts gefallen, aber seid nicht resistent gegen Verbesserungsvorschläge. Es sei denn, euer Businessmodell würde komplexer werden. Verschwendet eure Zeit nicht mit Fonds, die keinen Schwerpunkt haben, in den ihr reinfallt. Sie sind durch ihre eigenen Strukturen daran gehindert, in euch zu investieren. Denn sie haben ihren Geldgebern etwas versprochen (Rendite x durch Investitionen in Start-ups aus dem Bereich y).

Grundsätzlich würde ich empfehlen, so spät wie möglich Anteile zu verkaufen. Denn je mehr ihr vorweisen könnt, desto teurer werden die Anteile, und desto mehr Geld nehmt ihr ein. Versucht also, öffentliche Gründungsförderung zu erhalten, ans Ersparte heranzugehen, die drei Fs anzuzapfen: Family, Fools & Friends. Ein Blick ins WWW hilft schnell weiter, um sich einen Überblick über Förderprogramme zu verschaffen.

Um nach den ersten Entwicklungs- und Finanzierungsrunden zu einem Grown-up zu werden, benötigt ihr Wachstumskapital, und zwar nicht zu knapp. Wenn ihr in einem Trendbereich aktiv seid, gibt es viele Möglichkeiten, an Kapital heranzukommen: Beteiligungsgesellschaften stellen für besonders riskante Unternehmungen Wagniskapital (Venture Capital, VC) bereit. Dort solltet ihr immer versuchen, über Dritte einen Fuß in die Tür zu bekommen, sonst landet euer Anliegen gleich im Papierkorb. Die Auswahl des richtigen VC ist entscheidend, um später noch mehr Wachstumskapital zu bekommen. Alternativ gibt es öffentliches Venture Capital, jedoch in der Regel zu schlechteren Konditionen und nur bis maximal drei Millionen Euro (ein Beispiel ist der Hightech Gründerfonds HTGF). Wenn mehr Kapital benötigt wird, besteht die Strategie von öffentlicher Seite bisher darin, nur als Co-Investor aufzutreten, etwa bei Coparion. Wenn ihr jedoch in einem hoch innovativen und kapitalintensiven Bereich gegründet habt, in dem es noch keine privaten VCs gibt, könnt ihr nur versuchen, Gelder von der EU zu bekommen (etwa über das Förderinstrument EIC Accelerator). Viele Start-ups gehen auch ins Ausland, wo es besser ausgebildete VC-Strukturen gibt, wie in den USA oder sogar in China. Vielleicht habt ihr auch das Glück, ins Portfolio der Handvoll reicher deutscher Familien zu kommen, die in risikohafte Start-ups investieren, wie Klatten oder Hopp. Aber die Wahrscheinlichkeit ist sehr gering. Daher: Holt euch den Rat erfahrener Gründer, wie das Spiel des Geldeinwerbens am besten gespielt wird! Wir helfen gern, wo wir können.

3166

Ausgezeichnete Orte im Land der Ideen

Abenteuer Forschung
Abenteuer-Golfanlage
abgefahren.losgewandert.
ABIDA – interdisziplinäre Big-Data-Forschung
Abraham Geiger Kolleg
Abwasserentsorgung der Gemeinde Lahstedt
Abwassersystem Variokan
ACADEMY
Academy for Junior Managers
ACHAVA Festspiele Thüringen
AcListant – Assistenzsystem für Fluglotsen
acs – Kompetenzzentrum für wirtschaftlichen Leichtbau
ADAC Unfall-Rettungskarten
Adam-Ries-Bund e. V.
Adelsheim leuchtet
Admiralspalast
Advanced Tower Systems – Türme für Windräder an Binnenstandorten
Adventskalender Quedlinburg
Adventure Camps
Aedes Network Campus Berlin – Netzwerk für nachhaltige Architektur
Aero-Tram – Großflächige Messungen der Luftqualität
Aesculap Akademie
AG türkischer Unternehmer und Existenzgründer
Agrar GmbH Crawinkel
Agrophotovoltaik – Ressourceneffiziente Landnutzung
Agua es vida
Airbus Deutschland GmbH – Standort Hamburg
AirClean – Luftreinigende Betonbauteile
Akademie der Nationen
Akademie Regensburg
Aktion Augen auf! Mehr Aufmerksamkeit für ein Altern in Würde
Aktion Deutschland Hilft
Aktion Fischotterschutz e. V. – OTTER ZENTRUM Hankensbüttel
Aktion Schutzbengel
Aktionskreis Lebens- und Wirtschaftsraum im Landkreis Cham e. V.
Aktionslabyrinth Globales Lernen
Aktiv gegen Lärm – System der WaveScape Technologies
Aktiv leuchtende Textilien für mehr Sicherheit aus Thüringen
Aktive Bürgerschaft e. V. – Kompetenzzentrum für Bürgerengagement
Aktive Kopfstütze
AktivoFix
Akustischer Geo-Scanner der Technischen Universität Clausthal
ALBA macht Schule
Albertinum
ALCATRAZ Hotel
ALDEBARAN
Alevitische Gemeinde Deutschland
Alfred Kärcher GmbH & Co. KG
Alfried Krupp-Schülerlabor – Bereich Geisteswissenschaften
Algen-Biogas-Konzept
Alignment in Communication
ALL NATIONS FESTIVAL
Allein lebende Demenzkranke – Schulung in der Kommune
Alles unter einem Dach
Allgemeiner Deutscher Fahrradclub (ADFC), KV Mannheim, Lokale Agenda 21 MA-Neckarau e. V.
Allgemeinmedizinerinitiative »Gesundheit schafft Zukunft«
Allianz Zentrum für Technik
ALLVR – Virtuelles Echtzeit-Treffen für Bauplanungen
alma – integratives Netzwerk für die Landwirtschaft
Alte Baumwolle: Neues Stadtzentrum für Flöha
Alte Freunde sind die besten!
Alte Messe Leipzig
Alte Synagoge Essen – Haus jüdischer Kultur
AlterEgo – digitaler Zwilling für das Interaktionstraining
Alternativer Bärenpark Worbis
Altersgerechtes Wohnen und Wiederbelebung der ländlichen Bausubstanz
Amaro Kher – Schule und Kita für Roma-Kinder
ambiact – Stromsensor für den Hausnotruf
Ambient Assisted Living
Ammergauer Alpen GmbH
ampido – Parkplatz-Sharing
AmpPot – Analyse von Massen-Angriffen aus dem Internet
AMPU & DYS KIDS
AMPU LOTSE
AMSilk – Spinnenseide für industrielle Anwendung
Analyse für den Umweltschutz
Anbau von Mikroalgen im urbanen Raum
Anderes Sehen – Mobilitätsförderung für blinde Kinder
Andernach – Die essbare Stadt
Anna tanzt
ANUAS e. V.
Aphasie-Zentrum Josef Bergmann
aponix – Vertikale Pflanztonne
App Companion2Go für Menschen mit und ohne Handicap
Aqua Orbis AG
AQUA-AGENTEN: Mission Wasser
Aqua-Solardorf – Energieautarkes Wohnen auf dem Wasser
Aqualog Xylit-Walzen
arbeit erlangen
ArbeiterKind.de
Arbeitsgemeinschaft Energieforum
Arbeitsgemeinschaft industrieller Forschungsvereinigungen »Otto von Guericke« e. V.
Archäologiepark Altmühltal
Arche Nebra – die Himmelsscheibe erleben
Arche-Region Flusslandschaft Elbe
Archiscool
Architektouren
architektursommer_dd
Archiv der Jugendkulturen
Argelander-Institut für Astronomie
Arm in einer reichen Stadt
armedangels
Arnold-Bergstraesser-Institut für kulturwissenschaftliche Forschung
ARS NATURA, Kunst am Wanderweg
Art Directors Club für Deutschland e. V.
art Lounge
ART-Route Vorpommern
Artenschutzkampagne »Bayerns UrEinwohner«
Artenschutzprojekt »Wisente im Rothaargebirge«
ArtiMinds Robotics – der intelligente Fertigungsassistent
artmos4
ARTOMAT – App für Gegenwartskunst
Arzneimitteltransporter »Nano-Mais«
Arztpraxen für Obdachlose
ASB-Löwenhaus
Asklepios Future Hospital
Asphalt geht in die Schule
Assistenzroboter German Bionic CRAY X
Asthma-Notfalltasche Chronikit
Astrolinos
Atelier Culture – der Näh-Salon
Atlantic-Community.org
Aubikom – Blomberger Kooperation für mehr Ausbildungskompetenz
Auch du kannst das – Onlinekurs für ehrenamtliche Deutschlehrer
Audi AG
Audi Jugendchorakademie
Audiogent – Das Interaktive Hörbuch
Audit- und Zertifizierungsprogramm der Bayerischen Ausbilderakademie
Auditive Architektur
Auf Augenhöhe
Aufbau Haus am Moritzplatz
Aufblasbare Schallschirme
Aufbruch!
AUFSCHWUNG-Messe
Augsburger Sommer Krimi
August Horch Museum Zwickau
Ausbildung zum Lasertechniker
Ausbildung zum Senior-Umwelttrainer in Licherode
Ausbildungspatenschaften in Essen
Ausbildungsprojekt »ChefAzubi«
Ausbildungsrestaurant Roecklplatz
Ausbildungszentrum für Zerspanungstechnik – Karriere auf dem Land
Ausstellung »Die Kunst der Aufklärung«
Ausstellung HERZ-SCHLAG
Ausstellung: »Studieren im Krieg«
auticon – Berufsperspektiven für Menschen im Autismus-Spektrum
Autobahndreieck Wittstock/Dosse
Autobahnen für die Natur
Automatische Anwohnertiefgarage München
Automatisches Parkhaus – Direct-Park GmbH
Automatisierte Lagersysteme
Automatisierter Arzneischrank der Universität Stuttgart
Automotive Quality Saar
Autostadt GmbH
AWI-Nordseebüro
AX Semantics
Axel Springer Akademie
AxiTop® Diffusor für Lärmschutz
Azubi-Check e. V.
Azubi-Fit!
AzubiTriO – Auszubildender trifft Orchester
AZUBIYO – Ausbildungsvermittlung im Matching-Verfahren
B. Braun Kinder- und Jugendwochen »Forschung braucht Nachwuchs«
B. Braun Melsungen AG
B. Braun Melsungen AG – Produktionsverfahren für Infusionslösungen
b.free
b2fair
baby.lounge
Babyfreundliches Krankenhaus
Babykonzerte
Bach-Archiv Leipzig
Back to the roots
Back-up-Netzwerk
badenova-Stadion des SC Freiburg
Badischer Winzerkeller eG Breisach
BAG2GO – Der intelligente Koffer
BAGIV – Politische Beteiligung junger Migrantinnen
BAGPAX
Bahn-Mobile-App – Fahrpläne und Tickets in Echtzeit
Ballschule Heidelberg
Baltic Youth Philharmonic
Banda Internationale – Integration durch Musik
barcoo
Barnimer Netzwerk Fachkräftesicherung
barrierefrei kommunizieren!
Barrierefreie Smartphones
Barrierefreier NaturErlebnisweg Isny
Bartholomäusmarktverein e. V.
BASF Kids' & Teens' Labs
BASIS
Basler AG
Bau-Fritz GmbH & Co. KG
Baubotanischer Turm
Bäuerliche Erzeugergemeinschaft Schwäbisch Hall
Bauhaus-Archiv – Museum für Gestaltung in Berlin
Baumanager Camp 2010
Baumarten mit Zukunft in Schleswig-Holstein
Baumhaushotel
BaumInvest – Ökologische Geldanlage
Baumkuchenhaus Nr. 1
Baumraum
Baustoff aus Rohrkolben
Bayer Bitterfeld GmbH
Bayerische EliteAkademie
Bayerische Staatsbrauerei Weihenstephan
Bayerische Staatsforsten
Bayerischer Forschungsverbund Forplanta
BayImmuNet
BayKomm – Bayer-Kommunikationszentrum
Baylab plants
Bayreuther Bio-Brauer
BBA für Pädagogikmanagement
BCB Biometric Credit Bureau – IT für den afrikanischen Mikrofinanzsektor
BCC BioCityCampus
Beam 21 – Kompetenz für kommunalen Klimaschutz
BeatObsession – Die Schlagwerkstatt der Elbphilharmonie
Bedarfsorientierter Schulbusverkehr
Beeming Box – Bio-Lebensmittel für den guten Zweck
Beethoven-Haus Bonn
Bellagio Forum
bellybutton International
Beluga School for Life
Belvedere mit dem Rucksack
Benchmark Factory
Beratung für Non-Profit-Organisationen
Beratung in Gebärdensprache
Beratungsangebot »Grüne Flotte im Betrieb«
Beratungsstelle Hessen »Für Toleranz statt Extremismus«
Bergfilmfestival im Spielberg
Bergisches Städtedreieck Remscheid-Solingen-Wuppertal, Regionale 2006 Agentur GmbH
Bergwacht-Zentrum für Sicherheit und Ausbildung – Simulator für Luftrettung
Berlin 08
Berlin Bamboo Bikes
Berlin Heart AG
Berlin on Bike
Berlin Prize Fellows
Berlin Story
Berlin-Brandenburgische Akademie der Wissenschaften
berlindesign.showroom
Berliner Freunde
Berliner Gazette

Berliner helfen e. V.

Berliner Integrationsfachdienst Übergang Schule – Arbeitsmarkt

berliner operngruppe

Berliner Philharmoniker

Berufliches Immersives Training für Inklusion

Berufsbildungs- und Beschäftigungsgesellschaft Peine

Berufstest MYSKILLS für Ungelernte und Geflüchtete

BESSY – Berliner Elektronenspeicherring-Gesellschaft für Synchrotronstrahlung

Bestattungsgärten Köln

BESTTRICK.COM

beta Institut, Projekt PAPILIO

Betriebliches Gesundheitsmanagement der Firma Ostendorf

Betriebskindergarten »Minifiliale«

betterplace.org

bettervest – gemeinsam in eine bessere Stadt investieren

Beutenberg Campus e. V.

Beweg Dich, Schule! der AOK Hessen

Bewegungsgarten – Leichtathletik-Parcours

beyoCBS

Bibeldorf Rietberg

Bienensauna – Schädlingsbekämpfung mit Wärme

Bildung ohne Grenzen

Bildungs- und Hilfsprojekt »steps for children«

Bildungsfachkraft – Qualifizierung für Menschen mit Behinderungen

Bildungsgesellschaft mbH Pritzwalk

Bildungsinitiative Maritimes Zentrum Elbinseln

Bildungsinitiative Onlinerland Saar

Bildungspartnerschaft

Bildungsplattform »The DO School«

Bildungsprojekt »Lernort Stadion«

Bildungsprojekt »Respekt beginnt im Kopf«

Bildungsprojekt »Werde WELTfairÄnderer«

Bildungszentrum

Bilinguale Grundschule

Bilinguale Kindertagesstätte

Bio-Anilin – Chemikalie aus Pflanzen

Bio-Brotbox für den Schulstart

Bio-M GmbH

Bio-Seehotel Zeulenroda

Biochips aus dem Laserdrucker

Biodegradierbare Elektronik

Bioenergy Made in Saxony

Bioextrusion

Biogas aus Trauben- und Apfeltrester von badenova

Biogas zu Erdgas ohne CO2-Ausstoß

Biogaseinspeisung in das Erdgasnetz

Biohof Aga

BioInnovationsZentrum Dresden – biosaxony

BioKryo – Biomedizinische Kühltechnik

Biokunststoff-Fassade

BioLector

bioliq – Sprit aus Stroh

Biomar – Energie aus Abwasser

Biomedizinische NMR Forschungs GmbH am Max-Planck-Institut für biophysikalische Chemie

Biomimetische Lösungen für die Regeneration von Gelenkknorpel

BioPark

BIOPRO

bioprop – Kardanwelle aus nachwachsenden Rohstoffen

Biosphärenhaus Pfälzerwald/Nordvogesen

Biotechnologiepark Luckenwalde

BIOTECmarin – Biomaterialien aus dem Meer

Biothan – regenerative Energie aus organischem Abfall

BIQ – das Algenhaus

Birkenzweig – Familienurlaub für Pflegebedürftige

Bitburger Brauerei Th. Simon GmbH – Versuchsbrauerei

Björn Steiger Stiftung

Blaupunkt GmbH

BLINDENFUSSBALL-Bundesliga

Blindeninstitut Rückersdorf

Blindwalk Cologne

BLIS Alpenranger

Blog für digitale Bürgerrechte netzpolitik.org

BLOOOM – Messe der Kreativwirtschaft

BluePatent – Patentrecherche durch Online-Community

BLUETEC

BMW Welt

Bodenskulptur

Bohrfundamente von BFTec

bonn hoeren – stadtklangkunst

Books on Demand GmbH

Bootsharing-Projekt JustSail

BORA-Dunstabzug nach unten

Börsenverein des Deutschen Buchhandels

Botanischer Garten & Botanisches Museum Berlin-Dahlem

Boxmate – Mehr Sicherheit für IT-Systeme

Boys'Day – Jungen-Zukunftstag

Bozzini-Lab – Operationssaal der Zukunft

BRAIN AG

Brandenburger Nachwuchspool

Brauhaus Verein

Brecht-Weigel-Haus Buckow – Kultur GmbH MOL

BreezeBreaker – Mikrowindturbine

Breitband für alle in Cochem-Zell

Bremen-bewegen.de

Bremer Geschichtenhaus

Bremer Mathebox

Bremer Tag der Technik

Bridge&Tunnel – Soziales Design aus dem Quartier

Brillantring PETRA III

Briloner Bücherbabys

BronxBerlinConnection – transatlantischer Jugendaustausch

Brücke zu herzkranken Kindern

Brühler Schlosskonzerte

bruno banani underwear GmbH

BruttoSozialPreis

Bucerius Law School

Bücherstadt Langenberg – Literarische Kulturförderung

Buchpate – Spendensammlung auf der Frankfurter Buchmesse

Buchstart

BuergerCloud – Demokratie aus der Wolke

Bundesjugendballett – die Bühne ist überall

Bundesverband Alphabetisierung e. V./Projekt F.A.N.

Bundesverbundprojekt »ELKE«

Bundesweite Kirchen-App

Bundeszentrale für politische Bildung

Bündnis Energie-autarkes Ostbayern

Bunter Kreis

Bunter Kreis Traglinge

buntkicktgut – Straßenfußball-Initiative für interkulturellen Austausch

BURGER CARE – Integrationsprogramm für ausländische Fachkräfte

Bürgerinstitut Frankfurt – Integrative Führungen

Bürgerkomitee zur Rettung des Heidelberger Theaters

Bürgernetzwerk Bildung

Bürgersolar Eckernförde

Bürgerstiftung Barnim Uckermark

Bürgerwerke – Genossenschaftsnetzwerk für regionalen Ökostrom

Büroservice myonlinebuero

Business Game

Business Location Center Berlin – Multimediales Standortmarketing

Business-Angels

business@school

ByteFM

C. Josef Lamy GmbH – Fabrik für Schreibgeräte

Call a Bike

Camphill-Dorf Alt Schönow

CAMPUS OF EXCELLENCE

Campus Ratzeburg

CampusNet

CAN Stop – Programm gegen Cannabiskonsum

CAP Markt

CarboREN® Technologie von SunCoal Industries

Care-for-Rare Foundation

Care-Load – Ladesäulen für eMobile

Cariteam-Energiesparservice

CariThek

Carsharing-Plattform »carzapp«

CeBIT green IT

CECAD Cologne

Celebrity Eclipse

Celitement® – Umweltfreundliche Zementherstellung

Cemax-Technologie zur schnelleren Medikamentenherstellung

Center for Entrepreneurial and Financial Studies

certgate Smartcard – Datenschutz für Handys

CFK-Valley Stade e. V.

CHAMP

CHAMPION DES JAHRES

Chancengebertag in Nienburg an der Weser

ChancenNutzer – Unterstützung beim Weg in die Selbstständigkeit

Chargesmart – Infrastruktur für Elektromobilität

Charisma Technologies GmbH

Charta der Vielfalt

Checkpoint Bravo

Chemie, die verbindet – Innovations- und Standortförderung von BASF

Chemikum Marburg

Chilly – das Schülermagazin im Saarland

China-Pavillon auf der NordArt 2012

China-Traineeprogramm an deutschen Hochschulen

Chirurg für einen Tag der Universitätsmedizin Mainz

Chor- und Orchesterakademie

CHOREN Industries

Christian-Albrechts-Universität zu Kiel, Zentrum für Biochemie und Molekularbiologie

Christliches Jugenddorfwerk Deutschlands e. V. – CJD Creglingen

Christoph Life – Ausbildung für das Überleben

Chrysanthema

CIPSM

Circus grenzenlos familiär

CITYFÖRSTER – vernetzte Stadtentwicklung

CityTree – Multifunktionale Grünfläche für die intelligente Stadt

CLAAS KGaA mbH

CLAAS-Telekom Industrie 4.0 in der Landwirtschaft

Classic meets Industry

Clean Energy Partnership Berlin

Clean Peptide Technology – umweltfreundliche Peptidherstellung

Cleantech

Cloud&Heat – Energieeffizientes Rechenzentrum

Clowns im Krankenhaus

Club of Pioneers

CO2-Ampeln

CO2-freies Kraftwerk

CO2-neutraler Supercomputer LOEWE-CSC

CO2SINUS

COBI – System für vernetztes Fahrradfahren

CODE University of Applied Sciences

College Curries

Cologne Oval Offices

Columba – der digitale Nachlassdienst

Columbus Holding

Common Purpose Deutschland

Community 2.1 – Kein Platz für Vorurteile!

Companion-Technologie für kognitive technische Systeme – Individuelle digitale Assistenten

Comprehensive Pneumology Center – Translationszentrum für Lungenerkrankungen

CONBAM

concepticus

Conference.Excellence

Conflictfood – Lebensmittel aus Krisengebieten

connecting friends

connosco Wirtschaftsberatung

Containerwerk – Zukunft wohnt im Kubus

Cool Silicon

Coole Klassen Potsdam

CoolFarmTool space – Satellitentechnik für nachhaltige Landwirtschaft

CORRECTIV – Recherchezentrum für gesellschaftliche Aufklärung

CorrelAid – Datenanalyse für den guten Zweck

Coworking Toddler – Büroplatz mit Kita

Cradle to Cradle

creare! StartUp

Creative Ideas Baden-Württemberg

Creativhof Grenzallee

Criminale

CryptoController – Sicherheit der digitalen Infrastruktur

CrypTool

Culture-inclusive.com – Portal für barrierefreie Kulturangebote

CureVac

CUTEC

Cyber-Classroom – Unterricht in 3D

Cyber-physische Äquivalenz – Intelligente Produktionssteuerung

CYNETart

Cytonet Hannover

CytoPatch™ Instrument – Analyseautomaten für Medikamentenentwicklung

D-Mark-Detektive

DAAD-Freundeskreis – Gastgeber für Deutschland

Dahlemer Autorenforum

DAISY2009

Dampfflutanlage Emlichheim

Darmstädter Zentrum für IT-Sicherheit

darmstadtium

Das Buddy-Projekt

Das Business Network XING

Das digitale Kekszeitalter von Juchem

Das energieautarke Gewächshaus

Das Geld hängt an den Bäumen

Das Neustädter Modell
Das offene Klassenzimmer
Das Passivhaus
Das Schwimmende Klassenzimmer
Das Zentrum Neue Technologien im Deutschen Museum
DASA
Data Run – Alternate Reality Game
Data-driven Sushi: Digitale Absatzplanung für frische Lebensmittel
Dauerausstellung »Das Netz. Menschen, Kabel, Datenströme«
Dauerholz statt Tropenholz
DaWanda – Onlinemarktplatz für Selbstgemachtes
DB Open Data
DBT-Labor – Labor für digitale Bildungs- & Trainingsmedien
Debattenportal sagwas.net
Defibrillator und Patientenmonitoringsystem corpuls³
deGUT 2010
Dein Nachbar – digitales Netzwerk für die Generation 65 plus
DEKRA Automobil Test Center
Delta – KI-App für die Früherkennung von Demenz
Demantec – Innovative Technologien in Pflegeheimen
Demenz-WGs – Selbstbestimmt leben in Bayern
Demenzfreundliche Kommunen
Demokratie auf dem Acker
Demokratie-Erlebnishaus
Demokratie! Auf die Ohren!
Demokratischer Frauenbund
Demonstrationsanlage zur Verbrennung und Vergärung von Trebern
dena-Modellvorhaben »Niedrigenergiehaus im Bestand«
Denk-mal an Darwin: der Gießener Evolutionsdenkpfad
Denk-Sport-Spiel-Parcours: Aktive Inklusion
denkwerk-stadt saarbrücken e.V.
Deposens – Biofilme sichtbar machen
DER – Deutsches EnergieRohstoff-Zentrum Freiberg
Der Hamburger Weg
Der Innovationsstandort – Wirtschaft und Wissenschaft vernetzt
Der Mängelmelder – Bürger für ihre Stadt
Der Schulkompass
Der Straßenchor Berlin
Der Wald der Zukunft
DERMALOG Identification Systems
DESERTEC
Design braucht Forschung
Design to Business – Vernetzung von Kreativwirtschaft und Mittelstand
DesignHausHalle
Designsoftware TinkerToys für Kinder
Designwerkstatt Coburg
Detectino
Deutsch-Französische Hochschule / Deutsch-Französisches Jugendwerk
Deutsch-polnische Kinderakademie
Deutsch-Tschechische Fußballschule
Deutsch-türkische Kulturwochen
Deutsch-Türkisches Wirtschaftszentrum Mannheim
DeutschBaselitz-Rundweg
Deutsche Alleenstraße
Deutsche Bahn AG
Deutsche Bahn: Dienstreisen auf Basis erneuerbarer Energien
Deutsche Börse AG
Deutsche Bundesstiftung Umwelt
Deutsche Gesellschaft für Technische Zusammenarbeit GmbH
Deutsche Gleis- und Tiefbau GmbH
Deutsche Kinderhospizstiftung
Deutsche Knochenmarkspenderdatei
Deutsche Nationalbibliothek Leipzig
Deutsche Sporthochschule Köln
Deutsche Stiftung Denkmalschutz
Deutsche Stiftung Musikleben – Deutscher Musikinstrumentenfonds
Deutsche Welthungerhilfe e.V.
Deutsche Wildtier Stiftung
Deutsche Zentralbibliothek für Wirtschaftswissenschaften
deutsche-delikatessen.de – Regionale Spezialitäten online bestellen
Deutscher Akademischer Austausch Dienst
Deutscher Computerspielpreis
Deutscher Innovationspreis für nachhaltige Bildung
Deutscher Internetpreis
Deutscher Musikrat GmbH, Bundesjugendorchester
Deutsches Auswandererhaus
Deutsches Drahtmuseum
Deutsches Forschungszentrum für Künstliche Intelligenz
Deutsches Forschungszentrum für Künstliche Intelligenz GmbH
Deutsches Institut für Normung e.V.
Deutsches Meeresmuseum Stralsund – OZEANEUM
Deutsches Museum Bonn
Deutsches Nationaltheater Weimar
Deutsches Plattenbauzentrum e.V.
Deutsches Rotes Kreuz
Deutsches Schauspielhaus in Hamburg
Deutsches Schloss- und Beschlägemuseum
Deutsches Spiele-Archiv e.V.
Deutsches Sport & Olympia Museum
Deutsches Tagebucharchiv e.V. Emmendingen
Deutsches Technikmuseum Berlin
Deutsches Uhrenmuseum
Deutsches Zentrum für Luft- und Raumfahrt e.V.
Deutschland 2010
Deutschland coach Dich!
Deutschland summt!
DeutschSommer
Dezentrales Pumpensystem
DFKI-Labor
DGFG-Netzwerk für die Gewebemedizin
DHL Logistics Innovation Center
Dialog der Generationen
Dialogmoderatoren – Projekt für politische Bildung
DICTUM – digitale Kommunikationshilfe für nicht deutschsprachige Patienten
DIDP
Die DDR-Bibliothek
Die Deutsche Krimibibliothek
Die ETA-Fabrik: Energieeffizienz weiter gedacht
Die Eule – Begegnung Jung+ Alternativ der Caritas
Die Freilandforschung des DPZ
Die Generationenbibliothek
Die Gründervilla – Netzwerk für Start-ups und Kreative
Die Hamburger Karriereschmiede
Die Komplizen Mentoring für Schüler GmbH
Die Lenzsiedlung – Stadtteilbüro & Lenzsiedlung e.V.
Die Medienboten
Die pinkfarbene Mutmachtasche
Die vernetzte Universität – Universität Frankfurt am Main
Die Welt ohne uns – Botanisches Langzeittheater
Die Wiese im Labor
Die Zunft AG
DigiENERGY
Digital aufbereitetes Wissen der Akademie Mainz für alle
Digital Concert Hall
Digital FineArt Papiere
Digital Pen & Paper
Digital veredelt – Software-Cluster bietet Innovationen für Unternehmen
Digitale Meisterklassen der Kronberg Academy – Transatlantischer Musikunterricht
Digitale Nachbarschaft – Sicherheitsscouts für das Internet
Digitale Nutzfahrzeugtechnik
Digitale Weltansichten online: 3D-Modelle historischer Globen
Digitaler Fahrplan
Digitaler Lern-Lebenslauf »Personal Data Locker«
Digitales Berufsorientierungsangebot »Dein erster Tag«
Digitales Operationsmikroskop VITOM 3D
Digitales Stadtgedächtnis
Digitalisierte Untersuchung der Bienenwelt in ganz Europa
dimmLIGHT
DiSA – Digitaler Wegbegleiter für ganz Sachsen-Anhalt
discovering hands – Brustkrebsfrüherkennung durch blinde Frauen
Display as a Service – dynamische Verknüpfung von Bildschirmen
DMY INTERNATIONAL DESIGN FESTIVAL
documenta 12
Dog-Water-Therapie® – Neue Behandlungsmethode für Menschen mit Behinderungen
DOK.fest München
Dokumentationszentrum Berliner Mauer
Dokumentationszentrum Reichsparteitagsgelände
Dokumentationszentrum Welterbe – Stadt Bamberg
dolphin aid
Domberg – Museen um den Bamberger Dom
DoMeAFavour – Online-Netzwerk für Nachbarschaftshilfe
Domowina – Bund Lausitzer Sorben e.V.
donumenta
DorfSchmiede Freienseen – Multifunktionales Mehrgenerationenhaus
Dornier Museum Friedrichshafen
DORV-Zentrum GmbH
Dr. Sound im Einsatz – Klassische Konzerte für Kinder
Drachenboot Cup
Drachenstich-Festspiele e.V.
Draisin
DREAM IT. DO IT.
Dream Production – hochwertige Kunststoffe auf Basis von CO2
Dresden exists
dressLife – Weniger Retouren im Online-Modehandel
DRK-Projekt »Schuldenprävention für Jugendliche«
Druck und Werte – Effizientes Printmanagement
DrugTargetInspector – Computerprogramm für die Krebstherapie
DSV Schulsportkonzept für Schneesportarten – »Auf die Plätze, fertig … Ski!«
Du hast die Macht – Medieninitiative für politische Bildung
Dünnschichtsolarproduktion
DURFLEX®
Düsseldorf ist ARTig – Kunst für junge Menschen
DYCLE – ökologisches Windel-Upcycling
Dynamikum Pirmasens
Dynamischer Sonnensimulator
E-Commerce-Plattform DONGXii
E-Energy – Smart Energy made in Germany
E-ifel mobil – E-Carsharing auf dem Land
e-Installation – Virtueller Erlebnisraum für Medienkunst
E-LAB Live
E-MOTION live
E-Plant – Pflanzen-Monitoring-Sensor
e-politik.de
E-Quickie – Mobilität durch Induktion
E.Cooline – Aktive Kühlkleidung
e.on Energie AG: COMTES700, Kraftwerk Scholven
East Side Gallery
ebee Ladepunkte für Elektromobile
Eberhard Karls Universität Tübingen
ebm-papst Energiescouts
ebs Symposium
eCARus – Elektromobil der TU München
Echtwald – Aufwertung von Wäldern
Ecocarrier
econ – Intelligentes Energiecontrolling
Econamic Grid – virtueller, dezentraler Großspeicher
Economic Summer Camp
ECOPHIT® – Graphitbaustoff von SGL
Ecosia – die Suchmaschine, die Bäume pflanzt
Ecosort – Energiesparende Datenverarbeitung
EcoTrain – Nachhaltiges Antriebs- und Energiemanagement
eCulture Factory
Eden Gemeinnützige Obstbau-Siedlung eG
edicted. Outsourcing für Juristen
EDpowerdrive – Elektroantrieb für leichte Nutzfahrzeuge
educcare
eE-Tour Allgäu – Elektromobilität und Tourismus
efficient design für Photovoltaik
EffizienzCluster LogistikRuhr
egm-Wirbelwandler-Technologie
EGON – Existenzgründungsoffensive Niedereschach
Ehemalige Synagoge Friedrichstadt
Ehrenamtscard
Eika Wachswerke
Ein ganz normaler Tag
Ein Schloss für alle
Einführung der Bioenergiepflanze Silphie durch N. L. Chrestensen
Einheitliche Behördenrufnummer 115
Einkaufen bei »Emmas Enkel«
Einkaufserlebnis Welterbe Regensburg
EINS+ALLES Erfahrungsfeld der Sinne, Welzheim
Einstein Forum
Eiszeitland am Oderrand
Electr'Opera
Elektro-Bürgerauto Oberreichenbach
Elektroauto mia
Elektromobilitätszentrum Birkenfeld
Elektromotorsegler »Windreich Arcus E«
Elektronenmikroskope
Elektronische Haut für die virtuelle Realität
Elektroroller Scuddy
Elemente der Begeisterung
Elisabeth von Senden Stiftung
Eliya Kinderheim in Sri Lanka
ELSA – Automatisierungslösungen

für die Biowissenschaften
eLSe – eLearning für Senioren
ELTERN-AG
Elterninitiative Delifirst für eiweißarme Nahrung
Elternschaft mit Behinderung
Elternwerkstatt Region Heilbronn-Franken
EMG Elektromobile – Mietservice für Seniorenelektromobile
Emil Berliner Studios, Deutsche Grammophon GmbH
enera – Dezentrale Energieversorgung im Praxistest
enercast – Energieprognosen für erneuerbare Energien
Energie Campus Nürnberg
Energieberg Karlsruhe
Energiedesign
Energieeffiziente Batterietechnik für Satelliten und Elektrofahrzeuge
Energieeffizientes und kostengünstiges Abschleppfahrzeug »Einstein«
Energiepark Mainz – Größte Wasserstoffelektrolyse ihrer Art
Energiepark Mont-Cenis
Energiepark Waldpolenz
EnergieRegion Aller-Leine-Tal
Energiesparendes Krankenhaus
EnergieSüdwest – Erdwärmegewinnung in stillgelegten Bohrlöchern
Energiewendeprojekt DESIGNETZ
Energiewerke Nord
Energy Smart Home Lab des KIT
Engagementwettbewerb »Kid-Courage«
Ensemble Modern
Entenrennen für Nestwärme
Entern – autonome Roboter für Planetenerkundungen
entia – Gute Dinge, die lächeln
Entwicklung von OP-Simulationen am Forschungszentrum der HTWK Leipzig
Entwicklungsagentur Bernkastel-Kues
Entwicklungskonzept »excursio-Bahnhof Welzow«
Entzündungsmedizin
EpiCal
eQria – Grüne Stadtlogistik mit Elektrofahrzeugen
Equal Pay Day
Erdwärme in Jugendstilvilla
ergobag – der Schulrucksack
Erklär' mir das Zimmerwetter
Erlangen AG
Erlebnis Hafengeschichte
Erlebnis Maschinenbau
Erlebnisführungen im Weltkulturerbe Oberharzer Wasserwirtschaft
Erlebnismuseum »Die Welt von Steiff«
Erlebnispassage »KulturKanal«
Erlebniswelt »KIDS TO LIFE«
Erlebniswelt Renaissance®
eRockit
Erstausgaben-Sammlung verbrannter Bücher von 1933 – Salzmann-Sammlung
Erstes IOSONO-Kino der IOSONO GmbH in Ilmenau
eSchwalbe – Retro Elektro-Roller
Essbarer Trinkhalm eatapple
Esselte Leitz GmbH & Co. KG
Essen packt an! Bürgernetzwerk für gesellschaftliches Engagement
eTank – Langzeitenergiespeicher für solare Ganzjahresnutzung
eTelligence – Energiesystem der Zukunft in Cuxhaven
ETTLIN lux – Gewebe zur Raumgestaltung mit Licht
EU-Projekt »Mikrosysteme für sichere Lebensmittel«
EUCC-D-Bildungsprojekt »Meer im Fokus«
Euregio Rhein-Waal
Euro-Tandem-Pilger-Tour
Eurocopter Deutschland GmbH
Europa-Park
Europa-Park
Europa-Rosarium
Europäische Bürgerkonferenzen
Europäische Doppelstadt Frankfurt (Oder)-Slubice
Europäische EDV-Akademie des Rechts
Europäische Qualitätsstandards – Beste Startchancen für Frühgeborene
Europäische Unwetterdatenbank
Europäisches CFK-Recycling-center
europäisches forum für migrationsstudien
Europäisches Jugend Musical Festival
Europäisches Schülerprojekt »Einen Schluck Wasser, bitte!«
Europäisches Spargelmuseum
Europäisches Übersetzer-Kollegium
European Fashion Award
European Media Art Festival Osnabrück
European Neuroscience Institute
Europera
EUROPOLIS 2050
eurotopics
EWS Transport
Ex oriente lux?
Existenzgründerwerkstatt neudeli
Expedition N – Nachhaltigkeit für Baden-Württemberg
Expedition Zukunft
experimenta
Experimental-OP und Ergonomie
experimentcity
Experimenteller Hybrid-OP
Experimentierhalle Göttingen (Architekturbüro Schwieger)
Experimentierhaus Schmalkalden
Experimentiermeile
Exploratorium Potsdam
EXPLORE CLASSICAL MUSIC!
ExtraEnergy e. V., HYSUN3000
Extrastabile Formholzprofile der TU Dresden
ExxonMobil Production Deutschland GmbH
Exzellenzcluster CoTeSys – Kognition für technische Systeme
Exzellenzcluster REBIRTH
eye.syde – Simulation von Farbenfehlsichtigkeiten
Faber-Castell AG
FabLab München
Fachhochschule Jena
Fachhochschule Potsdam – Studiengang Interface Design – IDL Interaction Design Lab
Fachkräfteinitiative »Ems-Achse: Jobmotor Nordwest«
Fagus-Gropius
Fahrzeugmuseum Staßfurt
Faire Computermaus aus Biowerkstoff
fairKauf
Faiths In Tune – Festival der Religionen
Falscher Hase – Speisen aus Mehlwürmern
Familienbeistand
FamilienServiceCenter
Familyship – das neue Familienmodell
Färbergarten
Farid's QualiFighting – Lernen durch Boxsport
Farina-Haus – Geburtshaus des Eau de Cologne
Farmagas
FASE – Finanzierungsagentur für Social Entrepreneurship
Fasssauna
Fast-track Rehabilitation
Faszination Stahlforschung
Faubel-CRSF Label – Sichere Medikamentenverpackung
febit biotech GmbH
Feldroboter BoniRob
Felix-Nussbaum-Haus
Fellowship Program
Fellowweb
FeMIC – Musikschule Cuxhaven
Ferdinand-Braun-Institut für Höchstfrequenztechnik und JENOPTIK Diode Lab GmbH
Ferngesteuerter Quadrocopter mit Sensoren
FernUniversität in Hagen
fernziel.hoffnung@vk-mutpol.de
FERROPOLIS GmbH – Museum und Veranstaltungen
Festival der 1000 Töne – Friedensstadt Augsburg
Festival Europäische Kirchenmusik
Festo AG
Festo Bildungsfonds
Festspiele Europäische Wochen Passau
Feuerstein führt Klassik ein
Feuerstelle statt Brennpunkt
Feuerwehr-Informations-Zentrum
Fibuskop Atemwegsendoskopie
Field Robot Event
Fighting chefs
Figurentheater
Filmfest Dresden
Filmfestival Max Ophüls Preis
Filmprojekt »altGOLD & jung-BLUT«
Filmstadt Quedlinburg
filmtonart – Tag der Filmmusik im BR
Fingerabdruck – Lebenderkennung
Fischfreundliches Wehr aus Schmölln-Putzkau
Fit für Bildung
Fit für die Unternehmensnachfolge im Handwerk
Fit für Verantwortung
FIZ Frankfurter Innovationszentrum Biotechnologie
Flex-Fernschule
Flexible und organische Solarmodule von Heliatek
Fliegende Bräute
Fliegender Wildretter des Deutschen Zentrums für Luft- und Raumfahrt
FliehKraft – Kölner Flüchtlingszentrum
Floriansdorf Iserlohn
Flüchtlinge kochen für Obdachlose
FluGGS
Flüsterasphalt
FMP Technology Einspritzdüsen zur CO2- und Treibstoffreduzierung
FOCUS Schülerwettbewerb
FOKUS – Forum der Kulturen und Sprachen
Footbonaut
Ford Forschungszentrum Aachen GmbH
Förderprogramm für Künstler »Heimatstipendium«
Förderung bei Rechenschwäche
Förderung der Breitbandversorgung in Baden-Württemberg
Förderunterricht
Förderverein Deutsches Kleingärtnermuseum in Leipzig e. V.
Förderverein zukunftsfähiges Melsungen
Forscher Ferien
Forscher-Netzwerk
Forschergarten
Forscherwerkstätten an Grundschulen
Forschung zum Gesundheitsschutz
Forschungs-App Time-Tracker
Forschungsfabrik Ressourceneffiziente Produktion
Forschungsflughafen
Forschungsgelände Garching
Forschungsinstitut E-Finance Lab
Forschungskooperation futureTEX
Forschungsorgel des Fraunhofer-Instituts für Bauphysik
Forschungsprojekt »Autofrettage« der Universität des Saarlandes
Forschungsprojekt »Bäckerhefe erhöht die Erfolgschancen bei Impfungen«
Forschungsprojekt »Frührehabilitation von Schlaganfallpatienten durch Hirnstimulation«
Forschungsprojekt »Geruchsinduziertes Erkennen kritischer Risse«
Forschungsprojekt »Kultivierung von Torfmoos«
Forschungsprojekt »Künstliche Antikörper dank Nanosensoren«
Forschungsprojekt »Medizintourismus in Deutschland«
Forschungsprojekt »Recycling von Altbeton«
Forschungsprojekt »See im See«
Forschungsprojekt »Sicherheit und Transparenz für maritime Transportketten«
Forschungsprojekt »Smart Villages«
Forschungsprojekt »Verschleißbeständige Bausteine in Millisekunden«
Forschungsprojekt C3 – Carbon Concrete Composite
Forschungsprojekt iNAPO – Nanosensoren für Medizin- und Umwelttechnologien
Forschungsprojekt zur computergestützten HIV-Bestimmung
Forschungsstelle RobotRecht
Forschungsverbund »Verlust der Nacht«
Forschungszentrum für Regenerative Therapien
Forschungszentrum Jülich GmbH
Forschungszentrum Karlsruhe GmbH – Institut für Meteorologie und Klimaforschung
Forschungszentrum Karlsruhe in der Helmholtz-Gemeinschaft
Forschungszentrum TERRAMARE
Forstwissenschaften der TU Dresden
Fortschrittszentrum
Forum – Young Migrant Talents
Forum Die Grüne Stadt
Forum Tiberius
forward2business
fos4X – Faseroptische Sensorik für Windkraftanlagen
Fotomarathon Berlin
FOVEA – Fotooptische Vermessungs-App
Frag doch mal … Hier bei uns
fraLine – IT-Schul-Service
Franckesche Stiftungen zu Halle
Frankfurt teilt (:) World Sharety Project
Frankfurter Goethe-Haus / Freies Deutsches Hochstift
FraudScan
Frauenkirche Dresden
Fraunhofer CSP
Fraunhofer IIS
Fraunhofer ILT
Fraunhofer inHaus-Innovationszentrum für Smart-Buildings
Fraunhofer Institut für Bauphysik
Fraunhofer ISE
Fraunhofer IZB
Fraunhofer-Computertomographie von Nano bis XXL
Fraunhofer-Gesellschaft Institutszentrum Stuttgart – Technologie-Entwicklungsgruppe
Fraunhofer-Innovation »Schwarm-

intelligenz für die Logistik«
Fraunhofer-Institut für Graphische Datenverarbeitung
Fraunhofer-Produktionsanlage für menschliche Haut
Fraunhofer-Projekt »CFK-Rad mit integriertem Elektromotor«
Fraunhofer-Projekt »Kindermedien – Forschung für die Zukunft«
Fraunhofer-Projekt »Maßgeschneiderte Lichtpulse«
Fraunhofer-Projekt »Optische Systeme mit Facettenaugentechnik«
Fraunhofer-Simulationsprogramm »VAALIDATE«
freecamper – Bootsurlaub im eigenen Wohnwagen
Freie Energien nutzen
Freie Software fördern
Freispiel 2010
Freiwilligenakademie
Freiwilliges Soziales Jahr Politik
Fresh N Friends
Freude am Leben
Freudenberg & Co.
Freunde des Richard-Haizmann-Museums
Freuynde + Gaesdte-Theater an ungewöhnlichen Orten
friedens räume
Friedensinstallation
Friedrich C. Luft Clinical-Scientist-Pilotprogramm an der Charité
Friendsurance – Peer-to-peer-Versicherungen
Frische-Index – Haltbarkeitsanzeiger für Lebensmittel
FRISCHEMARKT BAD SCHLEMA
Frischluft-Farbe
Frogster Interactive Pictures AG
Frühchenprojekt
Frühjahrsschule
füenf GbR
Funktionelle Kernspintomographie
Funktionelle Oberflächenmodifikation der JLU Gießen
Funpreneur-Wettbwerb
Fußball ohne Abseits
Fußballgolf
Future City Langenfeld
Future Store der METRO Group in Rheinberg
Future Work Lab – Innovationslabor für Arbeit, Mensch und Technik
FutureCare – Vernetzung im Gesundheitswesen
futureSAX
Game, Set and Match for Children
Gamecity Port
GameParents
GAMES@LEARNTEC
Gameslab
Garten der Schmetterlinge
Gärten der Welt
Gartenbühne – Bühnengärten im Schloss Wendlinghausen
Gärtnerei – Essbare Landschaften GmbH
Gärtnerplatzbrücke
GEAR – Mit Gendaten Antibiotikaresistenzen vorhersagen
Gedächtnisbuch KZ Dachau
Gedankenflieger – Philosophieren mit Kindern
Gedenken für die Zukunft
Gedenkkonzert
Gedruckte Elektronik
Gegen rechts! Regionalzentrum für demokratische Kultur Westmecklenburg
Geisternacht im Irrgarten
Gelebte Toleranz: Haus der Religionen
Gemeinde der Stifter
Gemeinde Seehausen am Staffelsee
Gemeindewerke Rednitzhembach GmbH
Gemeinsam gehen und zueinander stehen
Gemeinsam neue Wege gehen – Wohnquartier nach Bürgerwillen
Gemeinsam rollt's
Gemeinschaftsinitiative EQUAL
GemüseAckerdemie
Generation Research Program Bad Tölz
Generationengarten
Generationenpark Gempt
Genesis
Genesungsbegleiter Klinikum Bremerhaven Reinkenheide
Gengenbacher Adventskalender e.V.
Genossenschaft »Regional versorgt«
Genossenschaft der Werkstätten für behinderte Menschen Hessen und Thüringen
Genossenschaftlich organisierter Online-Marktplatz Fairmondo
Gensynthese
Genzentrum der Ludwig-Maximilians-Universität München
Geo-Zentrum an der Kontinentalen Tiefbohrung
Geohumus International
geoJETTING
Geoplex Solardachkataster
Georg-August-Universität Göttingen, Sternwarte
Georg-Eckert-Institut für internationale Schulbuchforschung
Geothermische Technologieentwicklung am GFZ in Potsdam
Gerhart-Hauptmann-Haus
Germanisches Nationalmuseum
Gesellschaft für Biochemie und Molekularbiologie
Gesellschaft für Schwerionenforschung
Gesellschaft macht Schule – Bildungsförderung an Münchener Brennpunktschulen
Gesellschaftliche Standortinitiative
Gesine-Netzwerk gegen häusliche Gewalt
Gestensteuerung Kinemic
gestigon – Software für berührungslose Computersteuerung
Gesundheitsförderung »gesunde und glückliche Kinder«
Gesundheitsinitiative »Deutschland bewegt sich!«
Gesundheitszentrum St. Pauli
Get together der Generationen
Gevelsberger Ausbildungspakt
Gewaltpräventionsprojekt »Seniorpartner in School«
Gewandhaus zu Leipzig
Gewässerentwicklungsprojekt »Weser. Werre. Else«
GI@School – Geoinformatik in der Schule
Ginseng-Farm
GLÄSERNE MOLKEREI Münchehofe
Glashütte Valentin Eisch GmbH
Glaslamination von Glas Teich
Global Transmission Services
GlobalMatch – Suchportal für internationale Projektpartner
Glovico – Die Online-Fairtrade-Sprachschule
Go Green
Go Special
GO-live!
GoFORSYS
Going Green – Lernprojekt für mehr Nachhaltigkeit
Goldener Prometheus
Golf und Natur – DGV Umweltprogramm
GOSSI
GPS-Weidemanagementsystem
Graduiertenschule für die Künste und die Wissenschaften an der Universität der Künste Berlin
Graefewirtschaft – Arbeitsplätze für Migranten
Grandhotel Cosmopolis
Granny Aupair – jetzt oder nie
Graslöwe – Umweltbildung für Kinder
Green Chemistry Belt von BioCampus Straubing
Green Gate Gatersleben
Green Shape Core Collection – nachhaltige Outdoor-Bekleidung
Green-IT am Fraunhofer-Institutszentrum Schloss Birlinghoven
Green+ Hospitals
GREENPILOT
Gregor Seyffert Compagnie Dessau / Anhaltisches Theater
Greifswalder 3-Phasen-Modell
Grid Computing
Grönland-Tour
Große Hilfe für kleine Helden
Großkarlbacher Lange Nacht des Jazz
Großlagerprüfstand Astraios
GROW
Gründerflirt – Erfolgreich gründen im Team
GründerWerkstatt
Grundwortschatz
Grüne Schule
Grüne Werkstatt Wendland
Grüner Aal – Umweltmanagement für Schulen
Grüner Bahnhof Horrem
Grünes Band
Günter-Grass-Stiftung Bremen
Gute Geschäfte
Gutscheinbuch-App – Coupons der Zukunft
GWM Protektor
Gymnasial- und Stiftungsfonds
Gyrocopter
HABA Digitalwerkstatt – Bildungsangebote für Kinder
Hacker School – Bildungsangebot für Nachwuchsprogrammierer
Hacking Box – Hardware für digitale Experten von morgen
HAHN PURE – emissionsreduzierte Vitrinen
Hallenbad Nörten-Hardenberg
Halloren Schokoladenfabrik GmbH
HAMBURG WATER Cycle® in der Jenfelder Au
Hamburger retten den Spatzen
Handelsblatt-FRAX
Handyporto
Hängemattenhotel
Hannah-Arendt-Zentrum, Carl von Ossietzky Universität Oldenburg
HANNING & KAHL GmbH & Co KG
HANNOVER MESSE
HannoverGEN – Grüne Gentechnik in Schullaboren
Hansekooperation Lübeck
HanseMerkur Preis für Kinderschutz
Hansgrohe Aquademie
Harlekinäum
Hartz-IV-Orchester
Hasso-Plattner-Institut
Hasso-Plattner-Institut für Softwaresystemtechnik GmbH
Haus 44
Haus der Berufsvorbereitung
Haus der kleinen Forscher
Haus der Wissenschaft
Haus der Zukunft
Haus des Lebenslangen Lernens
Havenwelten Bremerhaven
Hazienda Arche Noah
Healthcare IT for Africa
Hegel-Haus Stuttgart
Heidelberger Akademie der Wissenschaften
Heidelberger Dialog 2010
Heidelberger Ionenstrahl-Therapiezentrum
Heidelberger Life-Science Lab
HeidelSat
Heilbronn-Franken – Region der Weltmarktführer
Heim(at)arbeit
Heimat- und Verkehrsverein Bellersen e.V.
Heimkehrerbörse Erzgebirge
Heinz Nixdorf MuseumsForum
Heinz Sielmann Natur-Erlebniszentrum
Heizfolie aelectra
Heiztechnologie cera2heat
Helden gesucht
Helden untersützen
Helfende Hände
Helfer auf vier Pfoten
Helfern helfen: Humanitarian Logistics Organisation
Helgoländer Kinder
HelioVital
Henkel Forscherwelt
Hepa Wash Leberdialyse
Herausforderung Unternehmertum
Herbstlabyrinth – Schauhöhle mit LED-Beleuchtung
Herrmannsdorfer Landwerkstätten
Herstellung technischer Keramik aus Wood-Polymer-Composites
Herstellung von Silizium
Herz- und Diabeteszentrum NRW
HerzEffekt MV – digitale Patientenversorgung
Herzenlust BuT
Herzog August Bibliothek Wolfenbüttel
Hessische Stiftung Friedens- und Konfliktforschung
Hessisches Ministerium des Innern und für Sport
Heyfair – Hygiene neu gedacht
High Tech fürs Herz
Highsea
Hightec-Underground
Hightech-Composite-Flugzeugtüren von Eurocopter
HighTech-Labor der Natur
Hildesheimer Olympiacamp
Hilfe für Inzestkinder
Hilfsfonds Rest Cent
Hilfsprojekt »Feuerkinder«
Himmelgeister Kastanie
Hinter der Mauer
Hip Hop Academy Hamburg
History Trekking
HJS Fahrzeugtechnik GmbH & Co. KG
HOBOS
Hochbegabtenprogramm »Offene Ohren für schlaue Köpfe«
Hochdruckelektrolyseure – Grünen Strom effizient speichern
Hochschule 21
Hochschule der Sparkassen-Finanzgruppe
Hochschule für Fernsehen und Film München
Hochschule für Musik und Theater »Felix Mendelssohn Bartholdy« Leipzig
Hochschule Niederrhein, Fachbereich Textil- und Bekleidungstechnik, Ambiente-Fashion GmbH
Hochschulplattform iversity
Hochschulstadtteil Lübeck
Höchstleistungsrechenzentrum Stuttgart
Hochwasserkarte Dresden
HOERBIGER Antriebstechnik
Hofer Symphoniker
Hofgut Himmelreich
Hohensteiner Institute
HOLY WOOD – 10 000 Bäume für Berlin
Hoppetosse
Hören! – Studienaufgabe Großevent
Höroper für Blinde

Hörspielbahnhof
Hörspielkirche Federow
HörTech gGmbH – Kompetenzzentrum für Hörgeräte-Systemtechnik
Hörtest per Telefon
Hörturm Perleberg
Hörwanderung – Mit dem iPod durch die Eifel
HOTEL SUBBOTNIK
Hotel-Restaurant Anne-Sophie
Hotel?Wilhelmsburg – Lehrstück Stadtentwicklung
Hotspot Fehmarn
House of Finance
HPI School of Design Thinking
Hubertusburger Friedensgespräche
Hühnerwasser
hülsta-werke
Humboldt Spin-off Education Corner
Humboldt-Universität zu Berlin
HY-Blade
Hybrid Plattform – Projektlabor für Forschungskooperationen
Hybrider Metall-3-D-Druck
Hybridfahrrad
Hydraulischer Hybridantrieb
Hygienemanagement-App Flowtify
HygNova Medical – Intelligenter Infektionsschutz für Krankenhäuser
i/i/d Institut für Integriertes Design
i3-Life Sciences Cluster Nordwest – Netzwerk für Medizininnovationen
ibidi – Analyse lebender Zellen
IBM Deutschland Entwicklung GmbH
ic! berlin brillen
Ich werde es sagen …
ICIDO
IdeaLab!
Ideen- und Patent-Mining der Universität Münster
Ideen-Trimmpfad von Bayer 04 Leverkusen
IdeenExpo – Technik-Erlebnis-Event
Ideenlabor Nexthamburg
Ideenmanagement
IdeenReich – Deutschlands erster Kulturzoo
Ideenwerkstatt Dorfzukunft in Flegessen, Hasperde und Klein Süntel
Ideenzug – Zukunftskonzepte für den Regionalverkehr
IDEMA
IDfactory – Zentrum für Kunsttransfer
iDoc-Test Schlafapnoe
IFA
IFA-Technologies – Leichtbau Autositz
Iglu-Dorf
IKU.NET – Netzwerk Interkultureller Unternehmerinnen
ILEWS – Erdrutsch-Warnsystem
Imaginary
Imago1:1 – Ganzkörper-Selbstportrait-Kamera
imcube Media
Impact Week – Workshop für Ideengeber in Entwicklungsländern
Implandata – Telemetrische Augeninnendruckmessung
Implantate von Morgen
Impuls Arena – CO2-neutrales Fußballstadion
InBA Kiel
Indivumed GmbH
Indoor- und Outdoor- Navigation
Industrie 4.0 – Kompetenzzentrum für intelligente Automation
Industrie 4.0 – Mehr Produktivität durch Vernetzung
Industrie- und Filmmuseum Wolfen
Industriearbeitskreis Wissensmanagement in der Praxis
Industrielle Biotechnologie Nord
Industriepark Höchst in Frankfurt am Main
Inferno-Ost
Infiltration
Informatikgala Zukunftsmusik
Informations- und Qualifizierungsoffensive IQO – Energiecoaches für den Klimaschutz
Informations-, Kommunikations- und Medienzentrum der TU Cottbus
Ingenieure ohne Grenzen – Zisternen für Tansania
INI-GraphicsNet
Initiative »Anonyme Insolvenzler«
Initiative »Goslarer Zivilcourage-kampagne«
Initiative »Jugend stiftet!«
Initiative »Kinder musizieren mit Justus Frantz«
Initiative »Klimaschutz im Sport«
Initiative »KraKiaN – Kranke Kinder ans Netz«
Initiative »Neue Nachbarn Arnsberg«
Initiative »Radio hilft! Gegen Gewalt im Netz«
Initiative »Tune it! Safe!«– Für mehr Sicherheit beim Autotuning
Initiative »Wirtschaftsnahe Verwaltung« – OstWestfalenLippe Marketing GmbH
Initiative 500
Initiative Bayerischer Untermain – Zentec GmbH
Initiative Dörfer im Aufbruch
Initiative Handwerk Berlin-Brandenburg
Initiative NaT
Initiative Plau-kocht.de
Initiative Tandem
Inklusives Textilunternehmen wasni: wenn anders sein normal ist
Inklusives Wohnprojekt VAUBA-Naise
Inmouldcoating
innatura – Online-Plattform für fabrikneue Sachspenden
innoFSPEC – Glasfasern als Messinstrumente
InnoJoin – Verlöten mit reaktiven Nanofolien
InnovationCity Ruhr – Modellstadt Bottrop
Innovationen und Meer
Innovations- und Gründerzentrum Biotechnologie
Innovations-Inkubator Lüneburg
INNOVATIONSFABRIK
Innovationsort Bibliothek
Innovationszentrum (InnoZ): Living Lab für vernetzte Energie und Mobilität
Innovationszentrum für Energiesanierung und Denkmalpflege Benediktbeuern
Innovationszentrum Schornsteinfegerhandwerk
Innovationszentrum Wiesenbusch Gladbeck
Innovative Assistenz für Menschen mit Demenz
Innovative Brenner für Glas
Innovative Isotopentechnik
Innovative Retail Laboratory
Innovative Visualisierungsverfahren in der 3D-Geologie
Innovatives Bildgebungsverfahren zur Sichtbarmachung von Stammzellen im Gehirn
Innovatives Energiekonzept
Innovatives Recycling
Insektenmodelle
Instit. of Materials and Processes
Institut für angewandtes Stoffstrommanagement aus Rheinland-Pfalz
Institut für Arbeitsphysiologie an der Universität Dortmund
Institut für Deutsche Sprache
Institut für Existenzgründung und Mittelstandsförderung der FH Brandenburg
Institut für Friedenspädagogik
Institut für Kultur- und Medienmanagement der Freien Universität Berlin
Institut für Kunst- und Designtherapie
Institut für Lasertechnologien in der Medizin und Messtechnik an der Universität Ulm
Institut für Materialien und Katalyse der Universität Ulm
Institut für Mikro- und Informationstechnik der Hahn-Schickard-Gesellschaft e.V.
Institut für Mikrotechnik Mainz GmbH
Institut für Planetenforschung des Deutschen Zentrums für Luft- und Raumfahrt (DLR)
Institut für Polymerforschung, GKSS Forschungszentrum Geesthacht GmbH
Institut für Sexualwissenschaft und Sexualmedizin – Universitätsklinikum Charité Berlin
Institut für Social Marketing
Institut für Sozialforschung, Frankfurt am Main
Institut für Textil- und Verfahrenstechnik Denkendorf
Institute of Culinary Art – Netzwerk und Academy
INTAKT – interaktive Mikroimplantate
Integration elektrischer Radnabenmotoren durch Brabus
Integrationsdienstleister Social-Bee
Integrationsinitiative »Saarwirtschaft hilft Flüchtlingen«
Integrationskurse für Mütter
Integrationsprogramm »Einfach Fußball«
Integrationsprojekt »Junges Theater im Delta«
Integrationsprojekt »Migranten werden Unternehmer«
Integrativer Ort BauDENKMAL!
Integratives Kunstfestival »Ohne Wenn und Aber«
Integratives Reitturnier
intelligent fluids®-Technologie
Intelligente Armaturen für die verfahrenstechnische Industrie von Samson
Intelligente Aufzüge
Intelligente Augen für Autos
Intelligente Logistiksysteme
Intelligente Prothesen für mehr Bewegungsfreiheit
Intelligente Straßenbeleuchtung »Bewegtes Licht«
Intelligenter Baukasten robodev
Intelligenter Operationssaal
Intelligenter Parkplatz-Sensor ParkHere
Intelligentes Auto
Intelligentes Glas
INTERACTA – Förderung internationaler Akademikerinnen
Interaktiver Therapieball ichó
Interdisziplinäres Forum Neurourbanistik für psychische Gesundheit in der Stadt
Interkom – Interkommunales Krisenmanagement
Interkultureller Bildungs- und Förderverein für Schüler und Studenten
Interkultureller Schulhof Köln-Kalk
Interkulturelles Frauenwirtschaftszentrum Lerche 28
International Health
Internationale Bauausstellung Fürst-Pückler-Land GmbH
Internationale Fachkräftekampagne im ländlichen Raum
Internationale Filmfestspiele Berlin
Internationale Jugendbibliothek München
Internationale Kurzfilmtage Oberhausen
Internationale Musikschulakademie Schloss Kapfenburg
Internationale Sommerakademie für Musik
Internationale Sommeruniversität
Internationaler Studiengang Bionik
Internationales Begegnungs- und Forschungszentrum für Informatik, Schloss Dagstuhl
Internationales Hochschulinstitut Zittau
Internationales JugendKunst- und Kulturhaus »Schlesische27«
Internationales Künstlerhaus
Internationales StreetArt Festival Wilhelmshaven
InterNations
Internatsgymnasium Schloss Torgelow
Internet Verschenkmarkt
Internet-Bildungsplattform openHPI
Internetplattform fürs Wohnen im Alter – nummer50.de
Internetplattform Marktschwärmer für regionale Lebensmittel
Internetportal »Berlin für Blinde«
Internetportal »die-alleinerziehenden«
Internetportal »Rollstuhlwandern in Baden-Württemberg«
InVentus
ioxp Augmented-Reality-Assistenzsystem
Iphigenie auf Praxis – Jugendbildung für Flüchtlinge und Pfadfinder
IPHT – Chipbasiertes Nachweisverfahren von Mikroorganismen
IPHT Projekt »Plattenspieler für die DNA«
IRDC – Trainings-OP für neue Technologien
Irsching4
Isergebirgs-Museum Neugablonz
IT Fitness Camp
IT im Gesundheitswesen
IT-Bündnis für Fachkräfte
IT-Circus
IT-Messe »Cloudzone«
IT-Schulungen für Menschen in Handwerksberufen
IT-Speicher
It's OWL – Netzwerk für Hightech aus Ostwestfalen-Lippe
ITCF – Hochleistungsfasern für die Zukunft
Jacobs University Bremen
Jahr der Jugend 2011 in Magdeburg
JAM – Jugendarbeit im ländlichen Raum Bambergs
Jänschwalde – Naturnahe Begrünung von Tagebauflächen
Jeanette Schocken Preis – Bremerhavener Bürgerpreis für Literaturrömer
Jedem Kind ein Instrument
Jena leuchtet
Jenaer Willkommensservice
JenaValve Technology – Kathetergesteuerte Herzklappen-Technologie
JeT – Jugend entdeckt Technik
Jewish Cantorial Arts
job-tower-munich
job40plus – Jobmesse für Fach- und Führungskräfte mit Erfahrung
JobCoach Möglingen
JOBLINGE – Unterstützung von

Innovation in Gesellschaft und Standort: Wege zu Neuem im Land der Ideen

Michael Hüther

1. INNOVATION ALS PROVOKATION

»Über Innovationen wird derzeit so viel geschrieben, dass derjenige, der sich abermals an diesem Thema versucht, nur in Ausnahmefällen als innovativ gelten kann.« Dieses Zitat aus einem jüngeren Buch zu Innovationen beschreibt das Dilemma, in dem sich jeder wiederfindet, der zu diesem Thema Neues beisteuern will. Dieser Herausforderung entspricht man am besten, wenn man sich jenseits der Theorie auf breite empirische Befunde berufen kann. Die Kampagne »Deutschland – Land der Ideen«, die im Jahr der Fußball-Weltmeisterschaft 2006 gestartet wurde, um aus der Tiefe und Breite unseres gesellschaftlichen Lebens neue Ideen – und damit nutzbare, wertschaffende Innovationen – zu motivieren und in Wettbewerben auszuzeichnen, bietet dafür einen unerschöpflichen Fundus.

Einige grundsätzliche Anmerkungen sind mit Blick auf die Vielzahl und Vielfalt der gewonnenen Ideen an den Beginn zu stellen. So absurd es klingen mag, doch immer wieder zeigte sich auch in den Wettbewerben, dass der Rückgriff auf Bekanntes, durchaus Altbewährtes auch ein Weg zur Neuerung sein kann. Geschichte und Innovation eint ein konstitutives Charakteristikum:

Beide sind Provokationen des Zeitgeistes, des hier und jetzt Anerkannten. Der Griff in das Archiv führt über eine neue Perspektive zu einer anderen Bewertung bestehender Lösungen, die Innovation generiert neue Lösungen und Möglichkeiten. Jeweils beginnen Prozesse, die zur Realisierung bislang unbekannter Ziele, zu neuen Möglichkeiten oder zu einer höheren Effizienz führen. Es geht um technische, soziale, kulturelle oder wirtschaftliche Neuerungen, es handelt sich dabei ebenso um radikale wie schrittweise erfolgende Innovationen. Innovationen aus Geschichte und Geschichten reflektieren in besonderer Weise reale Bezugspunkte.

Die Umsetzung neuer Ideen oder Lösungen ist nämlich weder voraussetzungslos noch kontextunabhängig. Der Kontext, in dem eine neue Erkenntnis oder eine neue Handlungsmöglichkeit Wirkung entfaltet, ergibt sich nicht allein aus deren jeweils innerer Entwicklungslogik, aus einem tatsächlichen oder vermeintlichen Fortschritt des Denkens, sondern erst durch die Rezeptionsfähigkeit der Akteure und den Resonanzboden der Gesellschaft. Innovationen müssen nicht mit der naiven Annahme geradliniger Entwicklung einhergehen und können Ungleichzeitigkeiten zulassen, wenn nicht sogar bedingen. Innovation muss sich damit zweifach beweisen: einerseits im Rückblick auf Einsichten und Erkenntnisse der Vergangenheit, wenn sie nicht nur aus Vergessen legitimiert und damit durch Effizienzmangel gekennzeichnet sein soll, und andererseits durch Wahrnehmung im Licht der Gegenwart, soll sie nicht im Museum der nie umgesetzten Innovationen landen.

Innovation ist gleichermaßen einfach wie kompliziert. Der Findungsakt guter Ideen ist die notwendige Voraussetzung für Innovationen; das Umsetzungsumfeld aber macht erst aus der Idee die wirksame Neuerung. Auch die derzeit vorherrschende Definition von Innovation betont als konstitutiv die Umsetzung von Erfindungen in marktfähige Produkte beziehungsweise reale Prozesse. Gesellschaftliche Orientierungen, Einstellungen, Haltungen, Traditionen und Routinen bestimmen ebenso wie der Bestand an Humankapital nicht nur das Potenzial für neue Ideen, sondern ebenso den Rahmen für deren Umsetzung. In den Wettbewerben seit dem Jahr 2006 (»365 Orte im Land der Ideen«) findet man entsprechend in den Schwerpunkten der Ideen auch die gesellschaftlichen Bedürfnisse und Diskurse gespiegelt. So wurde nach 2010 auf das Klima immer facettenreicher eingegangen, indem Algen oder begrünte Fassaden der Bezugspunkt vieler Innovationen wurden; ab dem Jahr 2016 traten die Themen Virtuelle Realität, KI und Robotik nach vorn. In den Wettbewerben seit 2013 (»100 Orte«) reflektierte das jeweilig vorgegebene Jahresmotto gesellschaftlich bedeutsame Strömungen: die Stadt als Lebensraum, das Land, die digitale Welt, Nachbarschaft, Offenheit und Zusammenhalt.

Es gibt hinreichend Geschichten darüber, wie und vor allem wo innovative Geschäftsideen entstanden sind. Die Orte der Inspiration sind vielgestaltig: Garagen, Badewannen, Hinterhöfe, Waldwege, Flugzeuge und andere mehr. Besonders radikale Innovationen nahmen an extremen oder seltsamen Orten ihren Ausgang, was die Begrenztheit systematischer Innovationsstrategien deutlich macht. Denn oft sind es die schwachen, beiläufigen, unsystematischen Verbindungen zwischen Personen und Institutionen, die zu einer neuen Idee führen. Ähnlich bunt sind auch die »Orte im Land der Ideen« bei insgesamt 3166 Prämierungen, wenngleich es dabei oft weniger Spektakuläres gab als Steve Jobs' Garage.

Dies führt zum weiteren Hinweis, dass die Entstehung wie auch die Umsetzung von Innovationen in besonderer Weise mit Kommunikation verbunden sind. So wie sich die Transformation von Informationen in Wissen durch Kommunikation – breit verstanden als die Auseinandersetzung mit einer Information (Bewertung,

Prof. Dr. Michael Hüther ist der Direktor des Instituts der deutschen Wirtschaft und war viele Jahre lang Juryvorsitzender des bundesweiten Innovationswettbewerbs »Ausgezeichnete Orte im Land der Ideen«, der von der Initiative »Deutschland – Land der Ideen« und der Deutschen Bank ausgerichtet wurde.

Auswertung, Verwendung) – vollzieht, so gilt dies auch für Neuerungen, die auf interaktiven Prozessen beruhen. Die Kommunikation ist ein Treiber des Innovationspotenzials einer Gesellschaft, in dem sie die kreative Konfrontation ermöglicht. Zugleich mobilisiert die Kommunikation den Kontext, der für die Wahrnehmung, Umsetzung und Nutzung einer neuen Idee bedeutsam ist. Die Standortinitiative »Deutschland – Land der Ideen« bot und bietet dies als Referenz und als Diskursraum, sie bot Anregung durch den Wettbewerb.

Ihre besondere Bedeutung und Wirksamkeit: die Kampagne als Plattform unter den Bedingungen moderner Informationsökonomie, in der Informationen zeitnah und global – ohne Rivalität in der Nutzung – verfügbar sind. Niemand kann sich mehr darauf berufen, Informationen nicht zu haben; die Informationsholschuld dominiert die Informationsbringschuld. Infolgedessen geraten die den Entscheidungen und Handlungen zugrunde liegenden Überlegungen und Daten stärker als je zuvor unter den Druck der relativen Neubewertung. »Land der Ideen« hat diese Transparenz themen- und kampagnenbezogen hergestellt sowie dafür ein Bewusstsein geschaffen.

2. INNOVATION UND GLOBALER STANDORTWETTBEWERB

Die volkswirtschaftliche Bedeutung von Innovationen ist unbestritten. Die Globalisierung des Standortwettbewerbs vor allem nach 1990 hatte indes die Notwendigkeit, das volkswirtschaftliche Innovationspotenzial zu stärken und zu mobilisieren, auf eine qualitativ neue Stufe gestellt. Antriebskraft des globalisierten Standortwettbewerbs sind die veränderten Bedingungen unternehmerischen Handelns. Dazu gehört die Möglichkeit, weltweit leichter zu agieren und auf neue Optionen zu stoßen, sowie die Notwendigkeit, diese Optionen infolge gestiegener Wettbewerbsintensität und beschleunigten Innovationstempos zu berücksichtigen.

Der volkswirtschaftliche Strukturwandel, dessen Geschwindigkeit und Intensität die Einkommens- und Beschäftigungsentwicklung bestimmen, wird letztlich durch das Potenzial und die Neigung zur Existenzgründung getrieben. Es geht darum, die potenziell vorhandene individuelle Wagnisbereitschaft und die durch neue Ideen eröffneten Möglichkeitsräume für die Gesellschaft als Ganzes wirksam werden zu lassen. Das erfordert Ideen, unternehmerisches Selbstvertrauen und – oft übersehen – ein entsprechendes gesellschaftliches Umfeld, das dieses Handeln trägt, bindet und mobilisiert. Innovation bedarf eines auf gesellschaftlicher Ebene wirksamen Vertrauens, das die immer vorhandene Angst vor Veränderung dominiert. Auch dafür hat die Initiative »Deutschland – Land der Ideen« erfolgreich geworben, die Suche nach Ideen als gesellschaftlich gewünschtes Bemühen etabliert und durch die sichtbaren Erfolge Zutrauen geschaffen.

Das ist deshalb so bedeutsam, weil die offene Gesellschaft und ihre Marktwirtschaft für viele Menschen schon im Grundsatz eine Zumutung sind, denn sie garantieren, dass ständig vieles anders wird. Die Bedrohung des Tradierten – in der Diktion von Schumpeter die »schöpferische Zerstörung« – verursacht dann eine Anti-Haltung zu jenem Prozess der Innovation, den man zu Recht als Ursache für diese wahrgenommene Bedrohung ansieht. Die Innovation als Provokation des Bestehenden ist der Antrieb unserer freiheitlichen Gesellschafts- und Wirtschaftsordnung. Doch die Ablehnung konzentriert sich darauf, während die zumeist technische Innovation als Helfer im Alltag gewürdigt

»Die Innovation als Provokation des Bestehenden ist der Antrieb unserer freiheitlichen Gesellschafts- und Wirtschaftsordnung.

wird. Menschen verlangen mehr nach Sicherheit und Stabilität als nach Änderung und Umbau.

Dies alles hatte zu einem nicht geringen Maß auch damit zu tun, dass sich das Verständnis der offenen Gesellschaft und ihrer marktwirtschaftlichen Ordnung in der breiteren Öffentlichkeit auf die rein quantitative Veränderung wirtschaftlicher Kenngrößen bezieht. Deshalb ist es so bedeutsam, die Perspektive neuer Ideen und Innovationen auf den Fortschritt in der Gesellschaft zu festigen. Das verlangt, Ideen in ihrem lebenspraktischen Bezug – in der Familie, für Bildung und Wissenschaft, Gesundheit, Sport, Arbeitswelt, Nachbarschaft, Stadt und Land als Lebensraum, gesellschaftlicher Zusammenhalt – auszuzeichnen, wie es mit der Anforderung praktischer Umsetzbarkeit im Wettbewerb »Ausgezeichnete Orte im Land der Ideen« konsequent der Fall war.

Marktwirtschaft und Demokratie entspringen beide der Grundsatzentscheidung für Entscheidungsfreiheit und Kompetenz des Individuums. Damit setzen diese offenen Systeme auf Innovation und Veränderung. Jeweils sind Korrekturmechanismen konstitutiv, um eine Überforderung der Systeme durch den Einzelnen zu verhindern. Die Marktwirtschaft setzt auf individuelle Verantwortung und Haftung, die Demokratie auf Regeln zeitlich begrenzten Machtzuspruchs unter Wettbewerbsdruck. Die Schwierigkeiten, die unsere Gesellschaft im globalisierten Standortwettbewerb erlebt, haben auch mit der Frage zu tun, ob diese normalen Korrekturmechanismen unsere offenen Systeme wirksam prägen. In diesem Sinne setzt Offenheit das Vertrauen in die Nachhaltigkeit politischer, gesellschaftlicher und wirtschaftlicher Prozesse voraus.

3. OFFENHEIT UND VERTRAUEN

Innovationsbereitschaft und Innovationsoffenheit sind als Haltung gefragt. Dafür können Politik und Gesellschaft wichtige Voraussetzungen schaffen. Zentral ist erstens ein tragfähiges Verständnis von Bildung, das sich nicht in der Vermittlung instrumentellen Wissens erschöpft. »Bildung ist kein Arsenal, Bildung ist ein Horizont«, so der Philosoph Hans Blumenberg. Dieses Verständnis wirbt für generelle Offenheit, sich auf unergründetes Terrain zu begeben, fragt also eher nach Mut als nach Zaudern, versteht individuelle Bildung als Vermittlung von Kompetenz und Haltung sowie Sozialisation. So verbindet sich das »Land der Ideen« mit der »Bildungsrepublik«. Oder anders gewendet: Der Wettbewerb »Ausgezeichnete Orte im Land der Ideen« erweist sich als Teil einer der Zukunft zugewandten Bildungskonzeption im weitesten gesellschaftlichen Kontext. Hier liegt eine Möglichkeit, Vertrauen zu schaffen, indem die Partizipationschance für den Einzelnen glaubwürdig wird.

Zweitens geht es darum, Politik, Gesellschaft und Wirtschaft als Lernräume zu verstehen, als dynamische Systeme der schrittweisen Veränderung. Wichtig dafür ist, dass die Bedingungen ihres Funktionierens in den Mittelpunkt gerückt werden: Verlässliche Regeln schaffen Entlastung im Alltag und liefern den Anker für die Verarbeitung von Neuem. Neben dem Reflex auf aktuelle Bedürfnisse in diesen Systemen spiegeln neue Ideen und darauf gründende Innovationen durch Regelgerechtigkeit die Legitimation der Systeme: Im Fall unserer Wirtschaftsordnung ist es die Bindung der Wahlfreiheit an die Haftung, in der Gesellschaft geht es um das zivile Aushandeln von Spannungen zwischen dem individuellen Identitätsbedarf und der kollektiven Diversität. In der Politik sind die abstrakten Bürgerrechte lebenspraktisch zu ermöglichen. Zu diesem Geflecht der Bauelemente unserer sozialen Ordnung gehört eine Kultur subsidiärer Solidarität und der zweiten Chance. Dort, wo diese Angebote – durch Sozialversicherung und Sozialpolitik, durch faire Wettbewerbsregeln und kluge Insolvenzregeln – gegeben sind, entsteht mehr Raum für Innovation als Haltung.

Die Beispiele, die sich seit dem Jahr 2006 in so großer Zahl – 3166 Ausgezeichnete Orte – und so vielfältig über die Wettbewerbe ergeben haben, sind nicht nur jedes für sich eindrucksvoll, sondern bieten auch einen Einblick in die gesellschaftliche Bedarfslage und erweisen sich als lehrreich wegen der wiederkehrenden Erkenntnisse über den Weg von Ideen über Innovationen zu Problemlösungen. Die Themenbreite ist eindrucksvoll: Roboter zur Planetenerkundung, Iglu-Hotel, Windel-Upcycling, ein von Rechnerabwärme beheiztes Hochhaus, Fensterglas, das auf Wärme reagiert, ein Ortungssystem für Weidekühe, Hüftknochen aus dem 3-D-Drucker, Lieblingslieder gegen Tinnitus, kompostierbare Elektronik, ein Büro mit integrierter Kita – der Fantasie waren im Wettbewerb keine Grenzen gesetzt.

Betrachtet man die Themenfelder in der Häufigkeit, in der sie für neue Ideen inspirierend waren, dann stehen Bildung und Kinder ganz vorn, fast ein Drittel aller prämierten Ideen entfallen darauf. Der Themenbereich Wirtschaft, Energie und Klima folgt mit knapp dreißig Prozent, der Komplex Lebensraum – erfasst durch die Themen Stadt, ländlicher Raum und Mobilität – erreicht ein Fünftel aller Ideen, die Kultur nahezu zwölf Prozent. Mit diesen großen thematischen Linien wird das Thema Innovation aus einer gewöhnlichen thematischen Engführung als technisch-wissenschaftliches Phänomen in die Breite der Lebensbedingungen gestellt. Erkennbar wird aber auch, dass die Suche nach Ideen über die damit verbundenen Hoffnungen und Erwartungen zeitlich weit vorausgreift und die Gestaltung der Zukunft – im gewünschten Sinne – entwirft.

Absolut gesehen entfielen die meisten prämierten Ideen auf Nordrhein-Westfalen, bezogen auf die Anzahl der Einwohner lag aber Berlin vorn. Das passt zu den Befunden der jüngeren Zeit, dass aus der Hauptstadt auch ein dynamisches Zentrum in Mitteleuropa geworden ist. Das zeigt sich nicht nur am eindrucksvollen Bevölkerungswachstum – zwischen 2012 und 2017 ist die Stadt um rund 250000 Menschen gewachsen. Berlin ist auch nicht mehr nur geprägt durch viele Start-up-Unternehmen, sondern durch die Ausreifung früherer Gründungen. So beschäftigen die bereits etablierten Berliner Gründungen wie Zalando, HelloFresh oder Rocket Internet mittlerweile mehrere Tausend hochqualifizierte Spezialisten.

Das wiederum steht im Einklang mit der Attraktivität Berlins für Akademiker; seit 2009 ist die Anzahl der Studenten, die an den Universitäten der Hauptstadt eingeschrieben sind, um gut 50000 auf mehr als 190000 gestiegen. Schließlich hat eine Reihe großer Unternehmen Innovationszentren in der Hauptstadt angesiedelt – wie Klöckner, Lufthansa und Innogy – oder plant dies; so will beispielsweise Siemens 600 Millionen Euro in einen Innovationscampus investieren. Tatsächlich kann auf der Basis einer solchen Struktur überall in besonderer Weise mit neuen Ideen und Neuerungen gerechnet werden. Im Wettbewerb waren neben den Universitäten die großen Forschungsverbünde – Max Planck, Fraunhofer, Leibniz – und große Unternehmen unterschiedlicher Branchen in den vierzehn Wettbewerbsjahren der »Ausgezeichneten Orte im Land der Ideen« besonders stark vertreten.

Wendet man den Blick zu den Erfahrungen und Perspektiven der Wettbewerbsteilnehmer, dann zeigt sich die Schubwirkung einer Prämierung als einer von 365 beziehungsweise 100 »Ausgezeichneten Orten«. Für zwei Drittel war die Teilnahme etwas Besonderes, ein Drittel bestätigt einen Gewinn an Bekanntheit, neuen Inspirationen und erfahrenem Wissenstransfer. Gerade Jungunternehmen haben den Wettbewerb als motivierend und unterstützend erfahren. Der Wettbewerb hat dafür sensibilisiert, den eigenen Weg zum Erfolg als Lektion zu reflektieren. Entsprechende Rückmeldungen sind über den Einzelfall hinaus lehrreich:

- Man muss für die Sache brennen, aber es muss auch möglich sein, den Kurs der Umsetzung zu verändern. Nichts ist schlimmer, als in einer Sackgasse zu verdursten. Der Zusammenhalt und die Zusammenarbeit im Team sind unabdingbar, die gleiche Begeisterung muss alle prägen.

- Begeisterung kann Professionalität nicht ersetzen. Das erweist sich bei der Klärung der Ziele sowie bei der Planung der notwendigen finanziellen Mittel. Das Funding ist gerade in der Startphase zentral.

- Man darf nicht davon ausgehen, zu Beginn hinreichend die Größe der Aufgabe erfassen zu können. Das systematische Unterschätzen ermöglicht, besonders intensiv und schnell zu lernen, aber auch zu scheitern. Auch damit muss man umgehen können.

- Vertrauen in die Partner – intern wie extern. Gleichzeitig muss es gelingen, in allen Vertragsgestaltungen, auch mit den Partnern, flexibel zu bleiben. Wichtig ist deshalb ein großes Netz von beratenden und zugewandten Personen ohne eigene Interessen in der Angelegenheit.

- Den Kunden als Nutzer frühzeitig einbeziehen. »Living Labs« sind dafür förderliche Konstellationen, die systematisch Lösungen bieten. Dabei ist es wichtig, früh konkret zu werden. Darin liegen auch die stärksten Argumente für potenzielle Finanzierer.

- Fehler machen, früh erkennen und schnell umsteuern. Fehlerfreundlichkeit ist im Prozess der Ideenausformulierung und der Umsetzungsversuche wichtig, weil sie die Potenziale im Scheitern zu erkennen hilft.

Hauptschülern und arbeitslosen Jugendlichen
Joh. Heinr. Bornemann GmbH
Johanniter Kinder- und Jugendhaus München-Ramersdorf
John Lennon Talent Award
John-Cage-Orgel-Kunstprojekt Halberstadt
Jose Carreras Zentrum für Somatische Zelltherapie
Journeyman
Jugend debattiert
Jugend denkt Zukunft
Jugend der Welt
Jugend der Welt bei uns
Jugend für Europa begeistern
Jugend gründet
JUGEND HILFT! Wettbewerb für soziales Engagement für Kinder und Jugendliche
Jugend musiziert
Jugendaustausch mit Israel
Jugendbauhütten
Jugendforschungscamp der Bioenergie Region Jena-Saale-Holzland
Jugendhof Seehaus
Jugendhotel Halle
Jugendmagazin »queerblick«
JugendMedienEvent der Jungen Presse
Jugendmedientage
Jugendprojekt »komm auf Tour – meine Stärken, meine Zukunft«
JugendUnternimmt
Jühnde – Bioenergiedorf 2.0
Jung kauft Alt – kommunales Förderprogramm gegen Gebäudeleerstand
Junge Dichter und Denker
Junge Frauen für Technik begeistern bei Phoenix Contact
Junge Tonhalle Düsseldorf
Junge Tüftler – mobile Lernwerkstatt für digitale Bildung
Junges Theater Bonn
Jungs bewegen WAS!
JUNIOR – Schüler erleben Wirtschaft
Junior Team Europa in Sachsen
Juristisches Ausbildungszentrum REGINA
K-Punkt
Kabellose Energieübertragung
Kabelverlegetechnik für Schmaltrassen
Kaffeemuseum im Mindener Museum
KAHLA/Thüringen Porzellan GmbH
KAÏTO – Regenerative Energien für Afrika
Kalte Fernwärme Aurich
Kamelhof Rotfelden
Kampagne »1000 Mutige Männer für Mönchengladbach« – Vorsorge durch Darmspiegelung
Kampagne »Dein Tag für Afrika«
Kampagne »Fairtrade Towns in Deutschland«
Kampagne »Mein Naturpark!«
Känguru – mobiler Integrationsdienst
Kanolo® Klapp-Kanu
Kanupark Markkleeberg
Karis – Intelligentes Intralogistik-System
Karl Baedeker Verlag
Karl Storz Medical Information Report Online
Karlsruher Klangstrahlen
Karlsruher Stresstage
Karlsruher Verkehrsverbund
Karostar Musikhaus St. Pauli
Karriere Center für Luft- und Raumfahrt
Karriere-Stipendium Step up!
Karrierefibel »WILDWUCHS – Starke Jobs. Starke Typen.«
karuna-prevents
Kasper, der Umweltdetektiv
Kasseler Weihnachten
Katastrophenschutzprojekt Forecast-based Financing
Katjes Bonbon GmbH & Co. KG
KATRIN
KATWARN – das kommunale Warn- und Informationssystem
Kempodium e. V. – Allgäuer Zentrum für Eigenversorgung
Kernkompetenzzentrum Finanz- & Informationsmanagement
Kernspinresonanzverfahren unter Hochdruck
KGE Kommunalgrund GmbH – Denkfabrik
KICK
KICKFORMORE
Kids in Media and Motion
KidsKlinik
KidSwing Turnier
Kiezkaufhaus – Online-Shop für örtliche Händler und Hersteller
KIKUS – Sprachförderung für Kinder mit Migrationshintergrund
Kinder führen Kinder
Kinder laufen für Kinder
Kinder spielen Theater der Universität Duisburg-Essen
KINDER ZUM OLYMP!
Kinder- und Jugendklub »Faszination Technik«
Kinder- und Jugendwahlprojekt U18
Kinder-Akademie Fulda gGmbH
Kinder-Biennale – Heimat erleben
Kinder-College Neuwied
Kinder-Katastrophenschutz
KinderAkademie im ländlichen Raum – Nahsehn statt Fernsehn
Kinderbetreuung in Unternehmen
Kinderbuchprojekt »David aus Israel und Christina aus Deutschland«
Kindergartenprojekt »Weltwissen«
Kinderheldin – Digitale Hebammenberatung
Kinderhilfe Organtransplantation
Kinderhort DIESELSTRASSE
Kinderhospiz Balthasar
Kinderhospiz Bärenherz Leipzig
Kinderhospizarbeit
Kinderkongress »Kinder bewegen – Energien nutzen«
Kinderkunstwerkstatt Stiftung Frieder Burda
Kinderliteraturhaus Lübeck
Kindermund tut Technik kund
Kinderoper
Kinderoper in der Region Hürth
Kinderparadies – Betreute Kinderspielplätze
Kinderpatentamt
Kinderrechteweg
Kinderreich Schloss Ludwigsburg
Kindersuchmaschine fragFINN.de
Kindertag der Mikroskopie
Kindertagesstätte »Am Flughafen Gatow«
Kinderteller
Kipepeo – Soziale und faire Kleidung aus Tansania
Kirche St. Petri
Kirchgemeinde Zeulenroda
Kirchlein am Welsetal
KIT-Projekt »Markierendes Licht«
Kita Onkel Uhu
KITA21 – Die Zukunftsgestalter
KlangKulturen
Klärle Kind und Karriere
Klasse Allgemeinmedizin – Mentoren für angehende Landärzte
Klasse in Sport – Initiative für täglichen Schulsport
klasse.klassik
Klasse2000 – Gesundheitsförderung in der Grundschule
Kleidung aus Holz von Sign of Nature
Kleine Herzen – Krisennetzwerk für schwerstkranke Kinder und ihre Familien
kleineAnfragen.de
Kleinsatellitenplattform TET-1
Klexikon.de – Online-Lexikon für Kinder
Klimaakademie Louise
Klimabildungszentrum NaturGut Ophoven
Klimabrunnen – Nachhaltige Temperaturregulierung
Klimacamp von E.ON Ruhrgas und Wuppertal Institut
Klimafreundliche H2-Citymobilität
Klimafreundlicher Kraftstoff aus Bioabfall
Klimalabor Weimar
Klimaneutrale Grundschule
Klimaschonendes Drucktuch von ContiTech
Klimaschutzkonzept Erneuerbares Wilhelmsburg
Klimaschutzprojekt »Weil wir es wert sind!«
Klimazone Mülheim an der Ruhr
Klingendes Mobil gGmbH
Klinikaktion Schmetterlingskinder
Kloster Ebstorf
KLUB DIALOG – Abend von Kreativen für Kreative
Klug3 – Steinbeis-Master of Science in International Management
KN Login
Knabenchor meets Big Band
Knastkinder – Schultheater stärkt
Menschenrechte
Koblenz lernt – Ehrenamtliche Nachhilfe für Schulen
Koch-Metschnikow-Forum
Kochhaus – Das begehbare Rezeptbuch
KogniHome – die mitdenkende Wohnung
Kölner Dom
Kölner Karnevalsmuseum
KombiBus – Transportservice für die Uckermark
Kombimodul PV-Therm
Kommunal-erneuerbar
Kommunale Kriminalprävention in Süßen
Kommunaler Finanzvergleich
Kommunikationsakustik Simulator
Kommunikationsprojekt »PIKSL« für Menschen mit geistiger Behinderung
Kompetenzzentrum Demenz Nürnberg
Kompetenzzentrum Digitale Bibliothek Göttingen
Kompetenzzentrum eurobits
Kompetenzzentrum für digitale Geomedien
Kompetenzzentrum für Erneuerbare Energien
Kompetenzzentrum Informatik der Universität des Saarlandes
Kompetenzzentrum Obstbau Bodensee
Komplexlabor Alternative Energien
Komponistenklasse Dresden
Kompositionswettbewerb »Gib den Ton an! Spiel deine Musik«
Königsee Implantate und Instrumente zur Osteosynthese GmbH
Konrad-Adenauer-Stiftung
Konrad-Zuse-Museum
Konspirative KüchenKonzerte
Kontaktfreier Vorschub für Umformmaschinen von tecodrive
Kontakthof mit Teenagern
KonTEM Phasenkontrastsysteme
Kontinuumsroboter für die Chirurgie
Kontrola Treuhandgesellschaft – Stellwerk 60
Kontrollsystem KoolZone für Kühlgeräte
Konzentratorsolarzellen des Fraunhofer ISE
Konzerthaus meets Gropiusstadt
Kooperation Schule – Industrie
Kooperative Forschungsstelle Technikstress
Kopf AG Umwelt- und Energietechnik
Kopf-Kino für Kinder
KORINA – Koordinationsstelle Invasive Neophyten in Schutzgebieten Sachsen-Anhalts
Korridorbudgetierung von PricewaterhouseCoopers
Kosmischer Weitblick
KOTT-SMART – intelligente Sanitärtechnik
Koziol GmbH
Kraft gegen Gewalt
Kraftwerk Künstlerdorf
Krankheiten aus Urin erkennen
KRASS
Kreativhaus
Kreativsaison »Mecklenburg Inspiriert«
KreativTag
Kreisau Initiative Berlin
Kreislauffähige Kleidung von Trigema
Kriminalprävention aus der Opferperspektive
Krisensimulation TEAMWORK
Kryo-Logistik von Neumaier Logistics
ktbElite-Forum der Stiftung Deutsche Sporthilfe
KUL-Bamboo – Fenster und Haustüren aus massiv verpresstem Bambus
KULAN – Das Leichtbaufahrzeug
Kuli-Cap
Kultur & Spielraum München e. V.
Kultur gegen Leerstand in Zittau
Kultur in Wörth
Kultur Rockt – Das Sommerfestival im Pferdestall
Kultur verbindet – Festival der Hamburger Blindenstiftung
Kultur- und Musikprojekt »Der Klang der Quadrate«
Kultur.Forscher!
Kulturelles Gründerzentrum Monschau
Kulturelles Projekt »Goldschlägernacht 2006«
Kulturfabrik Apolda
Kulturfest »Die Nächte des Ramadan«
kulturforum PAMPIN
Kulturhistorisches Museum Görlitz
KULTURISTENHOCH2
Kulturloge Hamburg – Kulturveranstaltungen für alle
Kulturpass
Kulturpfade »gartenrouten zwischen den meeren*«
Kulturprogramm Schwarzwurzel in Steinach
Kulturprojekt »Dorf macht Oper«
KulturRaum Zwinglikirche
Kulturschlüssel Saar – Initiative für barrierefreien Kulturgenuss
Kulturschule des Staatsorchesters Mainz
Kulturstiftung Hansestadt Lübeck, Buddenbrookhaus
Kulturstrolche in Münster
Kulturwerkstatt Bottrop
Kulturzentrum Franziskaner Villingen-Schwenningen
Kunst für Demokratie
Kunst fürs Dorf – Dörfer für Kunst
Kunst macht Schule
Kunst zum Hören – Innovative Audioguides
Kunst- und Projektraum »Kiosk am Reileck«
Kunst-Imbiss – Mobile Galerie

KUNST-STOFFE – Zentralstelle für wiederverwendbare Materialien
KUNST+WERK
Kunstbauprojekt ProJob
Kunstforum Ostdeutsche Galerie Regensburg
Kunsthalle Emden – Labor im Museum
Kunsthalle in Emden
Künstlerische Illumination von Bahnunterführungen
Künstlerstadt Kalbe
Künstliche Arbeitshand
Kunstmuseum Stuttgart
Kunstperformance »Die Redner«
Kunstprojekt »Comic meets L.E.«
Kunstprojekt »Meine Welt Zuhause«
Kunststiftung des Landes Sachsen-Anhalt
KunterBUNDmobil
KUNTIKUM
Kurierportal tiramizoo.com
Kurs über Land
Kurt-Weill-Gesellschaft e.V.
Kurzfilmfestival »Going Underground«
Kurzzeit-Zuhause für Kids mit Handicap
KWK Modellstadt Berlin
LambdaConstant
Landesamt für Denkmalpflege und Archäologie Sachsen-Anhalt
Landjugend Klimawald Schleswig-Holstein
Landmarke – sicheres Navigationssystem für Feuerwehrleute
Landschaftspark Herzberge
Landwerk Nübelfeld-Kalleby
LANGE NACHT DER INDUSTRIE
Lange Uhren GmbH
LANXESS Bildungsinitiative
LARA
Laser Gloss – »Green Chic«-Technologie für Verpackungen
Laser-Pulver-Auftragsschweißtechnik der Firma Gall & Seitz
Laserdirektbelichter von KLEO Halbleitertechnik
Laserinduziertes Schäumen von Kunststoffen – Chemische Fabrik Budenheim
LaTherm
Laufclub 21 – Marathon für Menschen mit Down Syndrom
Laufer Literaturtage
Läuferportal Achim-Achilles
LaViArt – Schwingungsanalyse von Ölgemälden
Learning by Ear
Lebensfreude – Netzwerk für Demenzkranke
Lebenshilfe-Haus
LegaKids.net – Onlineplattform für Kinder mit Lese-Rechtschreibschwierigkeiten (LRS, Legasthenie)
LEGO-Brücke Wuppertal
Lehrer mit Migrationshintergrund
Leibniz Institut für Neue Materialien
Leibniz Privatschule
Leibniz-Institut für Meereswissenschaften
Leibniz-Institut für Troposphärenforschung e.V.
Leibniz-Institut für Zoo- und Wildtierforschung
Leichtbau in der Flugzeugtechnik
Leichtbau-Innovationszentrum
Leipziger Baumwollspinnerei – SPINNEREI
Leipziger KulturPaten
Leipziger Neuseenland – Touristischer Landschaftswandel
Leistungselektronik
LEO-BW – Online-Plattform für Landeskunde
Leonhard – Unternehmertum für Gefangene
LEP – Lernfabrik für Energieproduktivität
Lern- und Experimentierwerkstatt »musiculum«
Lernen durch Verantwortung / Universität Mannheim
Lernfabrik Globale Produktion
LernFerien NRW
Lernfestival 2008
LernLäden
Lernpartnerschaft »Mathematik auf der Baustelle«
Lernplattform oncampus.de/integration
Lernsoftware veedu Azubi
LernStadtMuseum – Sachsen
Lernwerkstatt HuT – Handwerk und Technik für Flüchtlinge
Lesekalische Früherziehung mit Borussia Mönchengladbach
LeseKoffer
Lesespaß aus der Bücherei
Lesestart
Lesewelt München
Let's organize somethin'
Leuchtpol – Energie und Umwelt neu erleben!
Leuphana Sommerakademie
Leuphana Universität – Nachhaltiges Medikamentendesign
Leutkircher Bürgerbahnhof – Weichen für die Zukunft
LFP LIFE Power® – Mehr Batterieleistung für Elektroautos
Licherode
LICHT-KOKON
Lichtanwendungen der Zukunft
Lichtenberghaus in Göttingen
lichtsicht – Projektions-Biennale
Lichtteilchenreduktion für Internetsicherheit
Liebenberger Ausbildungspakt
Liebig-Museum Gießen
Liederprojekt – Onlineportal für Volkslieder
LIFEBRIDGE – Herz-Lungen-Maschine
Lifetime Bremsscheibe
Lightbeam – Der 3D-Fußscanner
Linde Hydrogen Center
Lindera – Fürsorge-Tool für Pflegeberater und pflegende Angehörige
lion Powerblock
Lipid Signaling
Listen To Our Future
Listen to the Silence! Internationale Begegnung von Gehörlosen und Hörenden
LitCam Frankfurt
Literarische Radwege
Literatur- und Musikfest »Wege durch das Land«
LITTLE BIRD – Software für transparente Kitaplatz-Vergabe
Little Piano School
Living Lab »Fraunhofer elektromobilisiert«
LMU Entrepreneurship Center – Empowering Entrepreneurs
Loewe AG
Logistics and Managment
Logistiklösung »marion« von CLAAS
Logopädie-App neolexon
logport – Logistic-Center Duisburg GmbH
Lokale Bündnisse für Familie
Loremo
LOTECOTEC
Löwenstark zum Job
Löwenzahn – mal anders
Löwi Löwenstark – Projekt gegen Kindesmissbrauch
Lu-teco
Luftfahrtcluster Hamburg Aviation
Luftqualitäts-Monitoring Breeze
Luisenhütte Balve-Wocklum
Lumenaza – digitaler Marktplatz für regionalen Strom
lunatic Festival
LUWOGE – Das Wohnungsunternehmen der BASF
lyrikline.org
M4all – Migranten-Mädchen Machen Mit im Alltagssport
Magazin GEO und Alfred-Wegener-Institut Bremerhaven
Magdeburger Campus
MagForce Nanotechnologies
Magnetische Infektionsdiagnostik
Magnetlabor
Main Pyrus Silva Edition
Making Memories Matter
Malschule
Malteser Migranten Medizin
Mannheimer Agenda Diplom
manomama – Social Business
Mansfeld-Museum Hettstedt
Marco und das Feuer – Mobiles Theaterstück für Grundschüler
MariCube
Marine Science Center Rostock
Maritimer Campus Elsfleth
Marketing- und Vertriebsplattform »Manufakturhaus«
Märkisches Viertel Berlin – CO2-neutrale Großwohnsiedlung
MARTa Herford – Museum Zentrum Forum
Masifunde Patenschaften
Master-Studiengang Family Business Management
Master-Studiengang Straßenkinderpädagogik
Masterstudiengang »Zukunftsforschung«
Masterstudiengang Web Science
Mathe.Forscher
Mathematik-App MathCityMap (MCM)
Mathematik-Olympiaden
Mathematikum Gießen e.V.
MATHEON
Max Planck Science Gallery – Die Wissenswelt der Max-Planck-Gesellschaft
Max-Planck-Institut für Herz- und Lungenforschung
Max-Planck-Institut für Molekulare Zellbiologie und Genetik
Max-Planck-Institut für Sonnensystemforschung
Max-Weber-Preis
MaxCine – Öffentlichkeitszentrum für Kommunikation und Austausch
McKinsey Capability Center
MECHATRONIC KARLSRUHE
Meckel'sche Sammlungen – Institut für Anatomie und Zellbiologie der Martin-Luther-Universität Halle-Wittenberg
MecLab – Das Lernmediensystem
Mecuris – 3D-gedruckte Prothesen und Orthesen
Medexo – Medizinische Experten online
Media Dementia – Digitaler Helfer für Unterwegs
Media Facades Festival Europa
Medical Order Center
Medical Research Insights – Softwarelösung für die medizinische Forschung
Medical Valley EMN – Medizintechnik für die Gesundheitsversorgung von morgen
Medienfabrik Trier – Römerspektakel
Mediengruppe Pressedruck
Medienkulturzentrum Dresden
Medienprojekt »Jugend und Wirtschaft«
Medienschule im Theater
Medikamente aus dem Meer
Medizin für Tansania
Medizincontainer für Flüchtlinge
Medizinische Kinderakademie Ravensburg
medx/DX: Ein System zur ärztlichen Diagnoseunterstützung
MeerArbeit
Mehr Raum für die Elbe
Mehrgenerationenhaus Dorflinde Langenfeld
Mehrgenerationenhaus Fürth
Mehrgenerationenhäuser – Familienhilfe in Sachsen
Mehrgenerationenwohnhaus in Wipperfürth
mehrwert gGmbH, Agentur für Soziales Lernen
Mein Gott – Dein Gott
Mein Papa kommt – Kostenfreie Unterkünfte für Trennungsfamilien
Mein Recycling-App
Meininger Theater
Meinverein
Meisterinstrumente für Kinder
Meisterschaft der Staplerfahrer
Melanchthonhaus & Europäische Melanchthon-Akademie Bretten
memucho – Online-Plattform zum Faktenlernen
Mensa Karlsruhe
Mensch Maschine!
Mensch-Maschine-Systeme
Menschen für Menschen
Menschliche Hautstammzellen
Mentoren für Kinder
Mentorenprogramm Digitale Helden
Mentoring für Frauen mit Behinderung
Mentoring für Migrantinnen
Mentoring-Programm für Meck-Pomm
Mercedes-Benz Atego BlueTec Hybrid
Mercedes-Benz Museum
Messsystem für die Optimierung der CFK-Produktion
METEAN
METRO Fußballhimmel
Meyer Werft GmbH
MGconnect
MIA – Mädchen Ingenieur Akademie Gifhorn
Micro Black Holes
Micro-Trend-Forschungsprozess von TrendONE
Miele-Museum
Migration Hub – Coworking-Space für Flüchtlingshelfer
MiHa – Migranten im Handwerk
MiKK – Mediation bei internationalen Kindschaftskonflikten
Mikroalgen zur CO2-Bindung
Mikrokamera des Fraunhofer IZM
mikromakro
Mikroprozessor »Tiger-Chip« – bringt das Internet in die Maschine
Mikrospiegel Arrays
Mikrozahnringpumpe
Mini-Mathematikum
Minibib – Das Bücherbüdchen im Park
MINT-Projekt »Light up your life – Für Girls mit Grips«
MINToring
mischen!
missio Aids-Truck
Mission Olympic
Missione Cattolica Italiana – Katholische Italienische Gemeinde Wuppertal
Mitdenkende Datenbrille für soziale Inklusion
Mitmachen Ehrensache
Mittelrhein-Klettersteig
Mo.Ki – Monheim für Kinder
Mobia – Mobil bis ins Alter
Mobile Kunstwerkstätten in Wiesbaden
Mobile medizinische Hilfe
Mobile Retter – smartphone-basiertes Ersthelfersystem
Mobile Solution Center
Mobile Stroke Unit Saarland – Schlaganfallrettungswagen
Mobile Therapiekontrolle bei chronischer Herzinsuffizienz
Mobile Werkzeugmaschine Picum
Mobiler Caritas-Warenkorb

Mobiler Energiescanner e.hive
Mobiles Photovoltaik-Kraftwerk Solartainer
Mobiles Rathaus Gersheim
Mobiles Wissenschaftstheater INTENSE
MobilTrain – Trainingsprogramm für ältere Verkehrsteilnehmer
Modelabel GREENALITY
Modelabel Red Botó
Modellgemeinde »Biodiversität Tännesberg«
Modellprogramm »Mehr Männer in Kitas«
Modellstadt
Modemuseum
Moderne Helden
Modernes Verkehrsmittel
Modernes Wohnen in der Kirche Herz-Jesu
Modular Production – Flexibles Produktionssystem
Moin Refugee App – Digitaler Wegweiser für Geflüchtete
MOKLI – Hilfefinder-App für Jugendliche in der Not
Molekulare Inventarisierung der Nordseefauna
Mondialogo Engineering Award
Montic Primary School – Südafrika
Monumentendienst
MoorFutures
Moos- und Nematoden-AG – Nachwuchsforscher in Aktion
Morbacher Energielandschaft
MorphoSys AG
Moses Mendelssohn Zentrum
Moviebande – Schüler produzieren Filme
moving times
MS Jenny, Ausstellungsschiff
Mukoviszidose-Forschungsförderung
Multaka – Museen als Begegnungsstätten für Geflüchtete
MULTI Aufzugsystem
Multi-Mechanismen-Adaption für das künftige Internet
Multifunktionaler Dorfladen und Wissenstransferstelle im ländlichen Raum
Multifunktionales Bordsteinsystem
Multimaterial-Drucker AIM3D
Multimedia für alle
Multimediales Nachhaltigkeitsspiel World Future Lab
Münchner Wissenschaftstage
Mundgeblasenes Isolierglas der Glashütte Lamberts
mundraub.org – Online-Forum für freie Obsternte
Munich-Centre for Advanced Photonics – Moderne Laserforschung
Münster Marketing
Münster University International Model United Nations
Müritzeum
Murmann School
Muschelkünstler
Museen und Medien in der Fuggerei
Museum der Brotkultur
Museum der Stadt Füssen
Museum Frieder Burda
Museum für Gegenwartskunst Siegen
Museum für Kommunikation Berlin
Museum Narrenschopf Bad Dürrheim
Museum Weltjugendherberge Burg Altena
Museumsprogramm „Vom Getreide zum Brot – Ernährung in der Antike und heute«
Music2thousand
Musicon Valley – Erlebniswelt Musikinstrumentenbau
Musikfabrik ORWOhaus e. V.
Musikfestival »prêt à écouter«
Musikkindergarten Berlin
Musikmentorenausbildung Landesakademie Saar
Musikpark Mannheim
MusikPiraten
Musikprojekt »The Young ClassX«
Musiktraining
Musikwerkstatt der Bremer Philharmoniker
Mutmacher der Nation
Mütterzentrum Baden-Württemberg e. V.
MY LIFE - Erzählte Zeitgeschichte
My Life – Berufscoaching für Jugendliche
mymuesli
mystipendium.de – transparente Studienförderung
n-21: Schulen in Niedersachsen online e. V.
NABU-Klimaladen
NABU-Umweltprojekt »Meere ohne Plastik«
Nachbarschaftsplattform »Offenbach loves You«
Nachhaltige Chemie
Nachhaltigkeitslotsen für Schule, Familie und Jugendliche
Nachsorgeklinik Tannheim
Nacht der kreativen Köpfe
Nacht der Lichter
Nachtwanderer-Bremen
Nachwuchskräfteförderung / GFT Technologies AG
Nachwuchsorchester junge norddeutsche philharmonie
NameRobot.de – Kreative Namensfindung
Nano For Energy
Nano-Klettverschluss für Elektronikbauteile
NANO-X
nano+art
NanoBioNet
NANOGATE AG
Nanopool – Flüssiges Glas gegen Krankenhauskeime
Nanos überwinden Grenzen
Nanoskopie
nanospots – Das Nano-Kurzfilm-Festival
Nanotechnologie in der Anwendung
nanovation
NarrenFest 2007
Naschgarten
NaT-Lab
Nationalpark-Zentrum KÖNIGSSTUHL
NationalparkZentrum Multimar Wattforum
Natur- und Umweltpark Güstrow
NatuRaum – das innovative TechLabor vom Land
NaturBahnhof Chorin
NaturErlebnisBad Luthe e. G.
Naturerlebnisbad Niederalfingen
Naturpark Bourtanger Moor – Bargerveen
Naturschutz- und Informationszentrum Goldenstedter Moor e. V.
Naturschutzzentrum Annaberg
Natursport-Opening Pfälzerwald
NAV4BLIND
NawaRo für Plastik und Co
NaZOLED – LEDs aus Zinkoxid-Nanodrähten
NEAnderLab
Neanderthal Museum
Nebenan.de – Online-Netzwerk für Nachbarschaften
Needle-Trap – Nadelschutzsystem für Spritzen
NEFF – Neue Energien Forum Feldheim
NEIN heißt NEIN
Nemo 100
NEMo Null Emission Motzener Straße
neofonie – Semantische Suche
Nepal-Projekt
NESPOS
NetMoms.de
NETZ-E-2-R: Anschlussmobilität für die Region Stuttgart
netzspannung.org
Netzwerk »Dresden – Stadt der Wissenschaften«
Netzwerk »Gelebte Demokratie Dessau-Roßlau«
Netzwerk »KLIMZUG« – Klimawandel in Regionen zukunftsfähig gestalten
Netzwerk »Robotik für KMU«
Netzwerk »UNSER LAND«
Netzwerk »Working Moms«
Netzwerk »Zukunft der Dörfer in Südwestfalen«
Netzwerk Erfolgsfaktor Familie
Netzwerk für bürgerschaftliches Engagement im Havelland
Netzwerk für Gehirnforschung und Schule
Netzwerk für Gesunde Kinder
Netzwerk SWW: Jobperspektiven für die Region Unterweser
Netzwerk Teilchenwelt – Teilchenphysik zum Anfassen
Neuberin-Museum Reichenbach
Neue Energie Ulm
Neue Landschaft Ronneburg
Neue Wege für Jungs
Neue Wege zur Kunst – Museumsführungen immer inklusive
Neues Theater Espelkamp
Neuro-Care-Fachpflegezentrum
Neurochirurgische Klinik
NeuroCure
nevisCura – intelligente Fußleisten für die Pflege
Newsroom
Niedersächsische Talente-Akademie
Niedersächsisches Institut für frühkindliche Bildung und Entwicklung
Nieklitzer Ökologie- und Ökotechnologie-Stiftung
NightXpress
Nivea-Haus
No Panic for Organic
Noctalis Welt der Fledermäuse
Nord Art
Nordbahntrasse
Nordisches Institut der Universität Greifswald
Nordjob
Normung und Innovation
Notfalltraining EPICSAVE
Novaled AG
NUP Raubtier-WG
NUR-HOLZ – Massivholzelemente für ökologisches Bauen
Nürnberger Erfindermesse IENA
Nyendo
O2 Village
o2 World
Obdachlosenarbeit der Benediktinerabtei Sankt Bonifaz
Oberammergau Museum
Obst-Gen-Garten Bad Schönborn
Obstwiesenschutz von Bürgern für Bürger
Oculyze – Smartphone-Mikroskop mit Bilderkennung
Odenwaldschule
OEKO-TEX® – Prüf- und Zertifizierungssystem
Offene Häuser
Offene Plattform Richter-im-Internet.de
Offenes Innovationslabor JOSEPHS
Office and Lab Innovation Center
Officium et Humanitas
OFFIS Institut für Informatik
OFW-Gruppe
Ohr liest mit
Ohrenkuss ... da rein, da raus
OHRPHON [@] Orchester: Proben mit Audioguide
Öko-Institut
Öko-Lehrpfad
Öko-Live
ÖkoBag – Taschen mit ökologischem Footprint
ÖkoClean100
Ökologiehof Wennerstorf
Ökologische Oberflächengestaltung
Ökologische Waldwirtschaft
Ökologisches Laptop Pangea Sun
Ökomodell Achental - Bündnis für Nachhaltigkeit
Ökonomische Bildung für Alle!
Ökonopoly
Ökostrom Wechselparty
Olympiade der Köche
OMEN
on.tour – Das JMB macht Schule
ONCOHIST
onewaygo – Autos einfach günstig mieten
Online-Audiothek audiyou.de
Online-Beratung pflegen-und-leben.de
Online-Datenschulung StackFuel
Online-Handbuch Demografie
Online-Hilfeverzeichnis clarat.org
Online-Journal LernCafe – Weiterbildung für Senioren
Online-Marktplatz twago
Online-Plattform »fussball-raritaeten.de«
Online-Plattform clixmix.de – Junge Entdecker online
Online-Plattform Die Masterarbeit
Online-Plattform masterwiki.de
Online-Plattform Nachbarschaftsauto.de
Online-Portal »ich-spreche-deutsch.de«
Online-Portal »Taste of Heimat«
Online-Portal Lagernperpost.de
Online-Portal Tecnopedia
Online-Portal WIRKAUFENS.de
Online-Service Digitale Lesewelten
Online-Zeitung Amal, Berlin!
Onlineangebot RapidUsertests
Onlineplattform »Politik bei uns: Kommunalpolitik für Dich«
Onlineplattform idegoafrica.org
Open Innovation Lab (OIL) für KMU
Open Power System Data – offene Plattform für Energiedaten
Open Roberta – Spielerisch Programmieren lernen
Open_Music – kulturelle Bildung für Kinder und Jugendliche
Open-Access-Portal German Medical Science
Open-Source Fahrzeug-Projekt »Light Car«
OpenDataCity – Agentur für Datenjournalismus
opendoors – Plattform für Bürgerbeteiligung
openID-center – Forschungszentrum für Pakettransporte
Opening Science – wie das Internet die Forschung verändert
OpenRide
openTransfer – Gutes einfach verbreiten
Oper überall
OPERNALE – das Opernfestival im ländlichen Norden
Optikparcours
Optikpark Rathenow
OptiMatch
Optimierte Biokohle aus agrarischen Reststoffen
Optimierter Aluminium-Kreislauf
Orchestercampus von Deutsche Welle und Beethovenfest Bonn
OrgelMarathon Erzgebirge 2010
Orgelwelt Waldkirch
Ornilux mikado – Patentiertes Vogelschutzglas
Orthopädische Klinik Universität Regensburg im Asklepios Klinikum Bad Abbach

Oskar-Sorgentelefon – Beratung für sterbenskranke Kinder und ihre Familien
OSTEOLABS – Forschungsinitiative zur Osteoporose-Vorsorge
Ostercappelner Kaufhaus
Otto Bock HealthCare GmbH
Otto Bock Science Center
Otto Lilienthal Museum
Ouissal – deutsch-arabisches Mentoring-Programm
OWL MASCHINEN-BAU
Pädagogikkonzept »Lebendiges Lernen vom Land«
Pädagogisches Sportprojekt »BasKIDball«
Pakete gegen Armut im Alter
Pakt Zukunft Heilbronn-Franken
Palaterra® – Künstliche Schwarzerde
Palliativmedizin-Studie der Universitätsklinik Freiburg
PanBox – Transparente Datei und Ordner-Verschlüsselung für Cloud und Storage
Panikpreis 2008
Panono – Panorama Ballkamera
Panta Rhei
Papierfresserchen
Partners in Leadership
Partnerschaftsprojekt »Wohnen für Hilfe« in Köln
PAS/ADIVI
Pasinger Fabrik
Passivhaus Institut
Paten für Kinder psychisch Kranker
Patentverwertung einfach gemacht
Patientenorientierte Verpackung
Paul – Trinkbares Wasser bei Katastrophen
Paul-Wunderlich-Haus
Paula Modersohn-Becker Museum
PC-Tafel e. V. – Computer für Bedürftige
PCM-Tasse
PCs for Kids
PEAK Werkstoff GmbH
Peer Guide Education des Anne Frank Zentrums
Peer-Leader International
PeerEnergyCloud – Bürgermarktplatz zum Handel von erneuerbaren Energien
Pentathlon Projekt
People's Theater
Perfluorence – Neuartige Kunst- und Schmierstoffe
PersonalNews
PerspektivFabrik
Pfandspendenaktion des Bundesverbandes Deutsche Tafel e. V.
Pflege-Notruf-Zentrale
Pflegestift Mediana
phaeno gGmbH – Partner für populäre Wissenschaft und Technik
Phänomania-Erlebniszentrum Suhl
Phantastischer Karpfenweg rund um das historische Kemnath
PhilharmonieLunch
Philipp-Reis-Haus
Philologische Bibliothek der Freien Universität Berlin
PHOENIX
PHORMS Schulen
Physik im Schmuck entdecken
Physik Nobelpreisträgertreffen
Physikalisch-Technische Bundesanstalt Braunschweig
Phytolutions – Energiequelle Alge
Piano City – Festival für Hausmusik
PillAerator
Pilz GmbH & Co. KG
Pimp Your Town! – Stadtpolitik-Planspiel
Pink – Kunstvermittlungsprogramm der Pinakothek der Moderne
Piraten Open Air
Piraterieschutz
Pixelprojekt_Ruhrgebiet
Plan B – Beratungsstelle für Studienabbrecher
Planspiel »Politik im Blick – Schüler diskutieren mit«
Planspielplattform Senaryon
PlantEye – 3D-Pflanzenscanner
PlantVital 5000
Plasma im Stammzellen-Beutel – Fraunhofer IST
Plastics Fantastics
Plattform Digitale Dörfer
PLAYMOBIL-FunPark
PLAYMOBIL-Produktion
Plazes.com
PlugSurfing – Bezahlsystem für E-Ladestationen
Plus Energie Schule Rostock
Pod- und Videocasts
PODIUM – Junges Europäisches Musikfestival Esslingen
poesiefestival berlin
POF-Anwendungszentrum
Poggenpohl Möbelwerke GmbH
Polarisationsregler für Glasfaserkabel von Novoptel und der Universität Paderborn
Pole Position
Politischer Salon Essen
Polo Timmendorfer Strand
Pontos AquaCycle – Block 6
Portables Vorlesesystem
Porter und Cargocruiser
Porzellanwelten Leuchtenburg
Potsdamer Kulturfest »Stadt für eine Nacht«
PPC – Breitband-Powerline-System
Präventionsprojekt »Mobbingfreie Schule«
Präzisionsanalyse gegen Gift
PRE Regionalentwicklung GmbH
Precision Farming
PRECOBS – Software zur Vorhersage von Straftaten
Prima-Klima-Kinderstadt Bamberg
PriMakom – Lehrerfortbildung im Netzwerk
Princeton Verein
PrintScreen – Displays zum Ausdrucken
Privalino – Kinder chatten sicher
Private Montessori-Volksschule Wertingen
Private Universität Witten/Herdecke gGmbH
Proboneo – Netzwerk für soziale Projekte
PROBONO Schulpartnerschaften mit Afrika
Produktionstechnisches Zentrum Hannover
Profis in Kitas
ProGlove
Programmierer-Ausbildung CodeDoor
PROGRASS – Bioenergie aus Grünabfällen
Projekt »Datenschutz geht zur Schule«
Projekt »Ein Zuhause für Kinder«
Projekt Demenz Arnsberg
Projekt Grenzenlos
Projekt Metropolregion – »Thalia Kulturlandschaften«
projekt REGION BRAUNSCHWEIG GMBH
Projektschmiede IKU – »Ideen, Kommunizieren, Umsetzen«
proSA
Protagen AG
Protein2Plastix – Kunststoffe aus Proteinen
Protonentherapiezentrum
Protonet – Unabhängiger Datenspeicher
ProValve – Ventilsystem für Exoprothesen
Provinzschrei – Kunst- und Literaturfest im Thüringer Wald
Prozesslernfabrik CiP
Prüfung von Klinikkapazitäten in Echtzeit am DENIT
Prüfverfahren für Textilien
Public Safety and Security
PyroBubbles – Präventiver Brandschutz
PyroDetect – Innovatives Medikamententestverfahren
Q110 - die Deutsche Bank der Zukunft
QIAsymphony
Qiro
QRC Infrarot-Strahler
Qualitätsleitbild für deutsche Produkte
Qualitätsmanagement für Ärzte
QuartrBack – intelligente Hilfe für Demenzkranke
QUELLE InnovationsInitiative
querstadtein – Obdachlose und Geflüchtete als Stadtführer
Quicklyzer – Spürnase der Umwelt
Quinoa – spendenfinanzierte Privatschule
RACE 4 KIDS
Racetech Racing Team
RadiCal – Energiesparende Ventilatoren
Radioteleskop
Radtour-pro-Organspende
RAL-Gütezeichen
RapidEye
Rasenbowling
Raumstationsexperiment GEOFLOW
Ravensburger Spieleland
Read Festival in Bad Driburg
real,- – Der Drive-In Supermarkt
reart.de – Internetportal für den Kunstmarkt
Recaro – Leichte Flugzeugsitze
RECUP-Pfandsystem für Coffee-to-go
Recycling-Oper am Staatstheater Karlsruhe
Recyclingsystem binee
ReDesign
RefLinx – Software für Wissensmanagement
REFUGIO
Regenbogenfahrt der Deutschen Kinderkrebsstiftung
Regenbogenfamilienzentrum
Regenwald Aktionstage
Regio Augsburg Tourismus GmbH
Regiomino – Online-Supermarkt für Regionales
Regionale B.A.U.M. Zukunftsfonds – Genossenschaften für Energieeffizienz
Regionale Wissensbilanz
Regionalentwicklungsprogramm »entersocial«
Regionales Netzwerk HanseBelt
Regionalwert AG Hamburg – Wertschöpfungsverbund für Lebensmittel
Rehabilitationskonzept »gemeinsam gesund werden«
Reichtum 2
Reinigen mit Trockeneis
Religionsmonitor
RENAC – Wissensvermittlung über Erneuerbare Energien
Renaturierung – neues Flussbett für Arnsberg
Rent a bee – Bienenvolk zu vermieten
rent a scientist® GmbH
REpower Systems AG
ResoCable – Digitaler Schnelltest für abgespannte Seilkonstruktionen
RespAct – Kinder engagieren sich für ihren Stadtteil
RespectResearchGroup
Ressourceneffizienz steigern
Restaurant Estragon
Restauration Seddiner Seenkette
RETHINK – Fallstudien für eine moderne Landwirtschaft
Rettungssystem RESTUBE
Return gegen Jugendalkoholismus
Revitalisierung Wasserturm Essen-Bredeney
ReviTec®
Revolutionäres Bio-Solar-Haus
rfrnz – digitale Vertragsanalyse für Juristen
Rheinisch-Westfälische Technische Hochschule Aachen
Rheinisches Industriemuseum
RIAS Jugendorchester
Richard Jahre – Sensorwarnsystem für Hallendächer
Richard-Wagner-Museum Bayreuth
Richtung Osten – Forschungs- und Unternehmenszusammenarbeit mit Japan
Risikomanagement-Plattform DHL Resilience360
Road Tour
Robert Koch-Institut
Robert-Schumann-Haus Zwickau
Roberta – Lernen mit Robotern
Robin Camp
RoboNight
Roboterarm BioRob
roboterfabrik – Ausbildung der Robotic Natives
Robustrinder als Landschaftspfleger im Liether Moor
ROC.si
ROCK YOUR LIFE! Coaching
Roemer- und Pelizaeus-Museum Hildesheim GmbH
Rohnstock Biografien
rollAprint.de – Rollladenbilder online gestalten
Rollende Arztpraxis – mobile Versorgung im Kreis Wolfenbüttel
Rollisegler
Romeo und Julia
Ronald McDonald Haus
roofTUBgarden – Der essbare Dachgarten
Rosenmuseum Steinfurth
Rotbäckchen on Tour
Rothenburger Modell
RRC power solutions – Kabellose Stromtankstelle für E-Bikes
Rückenwind
rudirockt – Kochen und Kontakte knüpfen
Ruhr-Universität Bochum – Cargocap
Runder Tisch für Zeitgeschichte Dachau
RWE Companius
RWE-Sprachförderung
S.U.N.I.
s'putnike Junge Kultur im CJD Nienburg
Saarbrücker Juniorstudium
Saarlandbotschafter
SaarLernNetz
Sächsisches Staatsweingut GmbH Schloss Wackerbarth
SAFE
Safe Pipe
SaisonWärmeSpeicher SE30
Salon für Europa
samedi.de – Online-Plattform für Patientenkoordination
SAMOCCA – integratives Café
Sankt-Georgs-Verein Traunstein
Santa Fu – Justizvollzugsanstalt Fuhlsbüttel
SAP – Offenes digitales Ökosystem
Satellitengestützte Bodenbewegungskarte für Deutschland
Satellitentechnik für die Landwirtschaft
Satellitentelemetrie Weißstorch
Sauberer Lorbeer
Sauerland Pyramiden
Scarabaeus Carport Solarpark
Schacholympiade

SchachtZeichen
Schaeffler OriginCheck App
Schäfereigesellschaft Südharz
Schanze der Zukunft
Schatzkiste – Partnervermittlung für Menschen mit Behinderungen
SCHAU HIN! Was Dein Kind mit Medien macht.
Schauspielausbildung
SCHEER Heizsysteme – Inklusion und Innovation
Schenke eine Ziege – Entwicklungszusammenarbeit in Uganda
Schering Stiftung – Projektraum für Kunst und Wissenschaft
Schiller-Nationalmuseum / Deutsches Literaturarchiv
Schlaues Pflaster zur Nierenfunktionsbestimmung
Schlossgartenfestspiele Neustrelitz
Schlosspark Pansevitz – Erhaltung durch Nutzung
Schluckspecht – Energiesparendes Weltrekordfahrzeug
Schnabeltasse 4.0 – barrierefreies Geschirr
Schnürschuh Theater
Schokoladenmuseum Köln GmbH
Schönberger Musiksommer
School of Rock
Schools Cup Deutschland
Schott in Jena
SCHOTT PTR® 70 Receiver
Schreiner Group GmbH & Co. KG
Schul-Cloud
Schul-LAB Hannover
Schul / Banker
Schulapfel
Schuldorf Bergstraße
Schule der Dorf- und Landentwicklung Thierhaupten
Schule machen ohne Gewalt
Schule voller Lebensretter
Schulen des Lebens
Schüler Helfen Leben
Schüler im Chefsessel
Schüler Ingenieur Akademie
Schüler testen Wissenschaft
Schüler treffen Forscher
Schüler-Institut SITI
Schülercampus »Mehr Migranten werden Lehrer«
Schülerfirma »RGS-Wolle«
Schülerforschungszentrum Südwürttemberg
SchülerKunst im Parkhaus
Schülerlabor Neurowissenschaften
Schülermanager beim Jungen Beethovenfest
Schülerprojekt »Bevölkerungsentwicklung meiner Gemeinde«
Schülerprojekt »fit für die wirtschaft«
Schülerwettbewerb »SolarMobil Deutschland«
Schulhausroman Wuppertal
Schulkonzert »Beethoven und die Freiheit« der Münchner Philharmoniker
Schulleitungscoaching
Schulpartnerschaft
Schulprojekt »05er Klassenzimmer«
Schulverweigerung - Die zweite Chance
Schwimmender Christkindlmarkt – Stadt Vilshofen an der Donau
Science City
Science on Stage Deutschland e. V.
Science Park Saar
Science Slam – Populärwissenschaftliche Kurzvorträge
Science Tunnel
ScienceKids
Scratch-Projekt 2007
Screenhaus.SOLAR
SEAT Aktiv – Beweg Dich!
Sebastian-Kneipp-Museum
Sectio Chirurgica: Hochschulmedizin mit digitalem Live-Unterricht
SeeFront 3D – Sehen ohne 3-D-Brille
Seegangsunabhängiger Ölskimmer
Seestation Baltic Reef Nienhagen
Seismische Tapete – Intelligenter Erdbebenschutz
Seitenwechsel
Selbststeuerung logistischer Prozesse
Selfapy – Digitales Hilfsprogramm für Menschen mit psychischen Störungen
Senior Consultant
Senioren-Uni
Seniorenträume der BürgerStiftung Waldenbuch
Senoriklabor für das Bauwesen 4.0
SENTA!
Service Centric Home
Service Fascination – Interaktive Verkaufskonzepte für den Handel
Servicehelfer
Servicestelle Arbeitswelt und Elternzeit des Landes Brandenburg
Servicestelle-Schülerfirmen
SGL CARBON AG
SHARKPROJECT
SHeff-Z – Ausstellungszentrum für energieeffizientes Bauen
Shell Eco-marathon Europa 2009
shine Energiemanager
Sichere E-Petitionen
Sichere Gleisinstandsetzung
Sicherheitssoftware VatiCAN
Sicherheitssystem für Mensch-Maschine-Abläufe
Sieben-Labore-Tour
Siedlerhof Stolzenau
Siegen – Zu neuen Ufern
sieger design
Sielmanns Naturlandschaft Wanninchen
Siemens Umweltportfolio – Integration von Nachhaltigkeit in die Unternehmensstrategie
SIGNO
SiliconSaxony – Netzwerk für die Hightech-Branche
Silk Road Cultural Belt – Interkulturelle Musikinitiative
Sim TV - Kinderfilmakademie
Simulationssoftware Renumics
Simulationstechnologie
SirPlus Rettermarkt & Online-Shop für Lebensmittel
Six to Sixteen
Skateboardmuseum Stuttgart
SkIDentity – Elektronische Identität für Onlinedienste
Skiinternat Furtwangen
Skike-Point
SkillsGermany
Skipsy – Präventionsprojekt für Kinder psychisch kranker Eltern
Skyrider
SkySails GmbH & Co. KG
sludge2energy
SMA Solar Technology – CO2-neutrale Wechselrichterproduktion
Smart Country – Modellprojekt Eifel
Smart District Data Infrastructure – Städte in 3-D
Smart Rural Areas – Intelligente Technologien für das Land von morgen
Smart Sand – Hochwertiger Bausand aus Flugasche
Smart Service Power – Technologie-Plattform für die häusliche Pflege
Smart Systems Campus
Smart-Dance? Girls, Arts and Technology!
SmartFactory-KL
SmartHome
smartPORT logistics – Vernetzte Hafenlogistik
SmartRegion Pellworm
SNAIX NeuroBike
Social Change Hub der Leuphana Universität Lüneburg
Social Entrepreneurship Akademie
Society & Technology Research Group
sofatutor.com – Online-Portal für digitale Nachhilfe
Software »x-pire!« – Verfallsdatum für digitale Daten
Software für maßgeschneiderte Strömungssimulationen
Software Stand-Bye!
Software zur Steigerung der Energieeffizienz von IS Predict
SOILTEC GmbH
Solar Decathlon Team Deutschland
Solar Freezer von Zeo-Tech
Solar Fuel – Ökostrom effektiv speichern
Solar-Uni
Solarbetriebene Wasseraufbereitungsanlage von SolarSpring
Solarbrush – Putzroboter für Photovoltaikanlagen
Solardraisine Odenwald
Solarerlebnispark
Solares Kochen macht Schule
Solarfähre Helio
Solargasanlage Solaga
Solargesteuertes Schneeabtausystem
Solarlite Innovationsstandort
Solarpower
Solarthermische Kollektormodule
SolarWorld No. 1
SOLVIS GmbH & Co. KG
Sommerflimmern – Kino auf dem Lande
Sonneneruptionen
Sonnengötter aus Adlershof
Sonnenkraftwerk Köthen
SOPAT – Online-Partikelmesstechnik
SOS-Kunststück
sounds of leipzig
Sozialunternehmen EinDollarBrille
spaactor.com – Internet-Suchmaschine für Gesprochenes
SPACE DRIVE-System
Spardosenrallye – Ausbildungsinformation für Schüler
Spargelvollernter Kirpy
Special Olympics National Games
Speed Badminton
Spendenbett
Spitzensportlermodell – Berufsausbildung für Leistungssportler
Sport mit Handicap
Sportmusi(c)al-Novela
Sportpsychiatrie und -psychotherapie am Universitätsklinikum Aachen
SPOT AG
Sprache = Schlüssel zur Bildung
Sprache durch Kunst am Museum Folkwang
Sprachladen – Von 0 bis 99
Sprechende Haltestellen
Sprungbrett Zukunft – Sport & Karriere
Spuku – Sprach- und Kulturmittler
Spuren suchen – Identität finden
ST mobil – flexibel unterwegs in Westfalen
Staatliche Hochschule für Musik und Darstellende Kunst Mannheim
Staatliche Kunstsammlungen Dresden
Staatliche Münzen Baden-Württemberg
Staatliche Porzellan-Manufaktur Meissen GmbH
Staatskapelle Berlin – Orchester des Wandels
Staatskapelle Unter den Linden Berlin
Staatsoper Unter den Linden
Stacolam Photovoltaik-Laminator
Stadt Iserlohn – Ressort Soziales, Jugend, Schule, Sport
Stadt- und Raumentwicklungskollektiv Freiraumgalerie
Stadt-Land-Netz – Wasser, Strom, Gas und Internet in einer Trasse
Städte-Netzwerk NRW
Stadtentwicklungsprojekt »Stadt in Bewegung«
Stadtmuseum und Volkshochschule der Stadt Hattingen
Stadtplan für Blinde
Stadtteilmütter in Neukölln
Stadttheater Hildburghausen
Stammzelltherapie fürs Herz an der Universität Rostock
Stamps for Leipzig
Stand Up
Standardisierte Kommunikation mit dem M2M-Teledesk
Standortfaktor Familie – Familienmanagement Hannover
Stark durchs Leben gehen
Starke Kinder – Bildungsforum Mengerskirchen
Starke Schule
Starke Weggefährten – Förderprogramm für ehrenamtliche Sterbebegleiter
Start with a Friend – Mentorenprogramm für Geflüchtete
START-Schülerstipendien
Starterzentrum
Startsocial
Startup Teens – Online-Plattform für Nachwuchsunternehmer
Statista
Staufener Zeitreise
steco-system-technik GmbH & Co. KG
Stifter-helfen.de – IT für Nonprofits
Stiftung Archiv der deutschen Frauenbewegung
Stiftung Deutsche Sporthilfe
Stiftung Dianiño - Kindern mit Diabetes eine Zukunft
Stiftung Haus der Geschichte
Stiftung Insel Hombroich
Stiftung Leben pur
Stiftung Luthergedenkstätten in Sachsen-Anhalt / Wittenberg-Kultur e. V.
Stiftung Mittagskinder
Stiftung Neue Synagoge Berlin – Centrum Judaicum
Stiftung Schleswig-Holsteinische Landesmuseen Schloss Gottorf
Stiftung Zeit für Menschen
Stiftung zur Förderung der ambulanten ärztlichen Versorgung in Thüringen
Stipendien- und Mentorenprogramm Agabey-Abla
STOP MALARIA NOW!
Stralsund 2052
Stranddorf Augustenhof
Straßenkinder in Deutschland
Straßentennis
Strategischer Energieeinkauf mit my.rheco.de
STREAM – freie Fahrt für Bus und Rettungswagen
Streetfootballworld
Streicherprojekt
Streitkultur Tübingen
STROKE.ARTFAIR – Messe für Urban Art
Studentenwettbewerb »Ingenieure ohne Grenzen Challenge«
Studienfakultät für Agrar- und Gartenbauwissenschaften der TU München, Wissenschaftszentrum Weihenstephan
Studienfonds OWL
Studiengang Global Change Management
Studiengang Master Online Bauphysik
Studiengang Regenerative Energietechnik
Studiengang Security Management der FH Brandenburg
Studienkolleg der Stiftung der Deutschen Wirtschaft
Studienkompass

Studio Film Bilder
Studium Windenergie
Sturzprävention der Deutschen Sporthochschule Köln
Stützpunkt – Wohnung für Angehörige von Krebspatienten
Suchplattform »Deutschland findet euch«
Südstadtkids
Südwestkirchhof Stahnsdorf
SuMeWa – Autarke Wasseraufbereitungsanlage
Super-Einzeller für Biomethanproduktion
SURFE2R
SV-Berater – Ausbildungsprogramm für Schülervertreter
SW-Agent: Stadtwerke als Gestalter der Energiewende
Switch-Kinderweltreise
SWOP-Team – digitaler Charity-Flohmarkt
Synagoge am Weinhof in Ulm
SynEnergie GmbH
System-Partikel-Technik
szenik.eu – Internetportal für Bühnenkunst
T-Gallery – Forum für Zukunft der Deutschen Telekom AG
T-Laboratories & T-Gallery Berlin
Tabubrecher des Beratungscafés unplugged
Tactonom – Taktiles Grafikdisplay für blinde Menschen
Tag der Deutschen Einheit
Tag der Familie
Tag der kleinen Klavierbauer
Tag des brandverletzten Kindes
Tag des Hundes
Tag des offenen Unternehmens
Tage des Lachens
Takomat – Computer-Lernspiele
Talentpool – Bewerber auf Empfehlung
Tandem Language Exchange
Tandemploy – Jobsharing leicht gemacht
tanklust.de – solare Mobilität in der Solarhauptstadt Sachsens
tanz in schulen
Tanzplan interart projekte
Targets & Tools
Taschengeldwerkstatt
TasteEE – Online-Kompetenzcheck für erneuerbare Energien
Tatort Forscherlabor
Tausche Bildung für Wohnen
Teach First Deutschland
Team meX – Gegen islamistischen Extremismus
Team Peking 2008
Team U – Neustart zum Erfolg
Technische Fachhochschule Wildau
Technische Informationsbibliothek Universitätsbibliothek Hannover
Technische Sicherheit
Technische Universität Braunschweig
Technologie- und Innovationspark Jena
Technologie-Centrum Hannover
Technologiepark weinberg campus
Technologieverbund »TechnologyMountains«
Technologiezentrum für Zukunftsenergie
teenex
Teflon als Festtreibstoff
Telefon-Dolmetschen
Telemann für Schüler
Telemedizin-Netzwerk für Menschen ohne Zugang zu ärztlicher Versorgung
Telemonitoring für Kunstherzpatienten
Teleschule für schwer kranke Schüler in Moers
Tengelmann Klimamarkt
Terahertz-Sicherheitskamera
TerraNova Energy – Biokohle aus Klärschlamm
TerraTransfer – digitales Echtzeitmesssystem für Umweltdaten
Testlabor für intelligente Stromnetze – SESA-Lab
Testlabor für Service-Wohnen
Testo AG
TEUTO VitalWanderWelt – Gesundheitstherapeutisches Urlaubsangebot
Textilbeton
Textile Oberflächen
Textiler Wärmespeicher, Grünbach
Textiles Zukunftsforum
textouren – Literatur in Bewegung
TGF Schmalkalden/Dermbach
TheaBib & Bar – Theater als Lernort
Theater Altes Hallenbad in Friedberg/Hessen
Theater der Welt
Theater RambaZamba
Theater-Theken-Nacht
Theaterfestival Grenzenlos Kultur
Theatergalerie
theaterperipherie – Integration durch Teilhabe
Theaterprojekt »Du stinkst …« gegen Mobbing an Schulen
Theaterprojekt »Ich bin stark. Du bist stark.«
Theaterprojekt Straße
THEATERSCHIFF Maria-Helena
Theaterspedition
TheoPrax Zentrum
Thermische Batterie als Wärmespeicher
Theseus Innovationszentrum Internet der Dienste
THINK-YOUR-MOVE
Thriving Green – Spirulinazucht in Ostafrika
thüringen-hilft.de – Plattform für Unterstützer und Hilfesuchende
Thüringer Bachwochen
Thüringer Initiative »elmug4students«
ThyssenKrupp Quartier
ThyssenKrupp Titanium GmbH
Tiefengeothermie
Tiergestützte Therapie
Tierschutz auf dem Teller
Tinnitracks – Lieblingsmusik gegen Tinnitus
TISCHFUSSBALL MORITZ
Tod an der Mauer – Geschichtsunterricht per App
Tomatenfisch – Aquaponiksystem ASTAF-PRO
TOoL+ »Neue Datenautobahn für den Mobilfunk«
Touch-Integrative
TOUCHDOWN 21 – Forschung mit und über Menschen mit Downsyndrom
Tour de Flens – mit Sonne und Wind um die Förde
TOUR-StoppOmat-Challenge
Touround – Freizeit- und Tourismus-App für Mosel, Saar und Eifel
Trabant nT
Trace Analytics – Kontinuierliche Blutüberwachung
Tragbare Herz-Lungen-Maschine
Transatlantische Initiative
Translationszentrum für Regenerative Medizin Leipzig
transmediale – festival for art and digital culture berlin
Transparenz im virtuellen Raum
Travolution
Treehouses Bebelallee
Treffen der Wirtschafts-Nobelpreisträger
Treffpunkt Bibliothek
Treibhausdaten für den urbanen Raum: LowCarbonCityLab (LoCaL)
Treptitz – gemeinsam für nachhaltige Infrastrukturen im ländlichen Raum
Triales Studium Köln
Trinationale Streicher-Akademie
Trinkwasserwald
TRIPCLUBBING – Die Klassik-Crossover-Lounge
Tropenhaus am Rennsteig – nachhaltiger Anbau tropischer Früchte
true fruits – Smoothies für den deutschen Markt
Trust your eyes
Trusted eID-Services zur Online-Identifikation
TU9 – Rekrutierungskampagne für Nachwuchsingenieure
TUI-Projekt »Artenschutz im Urlaub«
Türkisch-Deutsches Umweltzentrum Berlin
TÜV NORD Aviation
U.S.A.R Germany
Über den Tellerrand – Soziales Netzwerk für Flüchtlinge und Einheimische
Übersetzungsplattform für medizinische Befunde washabich.de
Ulrichshusen
Ultimate Frisbee-Junioren-WM
Ultraoptics
Umbau statt Zuwachs – Baulücken- und Leerstandskataster
Umspannwerk Recklinghausen – Museum Strom und Leben
Umwelt-Campus Birkenfeld
Umwelt-Plattform RESET.to
Umwelt-Programm der Volkswagen Leasing für nachhaltiges Fuhrparkmanagement
Umweltfreundliche Beleuchtung
Umweltfreundliche Verpackung Landbox
Umweltmesse »CLEAN TECH WORLD«
UNESCO Welt-Jugend-Festival Stuttgart 2006
UNIAKTIV
UNICEF-Kinderstadt Heilbronn
Uniklinikum Saarland – Generationsübergreifende Palliativstation
Unipack – Automatische Fluggepäckverladung
United Charity Internetauktionen
UNITRACC
Universität der Bundeswehr München
Universität der Künste Berlin
Universität Kassel
Universität Koblenz-Landau – Institut für Bildung im Kindes- und Jugendalter
Universität Stuttgart – Institut für Leichtbau Entwerfen und Konstruieren
Universität Würzburg & Würzburg AG
Universitätsbibliothek Regensburg
Universitätsklinikum Tübingen
Universum® Science Center Bremen
Unser Wasser für heute und morgen – Chemiefreie Wasserbehandlung unsicht-Bar®
Unterirdische Bewässerungsmatten von EcoRain
Unterirdischer Zoo
Unternehmensgruppe fischer
Unternehmensnetzwerk Wirtschaft für ein weltoffenes Sachsen
Unternehmensservice Bremen
Unternehmerfratzen – Projekt zur frühen Berufsorientierung
Unternehmergymnasium Bayern
Unternehmerinnen-Zentrum Hannover
Unterrichtsfach Glück
Unterwasser-Pumpspeicherkraftwerk
Upcycling-Zentrum Neunkirchen
UR:BAN – Benutzergerechte Assistenzsysteme und Netzmanagement
Urania Berlin e. V.
Urban Mining – Städte als Rohstoffmine
Urbane Produktion der Zukunft
Urlaubskampagne
Urwald-Life-Camp
Urwaldprojekt »Wilde Buche« in Hümmel
User generated radio
Userlane – Wie Software für jeden verständlich wird
UV-Licht von OSRAM für nachhaltigere Lebensmittel
UVEX WINTER HOLDING
V-Industry – Plattform für kollaborative Industrie 4.0
V-Light – Natürliches Energiesparlicht
v. Bodelschwinghsche Anstalten Bethel
va-Q-plus – Vakuumisolationspaneele
ValuePark Schkopau
VARTA Microbattery GmbH
Väterzentrum Berlin
Vattenfall Lesetage
VCD-Kampagne »FahrRad! Für's Klima auf Tour«
Veeh-Harfe – Instrument für Laien
Venture Support
Verbundprojekt »Qualitätsdifferenzierte Getreideernte«
Verbundweiterbildung-plus
Verein »Gefangene helfen Jugendlichen«
Vereinbarkeit von Beruf und Familie Vereinigte Domstifter zu Merseburg und Naumburg und des Kollegiatstifts Zeitz
Verfemte und vergessene Musik
Verkehrs-Aktiengesellschaft Nürnberg
Vermittlungsplattform HIRE.social
Vertriebsplattform Querfeld
Verwaiste Eltern und Geschwister Bremen e. V.
Verwandte in der Bronzezeit
Viabono – umweltorientiert reisen
VIAJET FILTAIR
VICTRESS DAY 10
VideoBustour – multimediale Stadtrundfahrt
Videokunst zum Kirchentag
Viesener Theaterfrühling
Viessmann Nachhaltigkeitsprojekt »Effizienz Plus«
Villa Öki
Villa Romana
Villa Schöpflin – Zentrum für Suchtprävention
Villeroy & Boch
Viprinet Multichannel VPN Router
Virtual Development and Training Centre des Fraunhofer IFF
Virtual Dimension Center Fellbach
Virtual-Reality-App für den Biologieunterricht
Virtual-Reality-Experimente – der digitale Physikunterricht
Virtual-Reality-Plattform Cross Connected
Virtuelle Stadtführung »Talking Places«
Virtueller Reiseführer Luther Trip
Virtueller Spiegel
Virtuelles Kraftwerk Next Pool
Virtuelles Labor Bauphysik
Virtuelles Literaturhaus
Visualisierungszentrum
VITA Assistenzhunde
Vito E-CELL – der Elektrotransporter
Vitronic Dr.-Ing. Stein Bildverarbeitungssysteme GmbH
Viva con Agua de Sankt Pauli e. V.
VKF-Workshop Schloss Quilow
Vodafone Chancen
Vodafone Stiftungsinstitut für

Kinderschmerztherapie und Pädiatrische Palliativmedizin
Voith Maxima® 40 CC
Voith Paper Holding GmbH & Co. KG
VOITH TURBO SCHARFENBERG GmbH & Co. KG
VolksLesen.tv
Volkswagen Data Lab – Big Data für die Mobilität von morgen
Vollautomatische Kalibrierung von Messgeräten bei [msb]
Vom Automobil zum Patienten
Vom Schaubergwerk zum Feenreich
Von der Kunst des Sprechens – Akademie für gesprochenes Wort
Vorausschauendes Energiemanagement im Forschungs- und Anwendungszentrum Blieskastel
Vorlesekoffer der Deutschen Bahn
VPM – Leben retten
VUSAF Education Center
W-tec
Wachendorff Elektronik
Wachstumskern MBC
Wächterhäuser
Wackelpeter
WACKEN:MUSIC:CAMP
Waldaktie
Waldpiraten-Camp
Wallraf der Museumsbus
Wally – Innovativer Tiefsee-Crawler
Wanderoper Brandenburg
WASH United – Fußballstars für sauberes Trinkwasser
Wasser 3.0 – innovatives Verfahren zur Wasserreinigung
Wassererlebnispfad
Wasserfiltermethode Hydro Solution
Wasserkraftwerk ECOhydro
Wasserstofftechnikum des KIT
Wattenmeer-Forschungsstation
WAY TO GOLDEN FUTURE
Webbasiertes Büro
WEBCLASS-Projekt
WeberHaus PlusEnergie
Webinare – VHS-Seminare für zu Hause
Webprojekt #uploading_holocaust
Website www.nachrichtenleicht.de
WeiberWirtschaft eG – Gründerinnen- und Unternehmerinnenzentrum
Weihnachtsdorf Wanderup
Weimarpedia – Interaktives Kulturlexikon für Schüler
Weinberg Campus der Martin-Luther-Universität Halle-Wittenberg
Weinmann Geräte für Medizin GmbH
Weitblick
Weiterbildung für Imame und Seelsorgerinnen Universität Osnabrück
wekofit BeautyBären
Welcome Integration Network – Bündnis für arbeitssuchende Flüchtlinge
Wella AG
wellcome – praktische Hilfe für Familien nach der Geburt
Wellenkraftwerk NEMOS
Welt:Klasse
Weltkulturerbe Völklinger Hütte – Europäisches Zentrum für Kunst und Industriekultur
Weltkulturerbe Zollverein, Entwicklungsgesellschaft Zollverein mbH
Weltreise durch Wohnzimmer – Projekt zur Völkerverständigung
Weltweite Vernetzung für effizientere Produktion
Wende-Zeiten
Wendelstein 7-X: Fusionsforschung für das Kraftwerk von morgen
Wenn einer eine Reise tut ...
Werkstatt für behinderte Menschen
Werkstoffe für die Zukunft
Werner & Mertz GmbH – Erdal-Rex
Werra-Kalibergbau-Museum, Museum in der Stadt Heringen
Wet-green® – Bio-Leder aus Olivenreststoffen
Wettbewerb »Küchen für Deutschlands Schulen« mit Tim Mälzer
Wettbewerb der Siemens Stiftung
WF Wabenfabrik
wheelmap.org – Onlineverzeichnis für rollstuhlgerechte Orte
WHU First Responder
WHU-Studenten helfen e. V.
Widerstandsarmes Lüfterrad von Ziehl-Abegg
widufix
widufix-Lauf
Wie klingt Citrus?
Wiechert'sche Erdbebenwarte Göttingen e. V.
Wikidata
wilhelm.tel
William Prym GmbH & Co. KG
Willkommens-Agentur Uckermark
willpower energy™
Willy-Brandt-Zimmer Unkel
Windcloud – Das grüne Rechenzentrum
WindNODE – Das Schaufenster für intelligente Energie aus dem Nordosten Deutschlands
Winterfest – Computerspiel gegen Analphabetismus
Winziger Quantensensor für neue Messverfahren
Wir erfüllen Herzenswünsche
Wir helfen Afrika e. V.
Wir reden mit!
WIR treffen uns – Unterstützertreffen für Demokratie und Toleranz
Wirtschaftsakademie für Schüler der Herzog-August-Stiftung
Wirtschaftsplattform Irak
WisaWi – Kompetenz verbinden. Geisteswissenschaftlerinnen in die Wirtschaft
Wissenschaft und Sicherheit
Wissenschaftlicher Geflügelhof
Wissenschaftsstadt Adlershof
Wissensfabrik
Wissenskarawane
Wissensplattform meereisportal.de
Wissenstransfertag
Wissenswerkstatt Friedrichshafen
Wissenswerkstatt Saarbrücken – Technik erleben und begreifen
witelo – Netzwerk der wissenschaftlich-technischen Lernorte in Jena
Wittenstein AG
Witterungsbeständiges Holz durch Plasmatechnologie der HAWK
Witthauschule
Woche der Sonne
Wodźan – Wassermann: Stadt frei für sorbische Kultur
Wohnen für Senioren
Wohnungsgenossenschaft Am Beutelweg
Wölfersheimer Gemeinde-App
Wolke Inks & Printers
Woltersburger Mühle
Women in Jazz – Internationales Musikfestival
women&work – Messe-Kongress für Frauen
Woodcube Hamburg
WoodShirts – T-Shirts aus Holz
work-life-competence – Qualifizierungsprogramm der Bertelsmann Stiftung
workeer – Jobbörse für Geflüchtete
Workshops »Schüler entdecken Design«
World Business Dialogue
World Children's Radio Network
WundVita
WuppDi! Bewegungsspiele für Parkinson-Patienten
Wuppertaler Patenprojekt
Würth Solar
www.aktiv50.net
www.mobile-wohnberatung.de
www.mut-gegen-rechte-gewalt.de
www.utopia.de
XEN.ON
XenoGlue – biokompatibler Klebstoff für die Medizin
xeoos-Kaminofen mit TwinFire-Technologie
Xinoah
XLAB – Das größte Schülerlabor
XLAB – Göttinger Experimentallabor für junge Leute e. V.
Xompu – PC mit Administrations- und Fernwartungsservice
xplore New Automation Award
YAKINDU
yetu – die smarte Smart Home Lösung
young academy rostock
Young Companies
Young Leaders for Sustainability
young.euro.classic
Youth Bank
YouWiPod
zafh.net
Zahnärztlicher Hausbesuchsdienst Uckermark
Zahnklinik Marburg/Lahn
Zahnmobil
ZAwheel – Sauber und leise unterwegs im Elektrobus
ZDF-Fernsehgarten
zebra – Zentrum für Brustgesundheit und Brustkrebsangelegenheiten
Zechenmusik im Ruhrgebiet
Zeiss-Planetarium Jena
ZEITSCHRIFT DER STRASSE
zemisec – elektromobiler Warenverkehr
ZENIT
Zentralbibliothek Online
Zentrale Vernetzungsstelle »Grünlandzentrum«
Zentralinstitut und Museum für Sepulkralkultur
Zentrum der Förder- und Aufzugstechnik Roßwein
Zentrum für Literatur- und Kulturforschung Berlin
Zentrum für Mehrsprachigkeit und Integration
Zentrum für seltene Erkrankungen Tübingen
Zentrum für Spitzensport
Zentrum Moderner Orient
Zeolith-Trocknungssystem in BSH-Geschirrspülern
zeoTHERM – Zeolith-Gas-Wärmepumpe
Zeppelin Museum Friedrichshafen
Zeppelin University GmbH
ZisterzienserMuseum Kloster Walkenried
Zivilcourage
ZKM Zentrum für Kunst und Medientechnologie
Zollverein School of Management and Design
Zoo Leipzig
ZOOM Erlebniswelt
zoomer.de
ZPT Saar
Zukunft braucht Erfahrung
Zukunft durch Innovation.NRW
Zukunft Leben
Zukunfts-Diplom für Kinder
ZukunftsDORF Legden
ZukunftsHaus Wedding – Begegnungsort für einen ganzen Stadtteil
Zukunftslabor Orchesterschule
Zukunftslabor Telekommunikation
Zukunftslotsen Hamburg-Harburg
Zukunftsmeile Fürstenallee – Spitzenforschung für den Mittelstand
Zukunftspreis Kommunikation
Zukunftsprojekt Morgenstadt
Zukunftsstadt Lüneburg 2030+
Zukunftsstandort Ewald
Zukunftstechnologien
Zukunftswerkstatt »MORGEN IN MEINER STADT«
Zukunftszentrum Technologie und Ausbildung – Hochmoderne Ausbildung in Varel-Friesland
Zurück zum Beruf!
Zusammen sind wir stark – Ausbildungsinitiative für Förderschüler
Zusammen wachsen
ZustifterRente der Stiftung Liebenau
ZVEI – Initiative für Energie-Intelligenz EnQ
Zweckverband »Linkes Weserufer«
Zweibrüder Optoelectronics GmbH
Zweisprachiges Bilderbuchkino der Bürgerstiftung Berlin
ZwischenSpiele – ein integratives Education-Projekt des Klavier-Festivals Ruhr
ZytoVision
ZZZ – ZwischenZeitZentrale
(B)energy – mobile Biogastechnik
(M)eine Stunde fuer Wuppertal (wlp)°
[U25] – Jugendliche helfen Jugendlichen
*stars of tomorrow
#creativecoder{ – Traineeprogramm für kreative Programmierer
#goinclusive
#HolDenOberbürgermeister
1. europäischer Erfinderkongress
10 000 000 Schritte
100 beste Plakate
100 prozent erneuerbar stiftung
1000-Dächer-Programm
100ee Regionen: Energieversorgung in Eigenregie
100MeilenBerlin – der Mauerweglauf
150 Jahre inklusives Dorf Neuerkerode – ein Teil von uns
17/70 – Junge Paten für Senioren
180° Wende – Multiplikatorennetzwerk
20 Jahre Deutsche Einheit
20. Heidelberger Symposium
24-Stunden-Kunstmuseum
24-Stunden-Trauservice
3-D-Biochip
3-D-Erfassungsroboter IPO.Eye
3-D-Expertensymposium BEYOND
3-D-Scanner für sehende Industrieroboter
360°
3D Image Processing
3D Monitor
3D-Filme
3D-Kuppelkino mit 360-Grad-Technik
3D-Trainingssimulation HumanX
3DPro – hochwertige Prothesen für die Dritte Welt
3S-LeakChecker – Dichtheitskontrolleur für Verpackungen
3YOURMIND – 3D-Druckservice für Industrie und Architektur
41. Bundeswettbewerb Jugend forscht
4JET Technologies – Laserbearbeitung flexibler Elektronikfolien
4SC AG
4Security
4Wheels RäderHotel
60 Jahre PROGRESS Film-Verleih
90elf – Deutschlands Fußball-Radio

GETREIDE IM KOPF

Philipp Kraiss und **Hubertus Bessau** – sie gründeten mymuesli 2007 gemeinsam mit Max Wittrock.

Der erste Marktcheck war ein Reinfall – Studenten mischten trotzdem personalisiertes Müsli an

Mit Cerealien Furore machen – darauf muss man erst mal kommen. Beste Voraussetzung: Wenn man selbst gern Müsli isst. Für die Passauer Studenten Hubertus Bessau, Philipp Kraiss und Max Wittrock ganz und gar keine Hürde. 2007 gründeten sie mit einem Startkapital von 3500 Euro ihr eigenes Unternehmen. Heute vertreibt die Mymuesli GmbH mit Sitz in Passau über das Internet, eigene Läden und den Lebensmitteleinzelhandel individuelle, aber auch vorkonfektionierte Müslimischungen aus ökologischem Anbau.

Als Erste in der Lebensmittelbranche wendeten sie das Prinzip Mass Customization an. Das heißt, entscheidende Merkmale des Produkts werden nach Kundenwunsch variiert – und auf diese Weise wird ein Massenmarkt bedient. Mittlerweile nutzen viele andere Unternehmen diese Vorgehensweise. Auch für den Trend, als Online-Händler stationäre analoge Shops aufzubauen, hatten die jungen Männer ein Näschen.

Beraterischen Support und Austausch suchten die Gründer von Beginn an. 2008 streckte mymuesli seine Fühler nach Österreich aus. Und in die Schweiz, dort entstand eine eigene Produktionsstätte bei Basel. Ein Jahr später folgte die Expansion in die Niederlande, jüngst kamen Frankreich und Schweden dazu. Die Gründer gingen auch technisch innovative Wege: In Zusammenarbeit mit einem befreundeten Maschinenbauer entwickelten sie 2011 die weltweit erste vollautomatische Müsli-Mixmaschine. Die Produktionsstraße kann mehr als 566 Billiarden Müsli-Variationen produzieren. Erst 2016 kamen auch Investoren an Bord.

Heute gehören zudem Müsliriegel, Haferflocken, die Milchalternative »Nilk« und ein Bio-Blatttee zum Sortiment. Zeitweise betrieb mymuesli mehr als 50 Läden in drei Ländern; mittlerweile konzentrieren sich die Geschäftsführer wieder mehr auf das Online-Geschäft. Die Dosen gibt es aber auch in Super- und Drogeriemärkten.

Ende 2019 hat Geschäftsführer Max Wittrock die Firma verlassen. Seine Co-Gründer Hubertus Bessau und Philipp Kraiss führen mymuesli erfolgreich weiter. Die Übertragung des »build-to-order«-Prinzips – bei dem die Ware erst nach der Bestellung des Kunden hergestellt wird – auf die Mischung von Müsli wurde mehrfach ausgezeichnet, unter anderem mit dem Europäischen Innovationspreis. Wohin Cerealien einen führen können, deutet die neueste Idee der Passauer an: Über einen genbasierten Test sollen die Kunden nun eine ganz ihrem eigenen Stoffwechsel angepasste Ernährung verpasst bekommen. Spannend: Die Gründer hatten diese Möglichkeit im Vorjahr schon erwogen und veröffentlicht – als Aprilscherz.

Eines von vielen Müslis
aus dem Sortiment.

Herr Kraiss, was genau war der zündende Funke für Ihre Idee?

Die Geschichte unseres Bio-Müslis begann im Sommer 2005: Es war so heiß, dass wir, die drei Studenten Hubertus, Max und Philipp, uns damals auf den Weg zum See machten. Im Auto hörten wir den Radiospot einer bekannten Müslifirma. So kamen wir ins Gespräch über Werbung und Müsli: Wir malten uns aus, wie viel besser unsere Müsli-Werbung wäre. Und unser Müsli erst …

Hielten Sie Ihre Idee gleich für tragfähig?

Schon. Auf dem Rückweg hielten wir an einem Supermarkt. Wie sah die Müsliauswahl aus? Wir sahen eine Menge bunter Pappkartons mit diversen Cerealien in Richtung Frühstücksschale fliegen. Die ganze Müsliwand schrie »leckerleckerlecker«. Aber überzeugt waren wir nicht. Jeder von uns mag Müsli gern. Dennoch fanden wir keines, das uns dreien bedingungslos schmecken würde. Immer war eine Zutat enthalten, die einer von uns nicht mochte. Warum nicht ein Müsli mixen, das nur die eigenen Lieblingszutaten enthält – »custom-mixed muesli«? Und es sich dann direkt nach Hause schicken lassen?

Stylisch und farbenfroh:
ein mymuesli-Store in München.

» Wie viel Potenzial steckt in einem Online-Müsliladen? Unter Hunderten Antworten war das Ergebnis sehr klar: 0 %.

Welche ersten Schritte unternahmen Sie, um aus der Idee ein Projekt zu machen?

Los ging es mit vielen eigenen kleinen Marktanalysen, Verkostungen und einer Online-Umfrage als erstem Marktcheck.

Was ergab die Online-Umfrage?

Das war ein Moment, bei dem wir kurz innegehalten haben: Die Online-Umfrage war unsere erste Maßnahme in Sachen Marktforschung. Die Grundfrage war simpel: »Würden Sie Müsli online kaufen?« oder anders ausgedrückt: Wie viel Potenzial steckt in einem Online-Müsliladen? Unter Hunderten Antworten war das Ergebnis sehr klar: null Prozent. Nachdem wir daraufhin alle weiteren Handlungsoptionen durchgespielt hatten und keine davon infrage kam, dachten wir uns: Egal, wir machen es trotzdem!

Was hat Sie so stark motiviert?

Es gibt Tausende richtig gute Geschäftsideen. Jeden Tag sitzen potenzielle Gründer zusammen und grübeln über ihre Start-up-Idee. Grob geschätzt schaffen 99,9 Prozent nie die Umsetzung. Der entscheidende erste Schritt ist also: machen, konkret werden, umsetzen … Und wenn man für seine Idee brennt, kann man auch gar nicht anders!

Welche Hemmnisse gab es?

Ehrlich gesagt, einige. Angefangen vom ersten Ausverkauf innerhalb von 14 Tagen, den wir viel zu spät mitbekommen hatten. Da füllten wir jede Dose noch von Hand ab. Gefolgt von einem verspäteten Dampfer mit Bio-Ananas und so vielem mehr. Aber wir pflegen bis heute eine offene Fehlerkultur bei mymuesli, wir probieren einfach vieles aus. Und wenn es doch nicht klappt, sind die Learnings umso größer.

Insider-Tipps

121. Alles beginnt mit einer Geschichte: An die des eigenen Start-ups und die Energie aus der Gründungsphase sollte man sich immer erinnern, vor allem in schwierigen Zeiten.

122. Das eigene Start-up braucht ein klares Alleinstellungsmerkmal.

123. Je enger der Fokus, desto besser.

124. Gründen ist viel, viel harte Arbeit: It takes years to become an overnight success.

125. Geld sollte nie die Hauptmotivation sein, um ein Start-up zu gründen.

Auf der mymuesli-Webseite werden individuelle Müsli-Mischungen aus biologischem Anbau angeboten.

Ihr größter Fehler?

Ach, da gab es einige. Aber eine Produktion im ersten Stock eines Passauer Altstadthauses in der Fußgängerzone ohne Aufzug einzurichten – das war schon eine logistische Glanzleistung. Wir haben es mit unzähligen Getreidesäcken und Paketen gebüßt, die wir immer wieder durch das enge Treppenhaus schleppen mussten. Doch solche Dinge passieren einfach. Und am Ende kann man hoffentlich auch über die eigenen Fehler lachen.

Was hat Ihnen in kritischen Situationen geholfen?

Ganz klar: Die Zusammenarbeit und der Zusammenhalt im Team. Und damit meinen wir nicht nur uns Gründer, sondern besonders unsere Mitarbeiter. Wir haben so vieles zusammen erlebt, haben uns gerade in der Anfangszeit Nächte um die Ohren geschlagen, sind an unsere Grenzen gestoßen und haben immer zusammengehalten – auch wenn es stressig, nervig oder unbequem wurde.

Ihr bisheriges Highlight?

Davon gibt es eine ganze Menge: Angefangen mit der ersten Bestellung, die, kurz nachdem wir in der Nacht zum 1. Mai online gingen, mit einem »Ping« im E-Mail-Postfach einging. Unsere erste feste Mitarbeiterin, die uns noch heute begleitet. Unsere erste Müsli-Mixmaschine, die wir mit einem befreundeten Ingenieur entwickelt haben, unser erster analoger mymuesli-Laden.

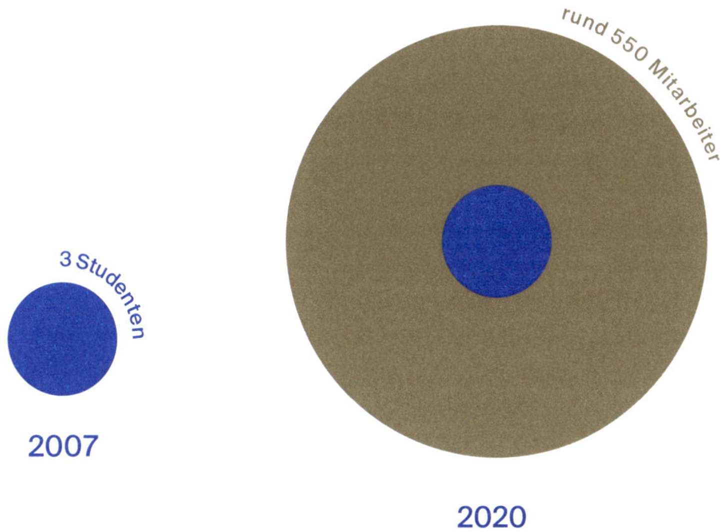

Insider-Tipps

126. Gründen heißt irgendwann auch, Unternehmer und Chef zu sein. Darauf sollte man Lust haben.

127. Nicht zu früh und nicht zu einfach Anteile abgeben.

128. Erfolge sollte man feiern!

129. Und: Einfach machen ist meistens der beste Markttest.

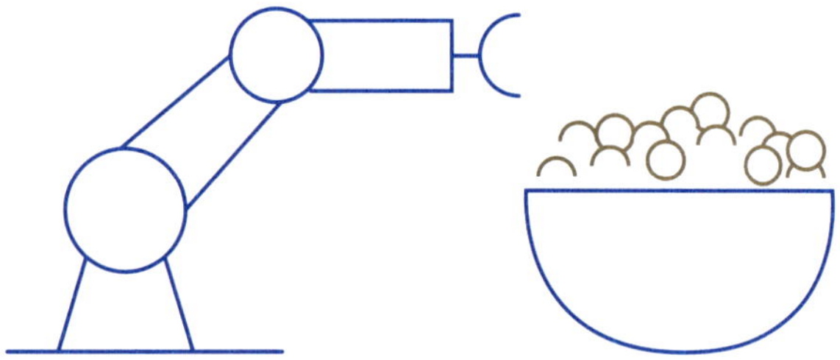

Die Müsli-Mixmaschine kann 566 Billiarden Müsli-Variationen produzieren.

Worauf hätten Sie im Entstehungsprozess auf keinen Fall verzichten können?

Ohne das passende Team wären die vergangenen 13 Jahre nicht so erfolgreich, verrückt, wunderbar und lustig gewesen. Allein, wenn wir an unseren ersten TV-Spot denken …

Was war damit?

Das war 2010. Wir hatten dafür fast kein Budget eingeplant. Also drehten wir mit einem iPhone – wir sprangen per Tandem aus einem Flugzeug. Auf ProSieben wurde der Spot dann ausgestrahlt.

Wenn Sie mit Ihrem Wissen von heute noch mal neu starten dürften – was würden Sie anders machen?

Hubertus würde jetzt wahrscheinlich sagen: unseren Webshop nicht selbst programmieren. Das hat er sich beigebracht und sich damals als Teenager sein Taschengeld aufgebessert. Für die kleinen Websites, die er damals programmierte, waren Sicherheitslücken vielleicht noch nicht so relevant, aber als Unternehmen haben wir im Nachhinein unzählige Arbeitsstunden in unseren Webshop investieren müssen.

BRILLE FÜRS LEBEN

Sehhilfe für eine bessere Zukunft:
ein Mädchen in Indien 2017.

Lokalen Widrigkeiten zum Trotz: Ein Verein schenkt Menschen in Entwicklungsländern eine Perspektive

Maßarbeit vor trocknender Wäsche – Trainees fertigen 2012 in Uganda Brillen an.

Gründer **Martin Aufmuth** strahlt mit einem Jungen in Malawi um die Wette.

Unkorrigierte Fehlsichtigkeit gehöre zu den größten globalen gesundheitlichen Problemen, las Martin Aufmuth im Buch »Out of poverty« von Paul Pollack. Wenn arme Menschen in Entwicklungsländern keinen Zugang zu Sehhilfen und augenoptischer Versorgung haben, schränkt das ihr ganzes Leben ein: Als Kinder können sie in der Schule dem Unterricht nicht folgen, als Erwachsene nicht richtig arbeiten und ihre Familien nicht versorgen. Eines Tages sah Aufmuth in einem Ein-Euro-Laden in seiner Heimatstadt Erlangen Brillen für einen Euro – und fragte sich: Wie kann es sein, dass in einem so reichen Land wie Deutschland billige Brillen verfügbar sind, in Entwicklungsländern aber nicht?

Dieser Gedanke setzte sich bei ihm fest. Er begann zu recherchieren, testete Materialien, prüfte rund 1000 bestehende Patente. Und befand: Es würde nicht damit getan sein, einfach Brillen in die Welt zu schicken. Einen echten Systemwechsel herbeiführen würde nur eine augenoptische Grundversorgung, die den Prozess vom Sehtest über die lokale Brillenproduktion bis hin zur Nachsorge und einen Reparatur- und Ersatzglas-Service umfasst. Die auch für Menschen finanzierbar ist, die einen US-Dollar und weniger pro Tag verdienen, und kontinuierlich zur Verfügung steht.

Er holte Mitstreiter an Bord, die Know-how zu Finanzen, Controlling, Marketing und Öffentlichkeitsarbeit, augenoptischer Expertise und HR mitbrachten. So konnte er die Organisation in wenigen Jahren stark professionalisieren.

Und die Brille selbst? Sie musste robust, flexibel und günstig sein. Gleichzeitig attraktiv – um Akzeptanz in einer Bevölkerung zu gewinnen, in der Brillenträger oft stigmatisiert sind. Zentral war die lokale Herstellung: Mit der Biegemaschine entwickelte Aufmuth eine Produktionsmethode, die auch in ländlichen Gegenden ohne Strom und durch angelernte Fachkräfte umsetzbar ist. Es war der Start zu einem Social-Business-Modell, das heute in Ländern

Afrikas, Asiens und Lateinamerikas funktioniert. Und mitunter einen Kampf mit großen Kräften bedeutet. Auslandsprojekte erfordern einen ungleich höheren Aufwand als solche vor der eigenen Haustür.

Wie startet man so etwas, Herr Aufmuth?

Mir war schnell klar, dass mein Projekt keine One-Man-Show bleiben konnte. Mit einem kleinen, aber wachsenden Team begann ich, Partner in Deutschland und in verschiedenen Ländern zu suchen, mit denen wir das Projekt gemeinsam umsetzen konnten. Gleichzeitig erarbeiteten wir ein Konzept für die Ausbildung lokaler Fachkräfte in Herstellung und Vertrieb der EinDollarBrille und entwickelten das Produkt- und Produktionskonzept fort. Heute haben wir neben der klassischen EinDollarBrille auch Sonnenbrillen und Brillen mit einem schicken eckigen Rahmen im Sortiment. Und unsere Biegemaschine kann sogar von blinden Menschen bedient werden.

Kurze Rückblende: Wie viel Zeit verging zwischen Ihrer Idee und der praktischen Erprobung?

Nach rund zwei Jahren hatte ich mein Produkt- und Herstellkonzept so weit perfektioniert, dass ich einen ersten Test wagte: 2012 reiste ich mit Augenärzten nach Uganda. Ich lud zu ersten Sehtests ein, und die ersten Patienten erhielten die EinDollarBrille. Ich stellte fest: Das Produkt passt – und gefällt außerdem. Uganda war die Nagelprobe. Wenn mein Konzept hier funktionierte, würde es auch woanders Zuspruch finden.

Wie erlebten Sie den Roll-out in den anderen Ländern?

Zunächst mussten wir uns der Erkenntnis stellen, dass die Bedingungen für die Umsetzung unseres Projekts in jedem Land anders aussehen. Was in Burkina Faso gut funktioniert, kann in Brasilien scheitern. Wir erleben auch immer wieder, dass wir auf bestimmte Faktoren einfach keinen Einfluss haben und manchen Prozess nicht beschleunigen können. Politische und soziale Konflikte, Streiks im Gesundheitswesen, eine ineffiziente Bürokratie: Damit kämpfen auch andere Organisationen, und da müssen auch wir uns leider in Geduld üben. Aktuell sind wir in mehreren der von uns betreuten Länder mit einer politisch angespannten Lage konfrontiert, und auch Wahlen führen immer wieder zu Unruhen, wie 2019 im südostafrikanischen Malawi. Oft können wir dann unsere Outreaches, die Bereitstellung unserer Dienste, bei denen wir in die Dörfer fahren und die Menschen untersuchen, nicht durchführen – es wäre zu riskant. Aber auch jenseits der politischen Großwetterlage bietet der Alltag genug Herausforderungen.

Welche?

Eine der wichtigsten Grundlagen unserer Arbeit ist, in den Projektländern die richtigen Partner zu finden, mit denen wir rechtlich auf der sicheren Seite stehen und die auch die passende Kompetenz und die richtigen Netzwerke mitbringen. Es ist auch nicht einfach, die richtigen Mitarbeiter zu finden, die den optimalen Mix aus Qualifikation, Motivation und Loyalität aufweisen. Auch unsere Vertriebskanäle müssen wir immer auf die Verhältnisse und Präferenzen vor Ort anpassen und testen, was funktioniert. In größeren Städten setzen wir vor allem auf die Einrichtung eigener Shops mit eigenem Branding; die Menschen in ländlichen Regionen Malawis oder im dünn besiedelten bolivianischen Altiplano erreichen wir derzeit nur über Outreaches. Bei Shop-in-Shop-Systemen kommt es stark darauf an, ob die Partnerschaft funktioniert: Da haben wir beispielsweise mit lokalen Apotheken gute Erfahrungen gemacht.

Welche geschriebenen und ungeschriebenen Gesetze müssen Sie beachten?

Zahlreiche. Von Vorschriften zur Verschreibungspflicht von Brillen bis hin zu gesellschaftlichen Codices in den jeweiligen Ländern. Unsere Verkaufszahlen in Indien haben sich erst richtig dynamisch entwickelt, als wir die Bürgermeister in den Dörfern aktiv in die Vorbereitung der Kampagnen einbezogen haben – durch ältere Camp Organizer. Unsere Arbeit zielt auf Verhaltensänderungen: Die Menschen sollen verstehen, warum gutes Sehen wichtig ist, und das Tragen einer Brille soll an Akzeptanz gewinnen. Dafür ist es unerlässlich, lokale Behörden wie Gesundheitsinstitutionen, vor allem aber Autoritäten wie Dorfälteste in die Kommunikation zu integrieren – so früh wie möglich. Überhaupt Kommunikation: In jedem unserer Projektländer mussten wir erst herausfinden, wie man die Menschen am besten erreicht. In Malawi fahren unsere Teams zwei Tage vor einem Outreach in die Zielregion und kündigen den Termin mit einer Lautsprecheranlage auf dem Auto an, untermalt mit lokaler Musik. Dabei entsteht oft richtig Partystimmung – und dann kommen die Menschen auch, um sich untersuchen zu lassen. Als Multiplikatoren und Co-Organisatoren binden wir außerdem Schulen, Kirchen und Gesundheitszentren ein.

Wächst Ihr Projekt noch?

Ja. Aktuell intensivieren wir unsere Lobbyarbeit für unser einjähriges Ausbildungsprogramm für augenoptische Fachkräfte, das wir in Kooperation mit Augenärzten und Optikern entwickelt haben. 2012 hatte die Weltgesundheitsorganisation vermeldet, dass weltweit 65 000 augenoptische Fachkräfte fehlen, gerade für die Behandlung Bedürftiger in Entwicklungsländern. Nach unserem Trainingsprogramm in Best-Spherical-Correction können die Absolventen den Sehtest korrekt durchführen, das richtige sphärische Brillenglas aussuchen und die EinDollarBrille fachgerecht anpassen. Diese kompakte Ausbildung ist geeignet, dem Fachkräftemangel, der sich mit wachsenden Bevölkerungszahlen ja noch verschärft, mittel- bis langfristig entgegenzuwirken. Um das Ausbildungsprogramm umzusetzen, ist aber noch viel Überzeugungsarbeit nötig – global und national, bei internationalen Organisationen wie bei lokalen Gesundheitsbehörden.

>240.000
Menschen mit Brillen versorgt

220
Arbeitsplätze geschaffen

160 km
Federstahldraht zu Brillen verarbeitet

»Krisen bieten große Chancen für Innovationen – auch für die Lösung gesellschaftlicher Probleme. Über Crowdsourcing oder Social Media erreichen wir heute Menschen quer durch die Gesellschaft. Besonders in Großstädten hat die Umsetzung sozial und ökologisch inspirierter Ideen bei jungen Menschen einen Nerv getroffen. Diese Gründerkultur müssen wir weiter fördern, denn Deutschland hinkt im Bereich Social Entrepreneurship international hinterher.

Jasmin Arbabian-Vogel, Präsidentin Verband deutscher Unternehmerinnen

Wie oft können Sie und Ihre Mitarbeiter in Deutschland in den Ländern nach dem Rechten schauen?

Natürlich nicht permanent. Deshalb haben wir uns, wo möglich, starke und verlässliche Partner vor Ort ausgesucht, die die Projekte managen und auch das Reporting übernehmen. In anderen Projektländern haben wir dafür eigene Country Manager eingestellt. Zudem haben wir inzwischen für unsere Projektländer Berichtsstrukturen etabliert, die uns in Deutschland eine schnelle Reaktion auf aktuelle Entwicklungen ermöglichen. Trotzdem reise ich noch regelmäßig in die Projektländer, um mir einen Eindruck zu verschaffen. Das gehört für mich zu den Highlights meiner Arbeit.

Ihr schlimmster Moment?

Einen der schlimmsten Momente hatte ich bei einem Augencamp in Malawi, als wir feststellen mussten, dass ein Großteil der anwesenden Menschen nicht einmal einen Dollar für unsere Brille bezahlen konnte. In Malawi lebt die Hälfte der Bevölkerung von 60 Euro oder weniger – im Jahr.

Wie haben Sie darauf reagiert?

Damit sehr arme Menschen sich trotzdem eine Brille leisten können, bezuschussen wir die Sehhilfen heute mit Spendengeldern.

Ihr größter Fehler?

Der lag vermutlich darin, die Komplexität des Projekts zu unterschätzen. Zunächst dachte ich, dass es in den Projektländern nur weniger Trainings bedurfte, um einige Menschen in der Herstellung der EinDollarBrillen auszubilden – dieses Wissen würde sich dann quasi automatisch verbreiten. Der Aufwand, der jedoch dahintersteckte, Vertriebsstrukturen aufzubauen, immer neue lokale Mitarbeitende auszubilden und weiterzuentwickeln, die richtige Preisstrategie für die EinDollarBrillen zu finden, in den Ländern eine professionelle technische Infrastruktur aufzubauen – das habe ich am Anfang nicht überblickt. Womöglich war das aber sogar ein Vorteil: Vielleicht hätte ich das Projekt EinDollarBrille gar nicht in Angriff genommen, wenn mir gleich zu Anfang bewusst gewesen wäre, was damit verbunden ist.

Was hat Ihnen in kritischen Situationen geholfen?

Ich habe mich mit kompetenten Mitstreitern, aber auch Partnern und Experten aus anderen Organisationen ausgetauscht. Ich bin immer wieder auf Menschen gestoßen, die von unserem Projekt begeistert waren und mir weitergeholfen haben. Es gibt

Insider-Tipps

130. Glauben Sie an sich selbst – Sie können mehr bewirken, als Sie sich am Anfang vorstellen können.

131. Denken Sie groß: Wie muss mein System aussehen, damit ich wirklich vielen Menschen helfen kann?

132. Setzen Sie sich nachvollziehbare und messbare Ziele – aber realistisch müssen sie sein, denn Ziele sollen nicht zuletzt auch motivieren.

133. Holen Sie sich schnell kompetente und engagierte Mitstreiter an Bord – am besten solche mit Fähigkeiten, die Ihre eigenen gut ergänzen.

allerdings auch hin und wieder Situationen, in denen es einfach keine Lösung gibt – und in denen man sich aus bestimmten lokalen Projekten zurückziehen muss.

Wenn Sie mit Ihrem Wissen von heute noch mal neu starten dürften – was würden Sie diesmal anders machen?

Ein paar Irrwege vermeiden. Es gibt ein paar Landesprojekte, die wir aufgrund unterschiedlicher widriger Umstände aufgeben mussten. Darin ist damals viel Energie geflossen, die rückwirkend betrachtet in unseren erfolgreichen Projekten besser investiert gewesen wäre.

Was motiviert Sie durchzuhalten?

Das Engagement unserer Ehrenamtlichen und die Begegnung mit Unterstützern und Förderern. Sie investieren so viel Zeit und Herzblut – das treibt mich stark an, unser Projekt weiterzuentwickeln. Und wenn jemand in Malawi oder Bolivien zum ersten Mal im Leben eine Brille aufsetzt und das Gesicht aufleuchtet, weil er oder sie erstmals alles klar sehen kann, ist das ein magischer Moment für mich. Das Glücksgefühl geht über den Moment hinaus, denn die Brille bedeutet für die betreffende Person, dass sie ihren Alltag wieder besser bewältigen, arbeiten und Geld verdienen oder – wenn es ein Kind ist – dem Unterricht folgen kann. Unsere Brillen eröffnen den Menschen neue Perspektiven – im Wortsinn. Sehr rührend war für mich der erste Käufer einer EinDollarBrille bei meinem ersten Test in Uganda. Der ältere Mann war ganz aufgeregt, als er die Brille aufsetzte: »Ich sehe meine Hütte, ich sehe die Hütte von meinem Nachbarn, den Dorfladen – ich wusste gar nicht, dass das alles so nah beieinander liegt.«

»Und wenn jemand in Malawi oder Bolivien zum ersten Mal im Leben eine Brille aufsetzt und das Gesicht aufleuchtet, weil er oder sie erstmals alles klar sehen kann, ist das ein magischer Moment für mich.

Herstellung der EinDollarBrille
in Bolivien 2019.

Insider-Tipps

134. Treiben Sie regelmäßig Sport, damit Sie fit bleiben.

135. Lassen Sie sich durch Rückschläge nicht entmutigen, sondern verfolgen Sie Ihr Ziel mit eiserner Ausdauer.

FRAUEN GRÜNDEN ANDERS, ABER

GEWA

LTIG.

Weibliche Gründer braucht das Land

Warum Frauen größer denken ~~müssen~~ können

Béa Beste

Cherchez la femme! – Sucht die Frau! Das scheint bei jeder Veranstaltung in der Gründerszene das Motto zu sein. Vorab, wenn Eventmanager nach wenigstens einer Dame fürs Podium suchen. Oder hinterher, wenn peinlich sichtbar wird, dass sich keine gefunden hat. Noch schlimmer: wenn die Veranstalter nicht mal gesucht haben. Gründerinnen finden sich schon. Aber sie sind in der Minderheit.

Béa Beste wuchs im rumänischen Kommunismus auf, bevor sie 1984 nach Deutschland kam. Mit einem Unternehmer hat sie die Privatschulkette Phorms gegründet. Sie arbeitet heute als Beraterin und betreibt einen stark frequentierten Familienblog.

Ursachenforschung gibt es zuhauf. Den Frauen wird allerlei bescheinigt, was sie hindert durchzustarten: zu bescheiden/perfektionistisch/emotional/irgendwas. Und jedes Mal, wenn eine Frau als »zu irgendwas« bezeichnet wird, fällt ein Stück Gründergeist in unserer Gesellschaft auf die Schnauze. Es geht etwas verloren. Dann sind wir alle weniger stark, weniger erfolgreich, weniger unternehmerisch.

Als ich die Phorms Schulen mitgegründet habe und in den Jahren danach, als nicht alles glatt ging (ES GEHT NIE ALLES GLATT BEIM UNTERNEHMENSAUFBAU!!!), holte ich mir auch meinen Kübel »zu irgendwas« ab. Im Unternehmen und außerhalb: Ich war zu kreativ, zu laut, zu undiplomatisch fürs Bildungsbusiness, zu ungeduldig, zu schnell, zu wirtschaftsorientiert, zu... Alles gehört, alles ausgehalten – und dann kam auch »zu unempfindlich«.

> »Der Tochter den Rücken stärken, einem doofen Lehrer die Stirn zu bieten. Und ihr zu sagen, dass es egal ist, welche Note sie dann nach Hause bringt.

War das, weil ich eine Frau war? Schauen wir genau hin: Wer was macht, macht sich angreifbar. Mir dämmerte, dass jeder, der Führung und Initiative übernimmt, Kritik abbekommt. Trifft es mich als Frau mehr? Oder ist es bei mir sichtbarer, weil ich als Frau dann auch sichtbarer bin?

Mir wurde etwas klar: Ich sollte größer denken. Nicht mich, nicht mein Ego. Sondern größer denken im Sinne dessen, was ich als Ergebnis anstrebte. Meine Wirksamkeit. Meine Aufgabe. Und zu meiner Aufgabe wurde es, Kindern und Jugendlichen selbst Wirksamkeit zu ermöglichen. Ganz besonders Mädchen. Den Unternehmerinnen von morgen. Bei den Kindern fängt es an.

ELTERN, GROSSELTERN, FAMILIE, FREUNDE, SCHULE SOLLTEN MEHR WERT AUF MUT LEGEN.

Eine Erziehung, die darauf abzielt, Risiko und Misserfolge zu vermeiden, dient Kindern nicht, vor allem nicht Mädchen. Wir sollten sie ermutigen, etwas zu wagen. Sich vom Scheitern als Option nicht einschüchtern zu lassen. Laut jüngsten Studien in den USA und Europa sind Mädchen in der fünften Klasse durchschnittlich in jedem Fach besser als Jungen. Auch in Mathematik und Naturwissenschaften. Sie haben es also drauf. Sie gehen nur anders an Aufgaben und Fragen heran.

So bleibt es bis ins Erwachsenenalter: Eine HP-Studie ergab, wie die Geschlechter auf Stellenanzeigen reagieren. Männer schicken ihre Bewerbung los, wenn sie glauben, dass sie etwa 60 Prozent der verlangten Qualifikationen entsprechen. Frauen trauen sich, die Bewerbung abzuschicken, wenn sie 100 Prozent der Anforderungen erfüllen. Für die US-amerikanische Anwältin und Gründerin der Organisation »Girls Who Code« Reshma Saujani beweist die Studie keineswegs, dass Frauen mehr Selbstvertrauen brauchen. Sondern dass »Frauen sozialisiert wurden, immer und überall perfekt zu sein, und übervorsichtig sind«. Eine weitere Beobachtung an den Coding-Schulen, die sie gegründet hat: Oft stellen Mädchen keine Verständnisfragen. Sie wollen nicht die Einzige sein, die ein Problem hat. Da sollten wir gegensteuern. Aber wie? Bevor wir unseren Kindern Mut eintrichtern, müssen wir uns selbst mutig zeigen. In unserer Rolle als Eltern und Begleiter.

EIN PAAR ANREGUNGEN AUS DEM LEBEN MIT KIND?

- Auf der Bank sitzen bleiben, wenn das Kind auf dem Klettergerüst ganz nach oben will. Außer es ruft.
- Die fast Dreijährige für zehn Tage auf Kindergartenreise schicken.
- Dem Wunsch einer Sechsjährigen nachgeben, beim Bäcker in der Straße Brötchen zu holen.
- Die Siebenjährige den Schulweg allein gehen lassen, 800 Meter mit einer Ampelquerung.
- Jede Klassenfahrt. Jede verdammte einzelne.
- Der Tochter den Rücken stärken, einem doofen Lehrer die Stirn zu bieten. Und ihr zu sagen, dass es egal ist, welche Note sie dann nach Hause bringt.
- Die Zehnjährige mit der Freundin bis in die Morgenstunden allein lassen. (Die Party war super für alle Beteiligten.)

Jedem, der mit Kindern zu tun hat, fallen sicher mehr Beispiele ein, wie er ihren Mut und besonders den von Mädchen befeuern kann. Denn sie sind die Unternehmerinnen von morgen. Wir brauchen sie dringend.

FARBRAUSCH STATT ROTER LATERNE

Die zeitgenössische Kunst zieht die Blicke aller Generationen an.

Kalbe floriert als Künstlerstadt – aber Schweine auf Stromkästen sind tabu

Rosenstöcke, Fachwerkfassaden, Kitas, Schulen, Optiker, eine Wasserburg-Ruine, 103 Brücken – der Steckbrief der kleinen Stadt Kalbe in der Altmark verspricht ländlichen Charme bei beachtlicher Infrastruktur. Und über allem liegt idyllische Ruhe – Segen und Fluch zugleich. Demografischer Wandel heißt wie in vielen deutschen Landstrichen auch hier das Schreckgespenst. Die Jungen gehen, die Infrastruktur schwindet, die Kultur stirbt mit. Doch die Kalbenser fanden sich damit nicht ab. Eine Initiative von Bürgern deklarierte den Ort 2013 zur Künstlerstadt – das Konzept wird inzwischen kopiert.

Denn die Rechnung ging auf. Seit der Gründung haben sich nicht nur Stimmung und Lebensqualität der Einwohner gehoben; auch die Wahrnehmung von außen ist völlig verändert. Die Geheimzutaten: Kunst und Kultur. Vorsitzende der Künstlerstadt Kalbe ist Corinna Köbele. Sie blickte von ihrem Haus auf verwaiste Häuser und traurige, leere Fenster und fürchtete, bald in einer Geisterstadt zu wohnen. Bei der documenta 2012 in Kassel sah sie, wie Künstler aus Chicago ein altes Hugenottenhaus belebt hatten. Die Menschen tanzten darin, machten in der Küche Musik, bauten in den leeren Räumen Möbel aus Sperrmüll. Dann rief die Stiftung »Zukunft Altmark« auf, Projekte einzureichen. Köbele wurde aktiv. Im heimischen Wohnzimmer schrieb sie, inspiriert von ihren Eindrücken aus Kassel, ein Konzept für Kalbe.

Die praktizierende Psychotherapeutin greift selbst öfter zu Pinsel und Stift und bildet das nie ruhende Herz der Initiative. Ihre freien Wochenenden sind rar. Nach einem Spontanerfolg sah das Vorhaben Künstlerstadt anfangs nicht aus. Lange musste Corinna Köbele Unterstützer suchen. Manche nannten sie mutig, andere verrückt.

Doch binnen Jahren befiel das Kunstfieber die ganze Stadt. Durch die Hände Ehrenamtlicher verwandelten sich verlassene Häuser in Ateliers und Ausstellungsräume. Um 14 Immobilien kümmert sich mittlerweile die Künstlerstadt; einige sind in ihrem Besitz. Die Kalbenser Aktivisten häufen jährlich mehrere Hundert Ehrenamtsstunden an.

Mittlerweile gehören der Fonds Neue Länder der Kulturstiftung des Bundes und die Robert Bosch Stiftung zu den Förderern der Initiative. Kalbe avancierte zum Magneten für Touristen aus dem In-und Ausland: Die Stipendiaten aus aller Welt verleihen der Kleinstadt – abgesehen von ihrem kreativen Output – schon durch ihre bloße Anwesenheit Farbe. Mancher Kalbenser übt eifrig Englisch, und der ortsansässige Steinmetz stellt jungen Bildhauern Steinblöcke zum Bearbeiten unter seine Obstbäume.

Sachsen-Anhalts Ministerpräsident Dr. Reiner Haseloff wurde bei einem der vielen Feste selbst tätig: Mit einer südkoreanischen Stipendiatin gestaltete er eine Postkarte aus Kalbe. Das Werk ging am nächsten Tag an eine bekannte Adressatin –

Spannender Kontrast: Ein Kunstwerk
wertet die kahle Kulisse auf.

»Die ACHAVA Festspiele füllten 2016 eine Nische, indem sie internationale Künstler für den interkulturellen und interreligiösen Dialog nach Thüringen einluden und an ungewöhnlichen Orten präsentierten. Mit der Corona-Krise sind wir und andere Kulturprojekte gezwungen, neue Wege zu gehen, was die Innovationskraft sicher erhöht. Neue Formate, digitale und analoge »Guerillataktiken« werden wichtiger, weil schwer geplant werden kann. Künstler und Veranstalter müssen flexibel und mobil auf die Lage reagieren, was sehr kreativen Output bringen kann.

Martin Kranz, Gründer und Intendant
ACHAVA Festspiele Thüringen

ganz ohne Briefmarke. Bei einem Termin überbrachte Haseloff der Bundeskanzlerin den bunten Gruß aus der Altmark. Als kleines Symbol dafür, dass der Niedergang der ländlichen Region kein Automatismus ist.

Frau Köbele, zu welchem Zeitpunkt und warum hielten Sie Ihre Idee für tragfähig?

Über Tragfähigkeit habe ich mir keine Gedanken gemacht. Es gab einfach keine andere Idee. Das Bestreben, große Betriebe anzusiedeln, war gescheitert; das extra dafür angelegte Gewerbegebiet blieb leer. Warum es nicht einfach ausprobieren? Ich saß in der Küche und dachte: Die anderen Menschen sehen die Schönheit und das Potenzial dieser Häuser nicht. Entweder du übernimmst jetzt Verantwortung für deine Ideen und machst etwas aus ihnen, oder du platzt.

Welche ersten Schritte unternahmen Sie dann?

Mit dem Konzept ging ich zum Bürgermeister. Zusammen mit der Mitarbeiterin für Tourismus hörte er sich meine Ausführungen über die Stadtentwicklung an. Sicherlich ein sehr seltenes Ereignis in der Laufbahn eines Bürgermeisters, dass ein Bürger der Stadt ihm Ideen vorträgt. Danach durfte ich im Stadtrat sprechen. Die Frau von der Presse saß die ganze Zeit mit offenem Mund da. Eine der Stadträtinnen fragte mich: »Sie sagen immer ›wir‹, Frau Köbele. Wer ist das denn?« Ich stammelte ein wenig, denn es gab eigentlich noch niemanden außer mir. Ein paar Freunde wussten von der Idee, glaubten aber nicht so recht daran. Das sagte ich dann, schob aber hinterher, dass es sicher bald ein WIR geben werde.

Wie ging es weiter?

Nach dem Stadtrat informierte ich den ortsansässigen Kultur- und Heimatverein sowie den Tourismusverein und lud zu einer öffentlichen Infoveranstaltung für alle Interessierten, um weitere Mitstreiter zu gewinnen. Ich recherchierte, wie ich am besten Künstler nach Kalbe holen könnte, und sammelte Hochschuladressen aus Deutschland, den Niederlanden, Dänemark, Polen und Tschechien.

Aber Sie hatten noch keine Unterkünfte.

Genau, gleichzeitig suchte ich also Grundstückseigentümer und Hausbesitzer, die uns ihre Gebäude für die Zwischennutzung überließen. Zunächst fand sich niemand. Ich war verzweifelt. Ohne Häuser konnten wir nicht starten. Der Erste war dann der katholische Pfarrer. Dann kam Bewegung rein. Denn bald mussten wir die ersten Wohnungen für die Stipendiaten herrichten. Wir improvisierten mächtig. Wir haben ja mit null Cent begonnen. Jeder beteiligte Kalbenser brachte also etwas von zu Hause mit, sammelte und suchte in allen Ecken nach Brauchbarem. Schließlich fand ich auch eine private Wohnungsgenossenschaft, die uns ihre Altimmobilien zur Verfügung stellte. Die waren in einem extrem schlechten Zustand, zum Teil seit 20 Jahren nicht bewohnt.

Wie haben Sie die so schnell hergerichtet?

Ich rief über die Zeitung dazu auf, mit mir die verwaisten Wohnungen zu putzen, um sie dann zum ersten Sommercampus der Künstlerstadt herzurichten. Es kamen sechs Frauen mit Wischlappen, Eimer und Putzzeug. Ich kannte keine von ihnen. Wenig später gründete sich die Künstlerstadt Kalbe als Verein. Einen Monat später kamen unsere ersten Stipendiaten – 15 junge Künstler.

Und wann kam das besagte Wir zustande?

Viele Monate später saß ich im ehemaligen Turnraum eines verlassenen evangelischen Kindergartens. Freunde und ich wollten einen Anfang schaffen. Wir luden zu einem Konzert zweier Musiker aus der Region. Mühevoll hatten wir den Raum von Unrat und Unkraut befreit, Stühle und Strom besorgt. Schließlich saßen 60 Menschen in diesem kleinen Saal und lauschten den beiden Musikern, die am Ende tosenden Applaus bekamen. Die beiden dankten

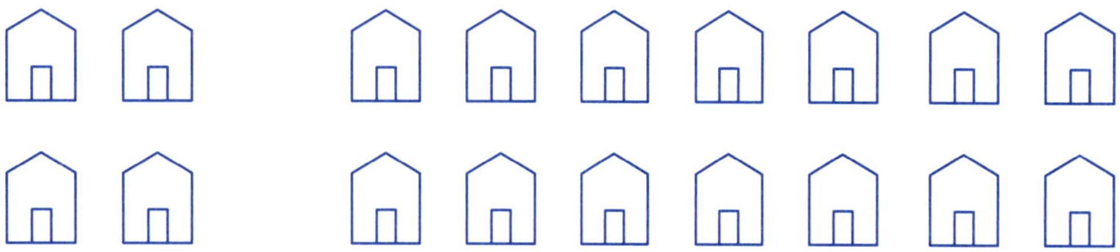

dem Publikum – und der Künstlerstadt für dieses unbeschreiblich schöne Erlebnis. Der Applaus brandete wieder auf, hielt lange an. Da wusste ich, dass jetzt das WIR da war.

Welche Steine gab es aus dem Weg zu räumen?

Ich musste einen Vorstand finden. Niemand wollte sich auf so etwas Wagemutiges einlassen. Ich hatte zwar ein paar Ideen parat, konnte aber keine Sicherheit bieten, dass es uns gelingen könnte. Ich redete mir den Mund fusselig. Als der Tag der Gründung gekommen war, hatte ich bis zum Morgen noch nicht einmal die für einen Verein notwendigen sieben Menschen sicher zusammen. Zum Glück fanden sie sich dann am Abend.

Wie kamen die verschönernden Maßnahmen bei den Einwohnern an?

2016 kauften wir den Kulturhof, ohne eigenes Geld. Ein privates Darlehen, von dem ich noch nicht weiß, wie ich es zurückzahlen soll, machte uns den Kauf möglich. Bedingung in der Mitgliederversammlung war, jemanden zu haben, der die Straße regelmäßig fegt. So konnten wir zwei langzeitarbeitslose Männer über ein Förderprogramm als Arbeitskräfte bei uns begrüßen. Einer von ihnen sollte Stromkästen bemalen. Wir schulten ihn, sodass er nach Vorgaben Motive auf die Kästen übertragen konnte, obwohl er kein ausgebildeter Künstler war. Wir ordneten den Kästen Motive zu, die zu den jeweiligen Standorten passten. Ein Kasten sollte mit einer Gruppe mit Schweinen bemalt werden – denn er stand in der Marktstraße, wo im letzten Jahrhundert ein bekannter Schweinemarkt war. Ich fand es lustig.

Jetzt kommt wohl ein Aber?

Ja! Wir hatten vorher die Anwohner dazu aufgerufen, sich an der Motivwahl zu beteiligen; niemand nahm das in Anspruch. Als das Kunstwerk fast fertig war, empörten sich einige Anwohner über das Motiv und reichten eine Petition ein, das Werk solle verschwinden. Es gab persönliche Beschimpfungen und die ganze Stadt debattierte plötzlich über Kunst und unsere bemalten Kästen. Presse, Funk und Fernsehen berichteten über den Schweinekasten, ich musste mich vor den Stadtrat zitieren lassen, es wurden Auflagen erteilt. Das Projekt starb. Der Kasten wurde illegal besprüht, später wieder illegal grau übermalt.

Überfordern Ihre Ideen manche Bürger und Entscheidungsträger?

Ich vermute manchmal schon. Wir sind sehr aktiv, bringen viele Ideen hervor – und setzen sie dann auch noch um. Dabei erhalten wir viel Unterstützung auf der überregionalen Ebene. Wahrscheinlich stelle ich hier mit meinem Engagement viele und vieles infrage. Es ist schon sehr untypisch, als Vorsitzende eines Vereins eine Frau und dann noch so erfolgreich zu sein. Die Genderfrage ist hier auf dem Land mit seinen sehr konservativen Strukturen immer präsent. Gegenwind bekomme ich aber auch von Frauen, die sich wohl in ihrer Rolle infrage gestellt sehen. Ich habe zwischenmenschliche Situationen erlebt, die mich stark beschäftigten. Machtkämpfe, unklare Interaktionen – da gab es schon mal eine schlaflose Nacht.

Was hat Sie motiviert dranzubleiben?

Ich war neugierig darauf, ob es gelingt oder nicht. Ich wollte wissen, ob die Idee »Fülle in die Hülle!« funktioniert. Es ist die Lust am Gestalten, die Lust auf Neues, auf ein Experiment. Ich will bis heute wissen, wie es weitergeht. Welche Entwicklungen werden wir machen, welche Menschen werden kommen, welche Schwierigkeiten werden wir meistern, welche Feste werden wir feiern? Und ich fühle mich meinen Mitwirkenden – dem harten Kern – in der Künstlerstadt und allen, die an uns glauben, verpflichtet.

Was hat Ihnen in kritischen Situationen geholfen?

Freunde, die außerhalb des Geschehens leben; unser harter Kern ist eine starke Gruppe. Offene Ohren von Menschen in der Nähe zum Abjammern; unsere Netzwerke mit vielen genauso verrückten Menschen, die oftmals ähnliche Geschichten erleben und einen so gut verstehen konnten und Tipps auf Lager hatten; und die Gemeinschaft auf den Netzwerktreffen zu spüren, weil man sich manchmal doch sehr allein fühlt: Je innovativer, desto alleiner! Vorträge oder

Insider-Tipps

136. Eine klare Vision haben, die einen selbst begeistert, und flexibel den Weg gehen.

137. Alles geht vorbei! Auch die schlimmsten Momente. Die schönen Momente daher unbedingt auskosten!

138. Mit den Menschen arbeiten, die Lust haben, die anderen ignorieren.

139. Keine Angst vor Krisen – sie helfen, die Gruppe zu festigen.

140. Machtkämpfe kommen ganz sicher, spätestens dann, wenn man erfolgreicher wird und es etwas zu gewinnen gibt (Ansehen, Aufmerksamkeit, Einfluss).

141. Sich in Netzwerke oder eine starke Gruppe vor Ort einbinden: viel gemeinsam arbeiten und genauso viel feiern!

Linoldruck eines Armeniers, der in der Künstlerstadt gearbeitet hat.

2294
Abonnenten bei Facebook

1674
Abonnenten bei Instagram

25.349
Follower auf LinkedIn

Fortbildungen, die mir etwas erklärten, oder mir einen weiterführenden Gedanken schenkten; malen.

Ihr bisheriges Highlight?

Bei unserer ersten Preisverleihung durch das »Land der Ideen« begann der Innenminister von Sachsen-Anhalt seine Rede mit dem Satz: »Sachsen-Anhalt hat schon viel hervorgebracht. Martin Luther, das Bauhaus und jetzt die Künstlerstadt Kalbe!« Wir bestanden ein halbes Jahr, hatten erst einen Sommercampus durchgeführt. Der Saal tobte, lachte und applaudierte nach diesem Satz. 2018 veranstalteten wir außerdem die ersten Festivals. So etwas auf die Beine zu stellen, irgendwann abends am Lagerfeuer zu sitzen mit Menschen, von denen sonst keiner den Weg nach Kalbe gefunden hätte, völlig erschöpft, aber sehr, sehr glücklich, dass es uns gemeinsam gelungen ist – das macht tief zufrieden. Oder nach einem Arbeitseinsatz: Ein voller Container Müll, wir alle total verdreckt und müde, sitzen beim Kaffee in einem der alten Häuser und genießen, dass wir wieder ein ganzes Stück vorwärtsgekommen sind. Es gibt viele dieser Augenblicke.

Wenn jemand das Modell Künstlerstadt nachahmen wollte – was wäre Ihr Tipp?

Das Projekt ist nicht ohne die Begleitumstände damals zu denken. Vielleicht hätte ich viel früher Fördermöglichkeiten gesucht, aber das wäre nicht so leicht gewesen. Der Tippeltappel-Weg des Bekanntwerdens war mit Zeit verbunden. Die späteren Förderungen kamen auch wegen der schrittweisen Entwicklung. Abkürzungen hätten womöglich keine Verbesserung gebracht. Zur Nachahmung unseres Modells gab es schon viele Anfragen. Die Initiatoren müssten ihr Vorhaben sehr genau auf die spezifischen Bedingungen hin ausrichten. Daher vorher Zeit nehmen und die Stärken des Ortes erheben!

Insider-Tipps

142. Taten haben eine bessere Außenwirkung als schöne Worte. Deshalb sichtbar werden!

143. Mutig voran + Versuch macht klug! Was soll denn schon Schlimmes passieren? Lieber es sich schön vorstellen, dann lässt es sich leichter losgehen.

144. Interpretationen der eigenen Arbeit nur im Notfall oder zu Schulungszwecken. Ansonsten gilt es: einfach weitermachen.

145. Kritik nicht nur inhaltlich betrachten. Was geschieht gerade in der Beziehung zwischen den Akteuren, wozu will der andere mich bewegen, was sagt er selbst über sich dadurch aus? Nicht jedes Wort auf die Goldwaage legen!

GEDANKENSPIELE AM KÜCHENTISCH

Funktioniert! Teilnehmende des KIDScraft Camps haben Roboter selbst gebaut.

Bildungsprojekt »Junge Tüftler« wagte den Quereinstieg in die digitale Welt – ganz ohne Investoren

Kennt man ja: Man sitzt am Esstisch der Familie und absolviert Experimente mit Knete, mit der man Reihen- und Parallelschaltkreise aufbaut, um Strom fließen und Objekte leuchten zu lassen. Danach gibt's noch interaktive Installationen mit Scratch und dem MakeyMakey. So lief es zumindest bei Franziska Schmid und Julia Kleeberger. Ihre nahezu kindlich-sprühende Neugier erwies sich als Schlüssel.

Die beiden waren fasziniert davon, wie einfach sie naturwissenschaftliche und algorithmische Prinzipien spielend umsetzen – und anderen beibringen – konnten. Sie wollten lernen, wie man algorithmische Grundsätze, aber auch Hightech-Themen wie Smart Networks und Robotik einfach zugänglich machen kann. Das war 2015.

Im April desselben Jahres veranstalteten sie kurzerhand ihren ersten Makeathon, einen interaktiven Ideenmarathon, für Kinder. Erkenntnis: Sie waren im richtigen Moment am richtigen Ort. Der Bedarf war enorm, der Workshop ein grandioser Erfolg; viele Eltern baten um weitere Angebote. Es wurde ein Jahr des intensiven Ausprobierens und Erprobens von geeigneten Formaten und Veranstaltungszeiten. Kurz vor Weihnachten fiel die Bilanz erstaunlich gut aus. In dem Jahr hatten die beiden viele bezahlte Projekte umgesetzt. Aber sie arbeiteten parallel weiterhin in Vollzeit-Anstellungen; die Belastung nahm zu, die Kräfte schwanden. Also beschlossen sie, das Jahr 2016 mit der Kündigung ihrer Jobs zu beginnen. Die Berlinerinnen gründeten »Junge Tüftler« als gemeinnützige GmbH. Sie definierten ihr Angebot, schärften ihren Business-Case.
Das Angebot der digitalen Lernwerkstatt wuchs und erstreckt sich nun über ganz Deutschland.

Mittlerweile sind die Veranstaltungen eine Mischung aus Design Thinking, Zukunftsforschung und Making. Die Teilnehmer sollen ihre Kraft spüren, die Welt aktiv zu gestalten. Beim Hardware Hacking, kreativen Coden, Roboterbasteln und Gurkenscheibenverkabeln probieren sich Kinder und Jugendliche unter Anleitung aus. Zum Angebot gehören neben Workshops für Kinder und Jugendliche sowie Unternehmen auch Coachings für Lehrkräfte. Damit die Jugendlichen von heute spielerisch zu verantwortungsvollen und selbstbestimmten Digital-Profis von morgen werden.

Verspielt sehen auch die Visitenkarten der Gründerinnen aus. Das »ü« im Logo von »Junge Tüftler« schreiben sie stets händisch. In Violett.

Frau Schmid und Frau Kleeberger, wie haben Sie sich am Anfang finanziert?

Im Gegensatz zu vielen Start-ups mit Investoren im Rücken sind wir komplett aus eigener Kraft dem Projektgeschäft und der konkreten Nachfrage langsam gewachsen.

Aus eigener Kraft – wie ist Ihnen das gelungen?

Wir haben alles gebootstrapt, uns also nach dem Bootstrapping ausgerichtet, einem Modell für Unternehmensgründungen mit wenig oder gar

Das Team von »Junge Tüftler« arbeitet nach dem Holocracy-Prinzip.

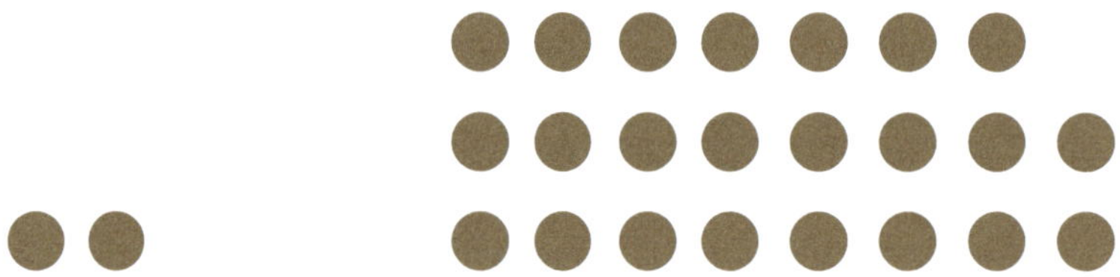

2016
2 Mitarbeiter

2020
23 Mitarbeiter

Mädchen bei einem Experiment am Girls'Day.

Junge Tüftler beim Experimentieren
im Herbstcamp 2018.

613
Workshops

18.763
Kinder und Jugendliche erreicht

keinem Geld, bei dem Ausgaben vermieden, Einnahmen möglichst maximiert, einige Funktionen mitunter ausgelagert werden, und nicht über Funding versucht, eine Business-Case-Hypothese zu belegen. Stattdessen haben wir uns stark am Nutzerbedürfnis und am Markt orientiert. Wir haben früh verstanden, dass das Netzwerk unsere größte Ressource ist. Am Anfang nahmen wir alle Veranstaltungen mit, die irgendwie themenverwandt waren, trugen dort unsere Vision vor und konnten durch die Gespräche unser Vorhaben schärfen. Wir trafen Menschen, die unsere Leidenschaft teilten – so kamen wir an erste Aufträge. Heute sind wir stolz auf den breiten Mix unserer Auftraggeber, der sich von Stiftungen über die öffentliche Hand bis hin zu Industriepartnern erstreckt. Das entspricht unserer Überzeugung, dass Bildung ein gesamtgesellschaftliches Thema ist, in dem viele Stakeholder Verantwortung übernehmen müssen.

Sie hatten beruflich eher weniger mit Robotern und verkabeltem Gemüse zu tun. Dennoch wagten Sie den Quereinstieg in ein komplexes Fachgebiet. Woher kam der Mut dafür?

Wir haben beide den Hintergrund Design, Medien und Innovationsmanagement. Bis heute prägen die Erfahrungen aus den erlernten Berufen – Design, Nutzerzentriertheit und Innovation – sehr die Art, wie wir unsere Workshops, Camps oder Projekttage konzipieren. Unser Eigeninteresse, immer Neues lernen zu wollen, ist ungebrochen und leitet uns auch in spannende neue Richtungen, etwa: »Wie macht man künstliche Intelligenz für junge Menschen verständlich?« oder »Was hat Quantenmechanik mit unserem Alltag zu tun?«

Und wie sammelt man das nötige Geschäfts-Know-how an?

Wir haben »Junge Tüftler« 2016 als gemeinnützige GmbH gegründet und waren in jenem Jahr auch Kultur- und Kreativpiloten, eine Auszeichnung des Wirtschaftsministeriums. Teil der Auszeichnung war ein Coaching, das uns half, direkt zu Beginn die richtigen Fragen zu stellen, um »Junge Tüftler« nachhaltig und strategisch aufzubauen. Die Firmenentwicklung im Rahmen der Gemeinnützigkeit birgt gesonderte Herausforderungen. Wir beide sind weiterhin von den Inhalten motiviert und all das »Geschäftsführerbusiness« – Personalführung, Buchhaltung, strategische Finanzplanung etc. – mussten wir uns nach und nach erarbeiten. Inzwischen haben wir aber ein exzellentes externes Netzwerk an Profis, das uns in diesen Fragen unterstützt. Kontrolliertes Outsourcing ist für uns ein wichtiger Hebel.

Was hat Sie motiviert?

Wir uns gegenseitig. Wir teilen die Ansicht, dass es extrem relevant ist, mit Kindern und Jugendlichen an den großen Themen der Zukunft zu arbeiten. Das Leuchten in ihren Augen, wenn sie ihre eigenen Ideen zu Prototypen werden lassen und diese auch funktionieren, gibt uns das Gefühl, das Richtige zu tun. Auch die mediale und politische Aktualität des Themas, mit »Fridays for Future« und dem Digitalpakt, bestätigen und motivieren uns. Wir wollen in Kindern und Jugendlichen die »21st Century Skills« wecken, Zukunftskompetenzen wie Kollaboration, Kreativität, komplexes Problemlösen. Und außerdem haben wir einen Arbeitsplatz geschaffen, an dem unsere Kollegen mitgestalten. Seit einem Jahr arbeiten wir nach dem Holocracy-Prinzip.

Was heißt das?

Verantwortung und Entscheidungsfreiräume werden im Team frei verteilt. Es ist sehr inspirierend, eine Firma nach unseren Werten aufzubauen, damit zu experimentieren und zu sehen, dass sich Menschen finden, die genau deshalb mit uns arbeiten möchten und sich befähigt und wertgeschätzt fühlen. Es gibt keine Chefinnen, sondern die Rolle Geschäftsführung. Sie heißt bei uns »Bürgin«, weil wir am Ende dennoch die Verantwortung auch vor Gericht tragen. Aber Schlüsselrollen, die Macht bündeln, wie Finanzplanung, strategische Akquise oder Gehälter, verteilen wir transparent. Wir werden immer noch als Gründerinnen wahrgenommen, wir erzählen unsere Geschichte einfach am längsten. Aber nach und nach emanzipieren sich die Kollegen, und wir geben immer mehr Schlüsselfunktionen an das Team.

Insider-Tipps

146. The true north: Findet etwas, was euch wirklich antreibt und einen gesellschaftlichen Mehrwert schafft. Das motiviert auch andere talentierte Menschen, euch zu unterstützen.

147. Friendly fire: Sucht euch Verbündete, die nicht davor zurückschrecken, euch herauszufordern, und den Finger in die Wunde legen.

148. Tut Gutes und sprecht darüber: Die beste Idee hilft niemandem, wenn sie im stillen Kämmerlein bleibt.

149. Life in Beta: Seid offen für neue Impulse, die eure Idee verändern und verbessern können. Es ist ein schwieriger Balanceakt, nicht zu allem Ja zu sagen, aber oft genug Ja zu sagen, um eine Idee wachsen lassen zu können.

Ihr größter Fehler?

Es gab und es gibt Tausende. Anfangs haben wir zum Beispiel ein Nachmittagsprogramm aufgebaut, das leider nicht funktionierte wie gedacht. Wir sprachen damit nur eine kleine und stark zahlungsfähige Gruppe von Teilnehmenden an. Das entsprach nicht unseren Werten; das Geschäftsmodell war für uns nicht vertretbar. Wir mussten es umstellen. Das hat nicht vorhergesehene Kosten verursacht.

Da klingt die Bildungsschere an – ist Chancengleichheit ein großes Thema für Sie?

Auf jeden Fall. Außerschulisch ist es schwierig, qualitativ hochwertige Angebote zu schaffen, die die Schere nicht weiter auseinanderklaffen lassen. Leider sind digitale Bildungsangebote im Moment vor allem in Akademikerhaushalten Bestandteil der kindlichen Ausbildung. Da, wo ohnehin die Bildungsgewinner leben. Wir dachten also stärker über die Finanzierungsweisen nach. Heute fahren wir fast ausschließlich ein Querfinanzierungsmodell, das die Teilnahme von den Kosten entkoppelt. Dabei helfen uns Stiftungen oder Sponsoring.

Ihr schlimmster Moment?

»Junge Tüftler« wächst nach wie vor. Dies bedeutet auch mal Wachstumsschmerz, Unsicherheiten und Kurswechsel, mitunter missglückt die Kommunikation. Das müssen wir alle aushalten. In der Vergangenheit haben uns einige Kollegen, die wir sehr geschätzt haben, auch wieder verlassen. Es schmerzt, wenn man selbst von der eigenen Vision überzeugt ist und merkt, dass sie von anderen nicht unbedingt geteilt wird. Als Gründerinnen müssen wir ein gutes und gut funktionierendes Unternehmen aufbauen. Das ist ein Balanceakt zwischen Werten, Kundenzufriedenheit, Mitarbeiterwünschen und finanziellen Möglichkeiten, den man oft neu justieren muss.

Wäre »Junge Tüftler« ein Tier, wäre es ein Winkekatzen-Roboter.

Was hat Ihnen in kritischen Situationen geholfen?

Unser inzwischen gewachsenes Team ist die Basis für all unser Tun, auch in schwierigen Situationen. 23 Gehirne sind eben schlauer als nur zwei. Je nach Fragestellung suchen wir uns zusätzlich professionelle Unterstützung und Rat in unserem Netzwerk aus Fachleuten zu verschiedenen Themengebieten.

Ihr bisheriges Highlight?

Einer von vielen großartigen Momenten war es, den Sonderpreis für Digitale Bildung von der Google Impact Challenge zu erhalten. Wir waren völlig überwältigt; dank des Preises konnten wir die TüftelAkademie weiterentwickeln. Wir haben sie 2017 gegründet und wenden uns mit Blended Learning (Präsenz- und Online-Module) an Lehrkräfte, Schulleitungen, Bibliothekare – also an Multiplikatoren, die am Ende selbst Kurse leiten können. So gelangen unsere Themen in die Schulen und werden dort möglichst demokratisch umgesetzt. Schulen sind ja der Ort, an dem alle Kinder zusammenkommen, egal mit welchem sozialen Hintergrund. Wir sprechen die Einrichtungen daher auch explizit an.

Wenn Sie mit Ihrem Wissen von heute noch mal neu starten dürften – was würden Sie diesmal anders machen?

Nichts. »Junge Tüftler« ist unsere erste Gründung, und wir haben unterwegs so viel über Unternehmensentwicklung, Mitarbeiterführung und Akquise gelernt. Eine Kleinigkeit fällt uns doch ein: Wir sind wirklich häufig (viermal!) umgezogen, und das war sehr anstrengend. Deshalb würden wir aus heutiger Sicht mehr Zeit in die Suche investieren. Die Bedeutung des richtigen Raums wurde uns erst im jetzigen Büro richtig bewusst.

Insider-Tipps

150. Joined forces: Vernetzen ist der Schlüssel zum Erfolg. Konkurrenz ist in der heutigen Zeit lange nicht mehr so relevant. Gebündelte Kräfte lassen uns alle schlagkräftiger werden.

151. Sharing is caring: Wir alle kommen an Probleme, Engpässe, Herausforderungen. Tauscht euch mit sehr verschiedenen Personen darüber aus und hört unterschiedliche Meinungen, wie euer Problem lösbar wäre.

152. Yin und Yang: Es gibt Zeiten, in denen man richtig hart arbeitet. Aber eine richtig gute Idee ist darauf angelegt, dass es ein Marathon wird und kein Sprint. Deshalb kümmert euch gut um euch selbst, sodass euch nicht die Luft oder Lust ausgeht.

Frauen ins All

Der besondere Blick

Claudia Kessler,
CEO Astronautin GmbH

Unsere Initiative »Die Astronautin« möchte die erste deutsche Frau auf eine Forschungsmission zur Internationalen Raumstation (ISS) entsenden. Dort wird sie wissenschaftliche Untersuchungen zu verschiedenen Themen vornehmen, unter anderem zur Reaktion des weiblichen Körpers auf Schwerelosigkeit. Für die Aufgabe haben sich zwei starke Frauen qualifiziert, die seitdem hart für den Einsatz trainieren.

»Die Astronautin« steht für Mut, Neugier und Innovation. Unser Raumschiff Erde braucht nicht nur halbe, sondern alle Kraft zur Entwicklung unserer gesellschaftlichen sowie zur Wahrung unserer natürlichen Lebensgrundlagen. Dies gilt vor allem für ein Land wie Deutschland, dessen natürliche Ressourcen nicht Gold oder Öl, sondern allein Intelligenz, Begeisterungsfähigkeit, Pioniergeist und Motivation seiner Menschen sind.

Deutschland als Land der Ideen sollte auch im Hinblick auf den Frauenanteil unter den Astronauten eine Vorreiterrolle einnehmen, denn bisher ist es eine reine Männerdomäne, ins Weltall zu fliegen.

MINT-Bildung – in Fächern aus den Bereichen Mathematik, Informatik, Naturwissenschaften und Technik – spielerisch und frühzeitig fördern, das ist außerdem das Ziel des Coding-Wettbewerbs Code4Space, den wir zusammen mit der Roberta-Initiative des Fraunhofer Instituts für Intelligente Analyse- und Informationssysteme (IAIS) und Google Deutschland ins Leben gerufen haben.

»Die Astronautin« macht Mädchen und jungen Frauen Mut, MINT-Fächer zu studieren und sich in die Zukunftsgestaltung einzubringen. Es geht aber um weit mehr als die Förderung von Frauen im technischen Bereich. Die Initiative ist von gesellschaftspolitischer Relevanz. Denn sie zeigt, dass es möglich ist, die eigenen Ziele und Wünsche zu verwirklichen – und auch vor großen Hürden nicht zurückzuschrecken. Nicht einmal vor dem All.

Claudia Kessler, CEO Astronautin GmbH (Mitte) und die Anwärterinnen **Dr. Suzanna Randall** und **Dr. Insa Thiele-Eich**

MAN SPRINGT IMMER

MIT DEM KOPF ZUERST.

Rückendeckung für den cleveren Nachwuchs

Ausgründungen aus großen Instituten

Reinhard Karger

Künstliche Intelligenz gehört zu den Themen, die derzeit die öffentliche Wahrnehmung dominieren. Viele Fragen, viel Zaudern. Zeit für gute Nachrichten: Deutschland und Europa publizieren überproportional viele Forschungsresultate. Keine Frage, das zeigt das akademische Interesse an diesem Zukunftsthema und die wissenschaftliche Leistungsfähigkeit. Das Fundament ist da, Talente auch. Wie können daraus Taten und Erfolge werden?

Reinhard Karger ist Unternehmenssprecher beim Deutschen Forschungszentrum für Künstliche Intelligenz (DFKI) und leitet das dort eingerichtete Deutsche Demonstrationszentrum für Sprachtechnologie. Seit 2017 ist er MINT-Botschafter des Saarlandes, und 2018 wurde er zu einem der 100 Fellows des Kompetenzzentrums für Kultur- und Kreativwirtschaft des Bundes ernannt.

Für Forschungszentren beweisen Ausgründungen die Gleichzeitigkeit von wissenschaftlicher Exzellenz und Entrepreneurship. Die Ausgründungsintensität ist ein Gradmesser für die Gründungsfreundlichkeit der Instituts- oder Unternehmenskultur. Aber jedes Spin-off bedeutet auch den Verlust guter Köpfe.

Der Trost: Forschende und Forschungsnachwuchs schätzen ein Umfeld, das sie fördert und nicht festhält. Deshalb lassen sie sich auf Projekt- und Zeitverträge ein. Ein Institut, das Initiative unterstützt und Unabhängigkeit ermöglicht, profitiert nicht durch die Monetarisierung von Ideen, sondern durch die Qualität der Erkenntnis und die Intensität in den Teams. Läuft es gut, kann man viel Geld für Nachwuchsgewinnung sparen, weil die passenden

Kandidaten an der Tür klingeln und nicht aufwendig gesucht werden müssen.

Spin-offs steigern das wissenschaftliche Renommee, und das zieht die Besten an, die Eigeninitiative mitbringen, aber sich perspektivisch Unabhängigkeit versprechen, die nicht primär eine akademische Karriere im öffentlichen Dienst anstreben und sich nicht in einer Firma verorten, die nicht die eigene ist.

Aber es gibt Wegkreuzungen. An der einen steht die Wahl zwischen einer wissenschaftlich und einer kaufmännisch motivierten Entscheidung. Versprechen Ideen wirtschaftlich erfolgreiche Produkte, befördert die Aussicht auf mögliche Patent- oder Lizenzgewinne die Hoffnung der Organisation auf einen zusätzlichen Einkommensstrom. An der anderen steht die persönliche Präferenz, seine Mitarbeiter ziehen zu lassen oder aber sich als Abteilungsleiter prinzipiell und ungefragt als Mitgesellschafter zu verstehen. Beide Fälle sind erfolgsverhindernd. Wer Ideen auch für seine Zwecke nutzen möchte – kaufmännisch oder persönlich – wird Ausgründungsspirit nicht befeuern, sondern behindern.

Wer Gründer unterstützen möchte, erleichtert ihnen den Sprung und sorgt dafür, dass das Wasser weniger kalt ist. Am besten durch konstruktive Angebote, die Sicherheit und Freiheit kombinieren. Da gibt es unterschiedliche Modelle. Das DFKI macht seinen Mitarbeitern das Angebot, dass sie zeitlich begrenzt und arbeitszeitreduziert weiter an ihrem Projekt arbeiten, sodass sie Freiräume gewinnen, um ihre Idee zu einem Produkt zu entwickeln, Vernetzung aufzubauen, Finanzierung zu fixieren.

Mit Erfolg: Ein DFKI-Mitarbeiter hat eine Cybersecurity-Firma gegründet, erfolgreich geführt und für einen hohen Millionenbetrag verkauft. Er ist heute der Innovationsbeauftragte des saarländischen Ministerpräsidenten. Ein anderer hat Anfang der 1990er-Jahre ausgegründet und ist mit seiner Firma aktuell ein Gesellschafter des DFKI. Wir hatten ein ganzes Team von Mitarbeitern mit Herz und Verstand für Sprachtechnologie und dem Ziel, die Interaktion mit dem Auto auf eine neue Basis zu stellen. Das Team war erfolgreich, auch dieses Team hat die eigene Firma verkauft, arbeitet aber weiter an den Produkten.

Noch viel jünger ist eine Ausgründung, die sprachbasierte Unterstützung für Ärzte entwickelt, sodass im Rahmen einer Vorsorgeuntersuchung erste Marker für neurodegenerative Erkrankungen – Demenz – leichter gefunden werden.
Das ist KI für den Menschen.

» **Wer Gründer unterstützen möchte, erleichtert ihnen den Sprung und sorgt dafür, dass das Wasser weniger kalt ist.**

KI ALS DIAGNOSE-HELFER

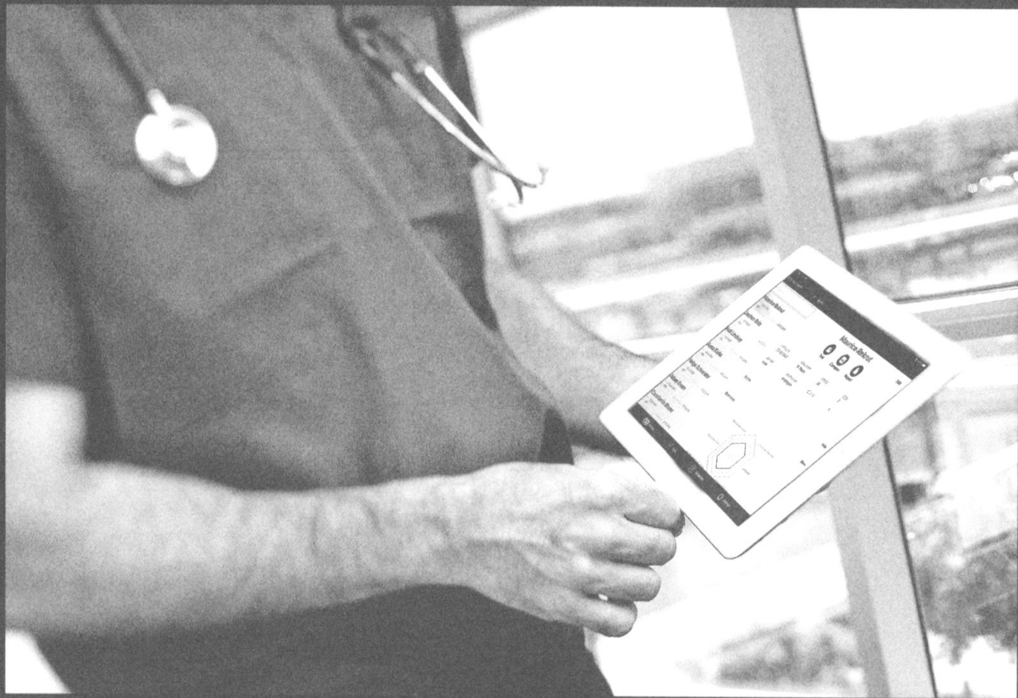

An der App feilen Experten unterschiedlicher Fachrichtungen.

Saarbrücker entwickeln Demenz-App – und erleben Vor- und Nachteile eines Spin-offs

Nicklas Linz tüftelt an einer beschleunigten Früherkennung von Demenz – mit KI-Unterstützung.

Nicklas Linz hatte am Deutschen Forschungszentrum für Künstliche Intelligenz (DFKI) in Saarbrücken schon mehrere Jahre an KI-Technologien für den Gesundheitsbereich gearbeitet, als ihm eine Idee kam. Er und einige Kollegen hatten einen Hintergrund in Computerlinguistik vorzuweisen und bereits an der Erkennung von Depressionen mithilfe künstlicher Intelligenz getüftelt. Was wäre, wenn sie Sprachanalyse zur Früherkennung der tückischen Krankheit Demenz verwenden würden? Bei den neurodegenerativen Erkrankungen könnte doch KI entscheidend dazu beitragen, gesellschaftlich relevante Probleme zu lösen.

2016 reichten die Wissenschaftler mit dieser Idee einen Projektantrag bei der Europäischen Union ein; er wurde bewilligt. Ein erstes gutes Zeichen. Ein Jahr später ging die Firma ki elements als Ausgründung aus dem DFKI an den Start. Nicklas Linz wurde zum CEO.

Zwischen dem Verdacht auf eine Demenzerkrankung und der Diagnose liegen einige Testreihen und damit wertvolle Zeit. Das Team von ki elements hat die App Delta entwickelt, die diesen Prozess beschleunigt und vereinfacht. Die klassischen neuropsychologischen Testverfahren werden dank KI-Hilfe digitalisiert. Statt mit Stift und Papier zeichnen Neuropsychologen oder Ärzte die Gespräche mit der App auf. Eine multilinguale Sprachanalyse übernimmt dann die Auswertung, die jederzeit manuell bearbeitet werden kann. So behält der Tester die Kontrolle über den diagnostischen Prozess, erspart sich aber langwieriges Dokumentieren und Nachschlagen in Testmanualen. So bleibt mehr Zeit für den Patienten – und seine zeitig einsetzende Behandlung.

Seit 2018 ist Delta ein CE-zertifiziertes Medizinprodukt. Das System wird bereits in ersten großen Studien in Kliniken in Deutschland, Frankreich, Schweden und Spanien erprobt und ist in die jeweilige Landessprache übersetzt. Linz führt mittlerweile ein interdisziplinäres Team an; an der App feilen derzeit sechs Experten, unter anderem aus der Computerlinguistik, Informatik und Psychologie.

Die Macher dürfen durchaus vom größeren Roll-out träumen. Ist doch die digitale Transformation des Gesundheitswesens in vollem Gange. In fünf Jahren, so stellt sich das Team vor, werden digitale Verfahren zur kognitiven Testung womöglich der Goldstandard sein – darunter sicher auch Delta. Durch die Integration weiterer Sprachen könnte die App sich in weiteren Ländern durchgesetzt haben. Vielleicht wird sich ihr Anwendungsfeld dann dank neuer Forschungsergebnisse auch auf andere Erkrankungen ausweiten.

Herr Linz, welche ersten Schritte unternahmen Sie, um aus der Idee ein Projekt zu machen?

An erster Stelle stand der Antrag für ein EU-Forschungs- und Innovationsprojekt. Darüber konnten wir klinische Partner gewinnen und erste Machbarkeitsstudien durchführen. Anfang des Jahres 2017 entschieden wir uns dann, aus dem Projekt heraus ein Start-up zu gründen.

Was hat Sie motiviert?

Die vielen kleinen Erfolge in Form von Publikationen, Bestätigungen von Experten und der Glaube daran, etwas gesellschaftlich Wichtiges zu tun.

Welche Steine mussten Sie aus dem Weg räumen?

Viele Schwierigkeiten traten als Folge der Unternehmensgründung auf. Wer ein Start-up aus einem Forschungskontext heraus gründet, der steht nicht unter dem gleichen Druck wie andere – denkt aber dadurch vielleicht auch nicht so weit, welche Konsequenzen sich aus gewissen Entscheidungen ergeben. Wie setzt man eine Firma auf, welche Fördermöglichkeiten können wir uns suchen – das wussten wir nicht so genau. Außerdem hatten am Anfang viele Kollegen zugesagt, auf jeden Fall mitmachen zu wollen. Aber als es darum ging, tatsächlich den Job zu kündigen, um sich in Vollzeit in etwas Neues zu stürzen, da wurden einige doch ganz kleinlaut. Zwei Jahre nach Unternehmensgründung mussten wir auch die Gesellschafterstruktur ändern. Das war anstrengend und tat weh.

Warum war das nötig?

Ein Unternehmen mit sieben Gesellschaftern schreckt potenzielle Investoren eher ab. Wenn sie mit an Bord kommen, bleibt noch weniger vom Kuchen für jeden übrig. Und wie steht es – aus Investorensicht – um die Motivation der Mitarbeiter? Wenn etwas so wenig Geld abwirft, brennen die dann wirklich für den Erfolg der Firma? Also reduzierten wir uns von sieben auf fünf. Wir hätten uns viel früher darüber Gedanken machen sollen, wer Gesellschafter werden soll. Einige waren nur in Teilzeit für die Firma tätig und dennoch Anteilseigner. Wir hätten also darauf dringen sollen, dass nur Vollzeit-Mitarbeiter Gesellschafter werden dürfen.

Ihr schlimmster Moment?

Als der Punkt, an dem das Geld ausging, das erste Mal näher rückte, und mir klar wurde, dass ich vielleicht jemanden entlassen muss.

Warum wurde das Geld knapp?

Das ist typisch für viele Jungunternehmen, dass es einen Punkt X gibt, bis zu dem die Ressourcen reichen, falls nichts Neues reinkommt. So war das auch bei uns.

» Der Ausbau von Telemedizin wird es künftig ermöglichen, medizinische Versorgung nicht nur in ländlichen Regionen der Republik zu gewährleisten. Die aktuellen Herausforderungen zeigen uns, dass ein grenzüberschreitender und intraprofessioneller Austausch wichtig ist, um Krisen begegnen zu können. Mithilfe der Telemedizin wird eine medizinische Spitzenversorgung auch in Krisenregionen weltweit sichergestellt werden, ohne dass Experten direkt vor Ort sein müssen.

Prof. Dr. Heyo Kroemer, Vorstandsvorsitzender
Charité – Universitätsmedizin Berlin

16.500
Untersuchungen wurden bisher mit der App durchgeführt

Mussten Sie tatsächlich jemanden entlassen?

Zum Glück konnten wir eine Entlassung abwenden – die Erlösung brachte ein neuer Auftrag, für den wir uns mächtig ins Zeug gelegt hatten.

Ihr größter Fehler?

Ein Berater, mit dem wir einen langfristigen Vertrag abgeschlossen haben. Als die Zusammenarbeit dann nicht gut lief – weil beispielsweise Versprechungen über Kompetenzen nicht eingehalten wurden –, war es sehr schwer, diesen regelrechten Knebelvertrag wieder aufzulösen.

Wie haben Sie aus der Notlage herausgefunden?

Mit Schmerzen. Wir haben einen Aufhebungsvertrag unterschrieben und damit natürlich viel Geld in den Sand gesetzt, weil wir dafür keine Leistung als Gegenwert erhalten hatten.

Was hat Ihnen in kritischen Situationen geholfen?

Gespräche mit Bekannten, die schon einmal in einer ähnlichen Situation waren – zumeist Gründer. Fast jede Situation hat eine Lösung, und Reden ist kostenlos. Auch den Effekt von Unterstützern wie der eigenen Familie und von Freunden sollte man nicht kleinreden.

Ihr bisheriges Highlight?

Der erste Vertrag und Verkauf an einen zahlenden Kunden.

Wie war der zustande gekommen?

Durch Zufall. Bei einem Auslandsaufenthalt sprach mich ein Kontakt an; er kenne jemanden im Land, der ein großes Forschungsprojekt plane. Wenn ich noch etwas Zeit hätte, solle ich mal vorbeischauen. Das tat ich. Ein paar Verhandlungen später hatten wir den Auftrag. Wir haben uns irre gefreut.

Worauf hätten Sie im Entstehungsprozess auf keinen Fall verzichten können?

Auf die Anschubfinanzierung der EU und die Unterstützung meines alten Arbeitgebers, des DFKI.

Wobei konnte Ihnen das DFKI unter die Arme greifen?

Ich hatte bis Mitte 2019 weiterhin im Institut gearbeitet. Es war also großartig, dass meine nebenbei betriebene Tätigkeit für die Firma bereitwillig toleriert wurde. Außerdem ergeben sich durch solche Konstellationen wertvolle Synergien. Wir konnten die tolle IT-Situation in unser Spin-off tragen. Das war sehr komfortabel; an manchen Unis läuft das hingegen ganz schrecklich. Außerdem kamen wir über das DFKI an bestimmte Marketing-Events heran und durften zum Teil auch dort sprechen. Das hilft enorm.

Was sind die Vorzüge einer Ausgründung?

Man erlebt die außerordentliche Freiheit, dass einem keiner im Rücken steht und Aufgaben erteilt. Aber man muss natürlich eine neue Verantwortung stemmen und dafür sorgen, dass man am Monatsende Gehälter zahlen kann. Als Geschäftsführer hat sich meine eigene Ausrichtung geändert: Ich mache gerade nichts mehr, zu dem ich ausgebildet wurde; ich forsche nicht. Im Gegenteil: Ich erledige Dutzende Dinge, zu denen ich kein bisschen ausgebildet wurde. Mal sehen, ob ich dieses Verhältnis irgendwann wieder umkehre.

Wenn Sie mit Ihrem Wissen von heute noch mal neu starten dürften – was liefe anders?

Eine wichtige Lehre ist, dass das Produkt allein nicht genügt. Marketing und Vertriebsstrukturen sind mindestens genauso wichtig. Wenn ich noch mal neu starten könnte, würde ich also schnellstmöglich mit dem Aufbau eines Vertriebs beginnen. Selbst wenn man sich als technischer Gründer noch für die Qualität des Produkts schämt, kann man mit dem Vertrieb beginnen. Es dauert ohnehin eine gewisse Zeit, bis man erste Kunden gewinnt.

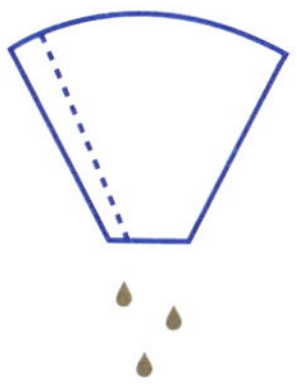

2017
Filterkaffee von Aldi

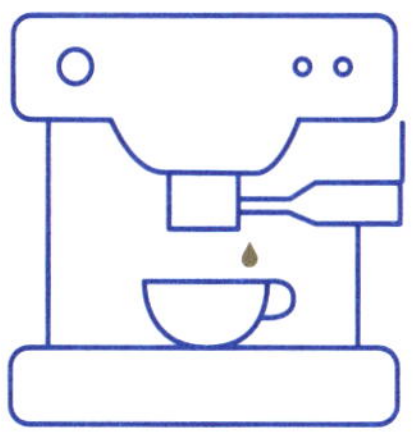

2020
Siebträger-Espresso aus der Kaffeemanufaktur

Insider-Tipps

153. Gründen Sie nie allein. Seien Sie sich bei Ihren Mitgründern aber sicher, dass diese die gleichen Ziele wie Sie verfolgen und einen ähnlichen Einsatz zeigen.

154. Klären Sie den Bedarf für Ihre Innovation, bevor Sie viel Zeit in Entwicklung stecken. Der teuerste Fehler ist, etwas zu entwickeln, das niemand will.

155. Für technische Gründer: Vertrieb und Marketing sind die wichtigsten Bereiche fast jedes Unternehmens. Am Anfang werden Sie dafür zuständig sein – und das ist auch gut so. Keiner kann Ihr Produkt besser anpreisen als Sie!

DORFFUNK UND BESTELLBAR

Der DorfFunk soll als Plattform für Neuigkeiten eine lebendige Gemeinschaft fördern.

Ein Fraunhofer-Team entwickelte digitale Prototypen für ländliche Räume – mit unerwartetem Echo

Die DorfFunk-App funktioniert auf Laptop und Smartphone.

2014 hatten auffällig viele wissenschaftliche Institute die Smart City zu ihrem neuen Lieblingsforschungsfeld auserkoren. Ein Team am Fraunhofer Institut für Experimentelles Software Engineering (IESE) schaute sich daraufhin im Großraum Kaiserslautern um und setzte prompt auf ein anderes Pferd: den ländlichen Raum. Die Internet-Plattform »Digitale Dörfer« entstand. Die Forscher wollten damit aufzeigen, wie digitale Dienste den ländlichen Raum voranbringen können, und diese mit den Bürgern gemeinsam entwickeln.

Das Ziel waren Prototypen, die das Potenzial aufzeigen sollten – keine fertigen Lösungen. Doch da hatten die Initiatoren ihre Rechnung ohne die Bürger und ihren großen Bedarf gemacht.

Denn als eine der Testphasen vorüber war, meldeten sich viele Einwohner zu Wort. Sie bemängelten, dass das Fraunhofer-Team den Prototypen nicht einfach hatte weiterlaufen lassen. Da wurde den Forschern klar: Aus der Idee »Digitale Dörfer« könnte sich etwas Nachhaltiges entwickeln. Je mehr das Projekt über Medienberichte und eigene Veranstaltungen in die Öffentlichkeit rückte, desto mehr Zuspruch und Nachfragen erreichten die Wissenschaftler aus anderen Regionen. Tenor: Wann können wir endlich die fertigen Lösungen nutzen?

Unter den getesteten Lösungen sahen die Menschen vor allem im »DorfFunk« großen Mehrwert, eine Art Kommunikationszentrale der Regionen. Bürger können ihre Hilfe anbieten, Gesuche einstellen, Neuigkeiten verbreiten oder miteinander plauschen. Der »DorfFunk« bringt zudem Bürger und Verwaltung enger zusammen: Vorschläge oder Mängel können automatisch an die zuständigen Gemeindemitarbeiter gesendet werden. Angedacht ist mittlerweile der Test von Chatbots, über die eingehende Fragen automatisiert beantwortet werden können.

11.486
registrierte DorfFunker

15.000
Nutzer in mehr als 100 Dörfern in 9 Bundesländern

Weitere Tools des Projekts sind ebenfalls stark gefragt: Über den Mitbringservice »LieferBar« können Bürger sehen, welche Pakete aus dem lokalen Onlineshop »BestellBar« auf die Auslieferung warten, und freundlicherweise ihre Nachbarn damit versorgen. Für die freiwillige Zustellung der Pakete gibt es vom Empfänger »DigiTaler« als Belohnung, eine virtuelle Tauschwährung, die nicht nur bei Nachbarschaftshilfe gezahlt wird. Unbezahlbarer Nebeneffekt: Man lernt neue Leute aus der Gemeinde kennen.

Und auch ein Onlineportal steht den Einwohnern zur Verfügung, die »DorfNews«. Darüber kommen lokale Informationen schnell zu den Bürgern: Veranstaltungen, aktuelle Meldungen, Öffnungszeiten des Bürgerbüros und das lokale Wetter. Bürger, Vereine und Unternehmen liefern die Infos zu.

Mittlerweile erhält das Fraunhofer-Team Anfragen aus vielen anderen Regionen in Deutschland – die »Digitalen Dörfer« sind zur Blaupause geworden. So groß hatte die Gruppe um Projektleiter Steffen Hess am Anfang gar nicht gedacht.

Herr Hess, welche ersten Schritte unternahmen Sie, um aus der Idee ein Projekt zu machen?

Wir gingen direkt auf das Ministerium des Innern und für Sport von Rheinland-Pfalz zu und holten für die Projektidee noch die Entwicklungsagentur Rheinland-Pfalz ins Boot. In einem Wettbewerb suchten wir Modellkommunen im Bundesland, die Lust und Bedarf hatten, digitale Lösungen zu erproben. Wir erhielten mehr als 20 Bewerbungen; eine Jury wählte die drei Favoriten aus. So begannen wir mit Betzdorf-Gebhardshain, Eisenberg und Göllheim. Zunächst sprachen wir mit den Bürgermeistern und Projektverantwortlichen aufseiten der Kommune. Ein sehr wichtiger Faktor für den Erfolg des Projekts war, dass die Kommunen – vom Land gefördert – auch eine komplette Stelle für die Betreuung und Koordination zur Verfügung hatten.

Wie spüren Sie, dass die digitale Plattform hilft?

Wir merken es direkt in den Orten. Die Menschen können besser teilhaben. Es gibt viele positive Rückmeldungen Zugezogener, die sich schneller mit anderen vernetzen. Leute mit gleichen Interessen im Dorf zu finden, ist einfacher. Auch Menschen mit Handicap melden sich bei uns: Sie fühlen sich plötzlich wie mittendrin im Dorfgeschehen, auch wenn Sie im »DorfFunk« nur »mitlesen«. Fast jede Woche wird außerdem irgendwo eine entlaufene Katze gefunden, die Bürger warnen sich gegenseitig vor Betrügern oder leihen sich Werkzeug aus. Meist führt die Nutzung des »DorfFunks« auch dazu, dass man sich analog trifft – das war auch immer unser Ziel. Solche Erfolge werden vor Ort in sogenannten Living Labs besprochen – wenn wir Ausschnitte aus diesen Sitzungen unserem Team zeigen, motiviert das uns alle.

Welche Hemmnisse gab es, welche Steine mussten Sie aus dem Weg räumen?

Zur Digitalisierung gibt es viele Vorurteile, die auf allen Ebenen aus dem Weg zu räumen sind. Ein paar kommen einem

»Meine Vision eines digitalen Deutschlands ist geprägt von der Offenheit und dem Mut seiner Bürgerinnen und Bürger für Veränderungen, gepaart mit dem Vertrauen darauf, dass diese Entwicklungen zum Wohle der Menschen dieses Landes geschehen. Mit einer solchen positiven Grundhaltung und dem Wissen, dass wir alles schaffen können, was wir wollen – nicht nur, wenn wir es müssen –, habe ich keine Sorge um die Zukunft eines erfolgreichen digitalen Deutschlands.

Dorothee Bär, MdB, Beauftragte der Bundesregierung für Digitalisierung

Die digitale Kommunikationszentrale bringt Bürger im ländlichen Raum enger zusammen.

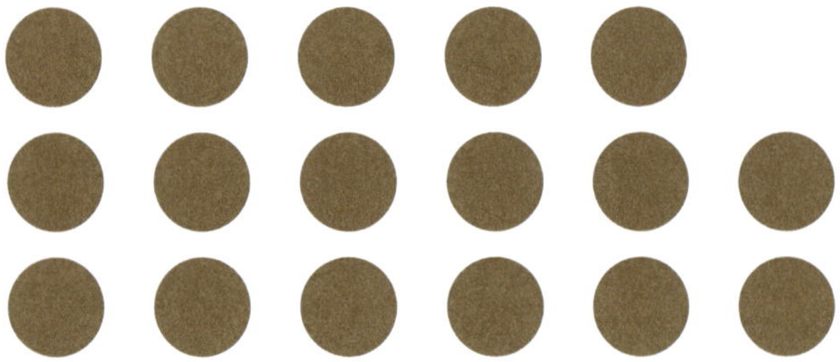

17 Mitarbeiter

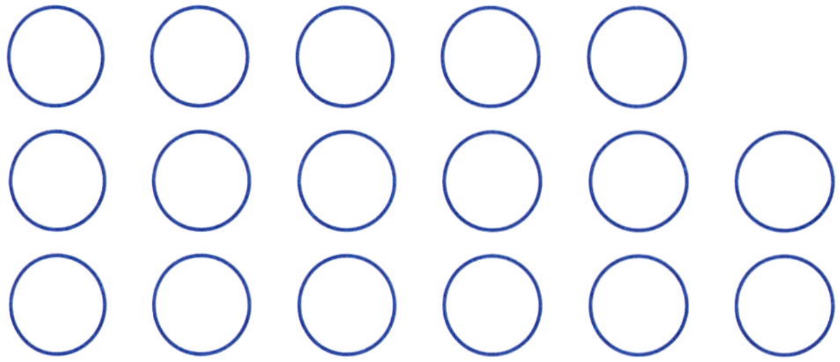

17 Studenten

typisch deutsch vor. Im Vorfeld wurde lang und breit diskutiert; manche Leute malten alle hypothetisch möglichen Vorkommnisse an die Wand – um später festzustellen, dass das alles für die Bürger überhaupt nicht relevant ist. Häufig hörten wir, dass die Lösungen gar nicht genutzt werden könnten, solange man nicht »schnelles Internet« im Dorf habe. Dabei sind unsere Lösungen mit moderatem Internetzugang sehr gut nutzbar. Man sollte keineswegs blauäugig an ein Vorhaben herangehen, aber eine gute Portion Mut wäre förderlich für die Innovationskultur im ländlichen Raum. Am Anfang hörten wir oft von Bürgern, aber vor allem von Verwaltungsmitarbeitern: »Das ist doch nur was für die jüngeren Menschen.« Solche Bedenken konnten wir ausräumen.

Wie?

Wir bereiteten Zahlen auf, die konkret zeigten, dass genau das Gegenteil der Fall ist: »DorfFunk« wird in erster Linie von Menschen höheren und hohen Alters genutzt. Die Zahlen nutzten wir bei einer großen Präsentation Ende 2019 – die Bilanz nach fünf Jahren »Digitale Dörfer«. Das Ergebnis ist absolut erfreulich: Alle Bausteine der Plattform stehen für alle Gemeinden in Rheinland-Pfalz und darüber hinaus zur Verfügung und werden bundesweit genutzt. Die positiven Fakten sind online einsehbar, wir kommunizieren sie in den Living Lab-Workshops und bei überregionalen Vorträgen.

Welches Echo ernten Sie dann?

Die Zuhörer reagieren interessiert und zustimmend, teilweise auch überrascht, vor allem im politischen Umfeld. Trotz einiger Vorbehalte zu Beginn war der Großteil der Bürger in der Regel freundlich-interessiert. Wir haben aber auch kontinuierlich Aufklärung betrieben und fachlich falsche Aussagen, die teils über Medien oder soziale Netzwerke verbreitet werden, geradegerückt. Das betrifft Themen wie 5G-Netzausbau, autonomes Fahren, künstliche Intelligenz. Da brauchte es transparente Informationen.

Ihr schlimmster Moment?

Als wir »DorfFunk« in der Verbandsgemeinde Betzdorf-Gebhardshain veröffentlicht hatten, gab es eine Verkettung unglücklicher Umstände, sodass die Anwendung nicht nutzbar war. Apple hatte kurz zuvor ein größeres Update herausgebracht und in dem Zuge die Anforderungen an Social-Media-Apps angehoben. Hinzu kam ein eigenes Versäumnis: Wir hatten bei der Veröffentlichung in den App-Stores einen technischen Fehler nicht entdeckt. So konnten wir unseren eigenen Bug nicht schnell beheben – weil wir, um durch den Reviewprozess des App-Stores zu kommen, weitere Anpassungen vornehmen mussten, die völlig unabhängig vom eigentlichen Fehler waren. Daraufhin waren die Nutzer sehr ehrlich – man erhält keine zweite Chance für einen ersten Eindruck.

Schlug Ihnen Frust entgegen?

Nein, die Leute waren durchaus konstruktiv. Aber man verliert am Ende viele Benutzer, die die App deinstallieren – und sie dann auch nicht noch mal neu herunterladen.

Welche Konsequenz zogen Sie?

Wir haben den Fehler schnellstmöglich behoben. Im Endeffekt haben wir nun, ein Jahr später, in Betzdorf eine deutlich geringere Nutzerdurchdringung als in vielen anderen Regionen. Das Problem mit der »DorfFunk«-App hat sicher dazu beigetragen. Wir haben danach unseren Qualitätsmanagement-Prozess angepasst.

Ihr größter Fehler?

Obwohl immer die Daseinsvorsorge im Mittelpunkt der Umsetzung stand, hätten wir uns zu einem noch früheren Zeitpunkt mit einem nachhaltigen Betriebs- und Geschäftsmodell für die digitalen Lösungen befassen müssen. Wir hätten schon während des Projektverlaufs damit beginnen sollen, unser Modell für die Zeit danach zu etablieren. Besonders bei sozialen Innovationen ist das häufig ein Knackpunkt.

Was hat Ihnen in kritischen Situationen geholfen?

Wir sind zum größten Teil auf sehr viel Verständnis bei den Bürgern in unseren Modellregionen gestoßen. Viele waren eher interessiert daran, wie man gemeinsam ein Problem lösen kann, statt nur anzuprangern, was man gern hätte, aber noch nicht vorhanden ist. Der Zuspruch der Zielgruppe ist bei dem Projekt ein entscheidender Punkt. Ohne Bürgerbeteiligung geht es nicht.

Wenn Sie mit Ihrem Wissen von heute noch mal neu starten dürften – was würden Sie anders machen?

Grundsätzlich nicht viel. Die Vorgehensweise stimmte. Es hat sich auch in unseren darauffolgenden Projekten bewährt, sehr früh mit den Bürgern in einer Art Co-Creation-Prozess zusammenzuarbeiten. Natürlich kann man immer Nuancen im Prozess steuern, so würden wir beispielsweise heute früher daran arbeiten, sogenannte Lead User zu gewinnen, mit denen man kontinuierlicher zusammenarbeitet, statt eher breit auf die Menschen zuzugehen. Dabei ist ein guter Mix aus Formaten der Beteiligung aller und auch der Beteiligung regionaler Innovatoren aus unserer Sicht erfolgversprechender.

Insider-Tipps

156. Definieren Sie präzise, was das Problem oder die Herausforderung ist.

157. Seien Sie bereit, bestehende Organisationsstrukturen zu ändern.

158. Finden Sie heraus, wer die zentralen Stakeholder, Influencer, Unterstützer sind, und beziehen Sie sie mit ein.

159. Überzeugen Sie Menschen mitzumachen: Was brauchen sie? Schaffen Sie Anreize zu ihrer Teilnahme.

160. Fragen Sie sich: Hilft es uns bei der Umsetzung der digitalen Lösungen, etwas bekanntes Analoges abzuschaffen?

HIGHTECH AUF DER HAUT

Um die Sensoren herzustellen, nutzen die Dresdner Forscher eine sogenannte Sputterkammer.

Wenn Experten sich verbünden: Winzige Magnetfolie auf der Hand steuert Technik

Fünf einander unbekannte Menschen schleichen um einen Baum und richten dann ihr Handy auf einen Ast. Wer sie erblickt, wundert sich gewaltig. Für die Gruppe ist es völlig normal: Sie fangen gerade Pikachu. Seit dem Computergame »Pokémon GO« zieht die Virtuelle Realität (VR) immer mehr in den Alltag ein – vor allem im Bereich Gaming. Das Potenzial von VR-Techniken reicht jedoch weit über die Spieleindustrie hinaus. Dafür sorgen auch Denys Makarov und sein Team vom Helmholtz-Zentrum Dresden-Rossendorf (HZDR).

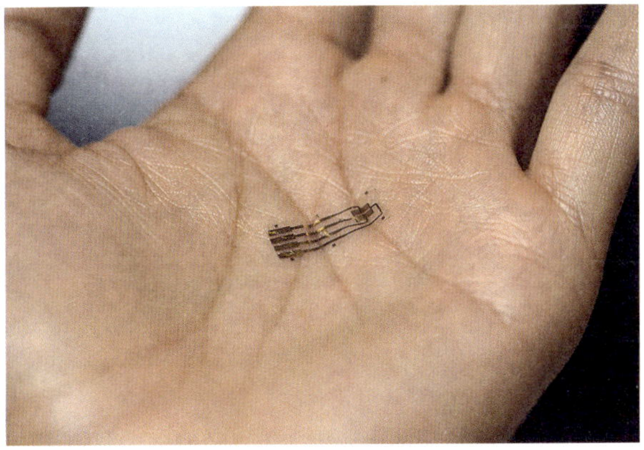

Der Magnetsensor wird direkt auf die Hand aufgebracht.

Seit 2010 forscht Makarov an dehnbaren und flexiblen Magnetsensoren. Als drei Jahre später das Konzept ultradünner, mechanisch kaum wahrnehmbarer Elektronik entwickelt wurde, mit der sich Anwendungen für eine sogenannte Intelligente Haut (englisch: Smart Skin) umsetzen lassen, kam Makarov auf die Idee, VR-Techniken mit seinen Magnetfeldsensoren zusammenzubringen.

2018 entwickelte sein Team mit Physikern des Leibniz-Instituts für Festkörper- und Werkstoffforschung Dresden (IFW) sowie der Johannes Kepler Universität (JKU) Linz einen elektronischen Magnetsensor, der sich auf der Haut der Handinnenseite befestigen lässt.

Das Konzept ist einleuchtend und genial. Konventionelle Magnetsensoren dienen beispielsweise in Mobiltelefonen als Kompass, in Kaffeemaschinen messen sie den Wasserstand. Mit mechanisch formbarer Magneto-Elektronik ergeben sich nun weitere Einsatzfelder von der Medizin über die Psychologie bis hin zur Sicherheitsindustrie. Wenn zum Beispiel Räume in Gefahrensituationen nicht zugänglich sind, könnten Knöpfe und Regler darin aus der Ferne bedient werden – über die Sensoren auf der Haut.

Das Potenzial der elektronischen Magnetsensoren haben auch nationale und europäische Institutionen erkannt, die Makarov und sein Team finanziell fördern: etwa über Programme der Deutschen Forschungsgemeinschaft, des Bundesministeriums für Bildung und Forschung, des Deutschen Akademischen Austauschdienstes und der Europäischen Kommission.

Seit Anfang Dezember 2019 unterstützt zudem die Helmholtz-Gesellschaft die Dresdner Physiker. Über das Helmholtz Innovation Lab fördert Deutschlands größte Forschungsgemeinschaft das Projekt für fünf Jahre mit bis zu fünf Millionen Euro. Die Finanzierung soll dabei helfen, die Prototypen in ein marktreifes Produkt zu verwandeln und den Sprung der Magnetfeldsensoren aus dem Labor in die Industrie zu erleichtern. Ungläubige Blicke über die unsichtbare Anwendung gibt es dann wohl nicht mehr.

Herr Dr. Makarov, was war der erste Funke für Ihre Idee?

Um die virtuelle Welt mit der Realität zu verbinden, brauchte man bisher immer eine schwere VR-Brille oder dicke Handschuhe. Mein zehnköpfiges Team und ich fanden diese Hilfsmittel immer sehr sperrig und manchmal auch unbequem. Das wollten wir ändern und suchten nach einer Möglichkeit, um komfortabel die Techniken der Virtuellen Realität zu nutzen und gleichzeitig neue Anwendungsfelder zu erschließen. Unsere Magnetsensoren sind leicht und ultradünn, lassen sich einfach befestigen und sind flexibel.

Zu welchem Zeitpunkt und warum hielten Sie Ihre Idee für tragfähig?

Nach mehreren Entwicklungsschritten gelang es uns im Sommer 2014, die ersten Sensorprototypen zu entwickeln. Wir haben unsere Sensoren auf hauchdünne Folien aufgebracht, die dünner sind als menschliches Haar, und konnten zeigen, dass sie selbst unter äußerster Belastung – zum Beispiel, wenn sie stark gekrümmt oder verbogen werden – empfindlich genug sind, um extrem kleine Magnetfelder aufzuspüren. Diese Arbeit veröffentlichten wir 2015 in einer Fachzeitschrift – in der Forschung ein wichtiger Schritt für alle weiteren Entwicklungen.

Denys Makarov und sein Team haben die Elektronische Haut entwickelt.

8 Mio. €
Förderung aus Drittmitteln

2
Spin-off-Initiativen mit der HZDR Innovation GmbH

Welche ersten Schritte unternahmen Sie, um aus der Idee ein Projekt zu machen?

Wir haben von Beginn an eng mit der Gruppe um Prof. Martin Kaltenbrunner von der Johannes Kepler Universität Linz zusammengearbeitet. Von ihrer Expertise auf dem Feld unspürbarer Elektronik, die sich leicht auf der Haut tragen lässt, haben wir stark profitiert. Die erste Publikation in Nature Communications beruht auf dieser exzellenten Kooperation zwischen der JKU und dem Leibniz-Institut für Festkörper- und Werkstoffforschung Dresden, bei dem ich zu diesem Zeitpunkt noch gearbeitet habe. Nach meinem Wechsel nach Dresden-Rossendorf konnten wir diese Zusammenarbeit mit den Möglichkeiten des HZDR ergänzen, was zu zahlreichen weiteren Veröffentlichungen führte.

Wie finanzierten Sie Ihr Projekt?

Da es sich dabei ursprünglich um Grundlagenforschung handelt, spielte die Frage der Finanzierung am Anfang keine so wesentliche Rolle. Wir haben Förderung sowohl aus dem internen Haushalt der beteiligten Einrichtungen als auch von externen Geldgebern, zum Beispiel der Europäischen Kommission, der Deutschen Forschungsgemeinschaft oder von industriellen Drittmittelgebern, bekommen.

Was hat Sie motiviert, Ihr Projekt weiter voranzubringen?

Im Team motivieren wir uns gegenseitig. Unser Ziel war es, den Menschen zu zeigen, dass sie das Erdmagnetfeld in Form einer elektrischen Haut nutzen können, um mit alltäglichen Gebrauchsgegenständen, wie ihrem Computer oder dem Bedienungsmodul ihres Smart-Home-Geräts, berührungslos zu interagieren.

Wie funktioniert die elektronische Haut?

Im Zusammenspiel mit einem externen Magnetfeld – entweder einem gewöhnlichen Magneten, wie er an fast jeder Kühlschranktür hängt, oder dem natürlichen geomagnetischen Feld – messen Sensoren Veränderungen im elektronischen Widerstand. Unsere elektronische Haut zeichnet also die Bewegungen zum Beispiel einer Hand auf, indem sie ihre Position in Verbindung zu den vorhandenen Magnetfeldern setzt. Die Veränderungen können wir an die elektronischen Signale koppeln, um virtuelle Objekte berührungslos zu steuern, ohne weitere Hilfsmittel.

Klingt abgefahren.

Ja, unsere Magnetsensoren sind eine komplett neuartige Schnittstelle zwischen dem Menschen und der Maschine. Durch das Tragen unserer

Sensoren verwandeln wir quasi die menschliche Haut in einen Kompass, der überall die Orientierung dank des Erdmagnetfelds ermöglicht. Unsere Forschung könnte für die Psychologie interessant sein, da sich auf diese Weise unser Verständnis für die natürlichen Mechanismen kognitiver Prozesse und Wahrnehmungen vertiefen könnte. Weitere Anwendungsfelder sehen wir in der Robotik, der regenerativen Medizin, der Sport- und Spieleindustrie. Zudem könnten wir mit unseren Sensoren diese neue Art der Wahrnehmung, den Magnetsinn, untersuchen, ohne auf experimentelle Installationen zurückgreifen zu müssen, die oft die Resultate verzerren. Das mitzuerleben, motiviert uns alle enorm.

Mit welchen Hemmnissen kämpften Sie?

Es war überraschend schwierig, die Menschen – nicht nur die Allgemeinheit, sondern auch die Fachcommunity – davon zu überzeugen, dass es sinnvoll ist, einen Magnetsinn zu besitzen. Forscherkollegen lassen sich natürlich am ehesten durch die Publikation in hochrangigen Fachzeitschriften und Präsentationen auf Konferenzen umstimmen. Das ist uns mit Papers und Vorträgen gelungen. Für Laien haben wir bei »Langen Nächten der Wissenschaft« und an Tagen des offenen Labors Demonstratoren gebaut, an denen sie selbst die Sensoren testen konnten. Sie steuerten zum Beispiel über Handbewegungen einen Panda in einem Computerspiel. Die Neugier war geweckt, die Skepsis verflogen.

Wie erklärten Sie sich die anfänglichen Zweifel von Unternehmen?

2015 war die Technologie noch relativ jung. Wir hatten selbst noch keine Demonstratoren, und uns fehlten einige experimentelle Daten, um alle Fragen der Industrie zu beantworten. Die Unternehmen haben deshalb am Anfang, als wir ihnen unsere Sensoren präsentierten, eher zurückhaltend reagiert. Neben den technischen Aspekten war außerdem nicht klar, ob das Konzept tragbarer

Ein 1 cm^2 großes Stück Folie wiegt 200 Mikrogramm.

Zum Vergleich:
Eine Feder wiegt etwa 8 Milligramm – also rund 40-mal mehr als die Sensoren.

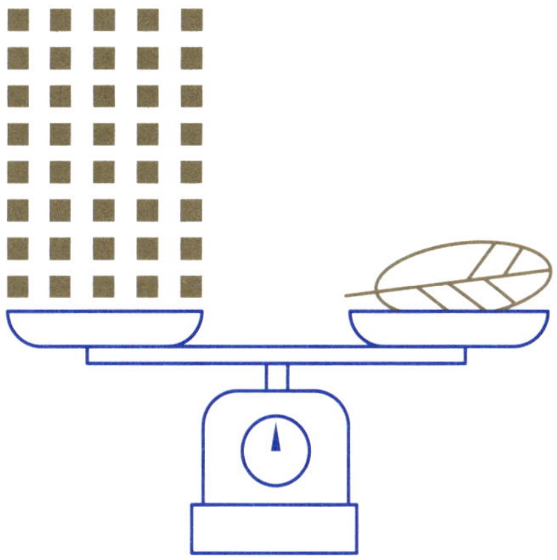

Magnetsensoren für Anwendungen der Virtuellen und der Erweiterten Realität wirklich nützt. Nach den erfolgreichen Demonstrationen haben sich das Interesse und die Akzeptanz der Technologie nun aber deutlich gesteigert. Trotzdem fehlen uns noch ein paar fundamentale Schritte, um endgültig den Sprung auf den Markt zu wagen: Die Sensoren sollen künftig auch noch atmungsaktiv und flüssigkeitsdurchlässig sein, um die Funktionen der menschlichen Haut beim Tragen nicht zu beeinträchtigen. Wir rechnen noch mit mindestens fünf Jahren, bis wir ein Produkt haben, das sich tatsächlich kommerzialisieren lässt.

Ihr größter Fehler?

Wir hätten gleich zu Beginn der Entwicklung ein Spin-off gründen sollen, da wir uns dann wahrscheinlich viel früher auf die industrielle Anwendung unserer Technologie konzentriert und jetzt vielleicht sogar schon ein erstes marktreifes Produkt hätten. Letztes Jahr haben wir die Gründung nun mit dem Start unseres Helmholtz Innovation Lab »FlexiSens« nachgeholt.

Was hat Ihnen in kritischen Situationen geholfen?

Die Diskussionen mit den Kollegen – um das Konzept zu schärfen und es verständlicher zu machen. Das half wiederum dabei, praktische Anwendungen zu finden und an die Industrie heranzutreten. Gleichzeitig konnten wir auf die generelle Struktur eines großen Forschungszentrums wie dem HZDR zurückgreifen. So gibt es hier für viele Teilbereiche eigene Abteilungen, die nicht unbedingt zu den Expertisen eines Forschers gehören. Das beginnt beim Technologietransfer, der den Weg zur Industrie ebnet, und reicht bis zur Presse- und Öffentlichkeitsarbeit, die für die Idee wirbt. Wir konnten uns auch immer auf die Unterstützung durch die Leitungsebene verlassen.

» Manchmal kann es natürlich zu Reibungen kommen, wenn Personen mit unterschiedlicher Expertise und ungleichem wissenschaftlichem Hintergrund in einem Team kooperieren.

Ihr bisheriges Highlight?

Als wir mithilfe von Demonstratoren nachweisen konnten, dass interaktive Elektronik, die sich auf der Haut tragen lässt, umsetzbar ist. Dank unserer Magnetsensoren konnten Nutzer zum Beispiel berührungslos Haushaltsapparate bedienen. Wir wussten, dass das der Startpunkt für breitere Anwendungen ist.

Worauf hätten Sie im Entstehungsprozess auf keinen Fall verzichten können?

Auf mein Team und das perfekte Zusammenspiel von Physikern, Chemikern und Ingenieuren. Manchmal kann es natürlich zu Reibungen kommen, wenn Personen mit unterschiedlicher Expertise und ungleichem wissenschaftlichem Hintergrund in einem Team kooperieren. Wir haben uns aber gegenseitig befruchtet. So konnten unsere Chemiker den Ingenieuren Tipps geben, wie sich der Kontakt zwischen den flexiblen Oberflächen und der externen Elektronik herstellen lässt. Unsere Ingenieure zeigten wiederum den Physikern, wie die Anordnung der Sensoren aussehen sollte, damit sie mechanisch robust und trotzdem biegsam sind.

Wenn Sie mit Ihrem Wissen von heute noch mal neu starten dürften – was würden Sie anders machen?

Ich würde viel früher den Kontakt zur Industrie suchen und meine Idee stärker bewerben, um zum Beispiel höhere Finanzierungsmittel zu erhalten und schneller Anwendungen in verschiedenen Technologiefeldern zu finden. Allerdings ist dafür ein entsprechendes Umfeld nötig: ein geeignetes Team, aber auch die Unterstützung der Einrichtung, bei der man arbeitet. Und Hilfe von Wirtschaftsexperten bei der Entwicklung des Geschäftsmodells ist natürlich auch nicht schlecht.

Insider-Tipps

161. Akzeptieren Sie nur konstruktive Kritik.

162. Fragen Sie nach Unterstützung beim Technologietransfer.

163. Gründen Sie frühzeitig ein Spin-off.

164. Beantragen Sie so früh wie möglich Finanzierungsmittel.

165. Bewerben Sie Ihre Idee.

166. Kommunizieren Sie mit möglichst unterschiedlichen Communitys, um ein breites Spektrum an Meinungen zu erhalten.

167. Seien Sie neugierig, um neue Wege zu entdecken.

NUR WER WEISS, WAS MÖGLICH IST, KANN DAS UNMÖGLICHE SCHAFFEN.

Schummeln unmöglich – Die Webcam passt auf

Lebenslang innovativ bleiben? Geht: mit interaktiven Onlinekursen

Christoph Meinel

Dinge ganz anders zu tun, als wir es immer gewohnt waren, ist das Wesen von Innovation. Wir sind Zeugen rasantester Veränderungen: Die Digitalisierung prägt Alltag, Arbeit, öffentliche Verwaltung (leider noch in Grenzen) und Industrieproduktion. In einem solchen Umfeld ist Bildung der zentrale Schlüssel zum Erfolg – lebenslang.

Prof. Dr. Christoph Meinel ist Direktor des Hasso-Plattner-Instituts für Digital Engineering gGmbH (HPI) in Potsdam. Er hat die erste europäische MOOC-Plattform openHPI entwickelt, leitet das vom Bundesforschungsministerium beauftragte Schul-Cloud-Projekt und ist Programm-Direktor des HPI-Stanford Design Thinking Research Program.

Es reicht nicht mehr, einen Bildungsabschluss zu machen und diesen Stand bis zum Lebensende zu wahren. Arbeitnehmer, Unternehmer und Verwaltungsmitarbeiter müssen neue Entwicklungen verstehen und anwenden, um wettbewerbsfähig zu bleiben.

Das Bildungswesen selbst erlebt innovative Sprünge, auch wenn diese sich verhalten durchsetzen. Die Verfügbarkeit digitaler Technologien macht lebenslanges Lernen möglich: für jeden, immer, überall. Eine Form neuer E-Learning-Angebote sind die in der Hochschul- und Erwachsenenbildung verwendeten Massive Open Online Courses (MOOCs). Sie sind sehr effektiv und verzichten auf Zugangs- und Zulassungsbeschränkungen.

Das Hasso-Plattner-Institut (HPI) erforscht seit 2012 die Bedingungen ihres Einsatzes in der Weiterbildung. Eine von uns entwickelte Plattform versorgt schon mehr als fünf Millionen eingeschriebene Lerner mit neuestem Wissen. Wir selbst bieten über openHPI.de MOOCs, also offene Onlinekurse, zu digitalen Technologien an. SAP erklärt über open.SAP.com seinem Kunden- und Partnerkreis via Enterprise-MOOCs seine Produkte und Technologien. Die Weltgesundheitsorganisation schult über openWHO.org Helfer und medizinisches Personal im Umgang mit Epidemien. Eine wichtige Erkenntnis: Digitales Lernen hat wie analoges Lernen eine starke soziale Komponente.

Schafft man es nicht, eine Lerncommunity zu organisieren, scheitert E-Learning. Lehrangebote ohne soziale Interaktion nützen nur Autodidakten. MOOCs dagegen verbinden die Vermittlung der Lerninhalte mit sozialen Medien. Auf unseren Plattformen erleben Tausende Teilnehmer in einem interaktiven Onlinekurs zur gleichen Zeit gleiche Lerninhalte; in Echtzeit diskutieren sie über digitale Foren. So entsteht schnell eine Lerngemeinschaft wie im Analogen. Das beflügelt den Lernerfolg: Fast 30 Prozent der Eingeschriebenen auf openHPI schließen Kurse vollständig ab – im Vergleich mit passiven Lernplattformen eine vielfach höhere Prozentzahl.

Die Dozenten können durch maschinelle Auswertung Tausende Prüfungen in Echtzeit korrigieren – Gamification macht's möglich. So wachsen Freude und Lernerfolg. Jenseits von Multiple-Choice-Tests kann man über MOOCs auf die Schwarmintelligenz zugreifen. Über Peer-Assessments, bei denen die Lernenden selbst mitbewerten, sind auch komplexere Prüfungen möglich. Aktuelle HPI-Studien ergeben, dass sie den Experten-Assessments oft ebenbürtig sind; so lassen sich digitale Lernformen weiter skalieren. Auch individuelle Prüfungen funktionieren: Die Aufsicht läuft über die automatisierte Auswertung von Webcam-Aufzeichnungen – die Identität der Prüflinge kann überall auf der Welt sicher festgestellt werden. Wir können Leistungsbescheinigungen und Zertifikate verlässlich Personen zuordnen.

»Jenseits von Multiple-Choice-Tests kann man über MOOCs auf die Schwarmintelligenz zugreifen.

Die Erfahrung mit unseren digitalen Lern- und Lehrangeboten sorgt für eine neue Sicht auf Bildung. Das altehrwürdige Paradigma von Lehrer und Schüler disruptiert beim lebenslangen Lernen. Wenn Tausende Weiterbildungswillige offene Online-Lernformate nutzen, dann ist auch das Vorwissen sehr unterschiedlich; zu den verschiedenen Lernthemen finden sich immer auch Experten, die ihre Kenntnisse über die Diskussionsforen einbringen und daher gleichberechtigt beteiligt sind, Lernstoff zu vermitteln. Der Lehrer wird zum Coach: Er vermittelt zusammen mit Experten aus der Teilnehmerschaft Wissen und tauscht sich mit den Teilnehmern auf Augenhöhe aus.

Auf openHPI stellen Berufstätige mit mehr als zehn Jahren Erfahrung die größte Nutzergruppe. Lebenslanges Lernen und Weiterbildung werden sich künftig viel stärker in Lern-Communitys vollziehen, wo man sich unter Gleichen trifft. Nicht nur klassische Bildungseinrichtungen werden Lernformate anbieten, auch Organisationen und Privatunternehmen. Der Bildungssektor wird vielfältiger und integrativer. Die technischen Mittel für diese Veränderung haben wir in Händen – machen wir uns auf den Weg, sie zum Wohle und zum Fortkommen aller zu nutzen.

VOM NERD ZUM DIGITALPIONIER

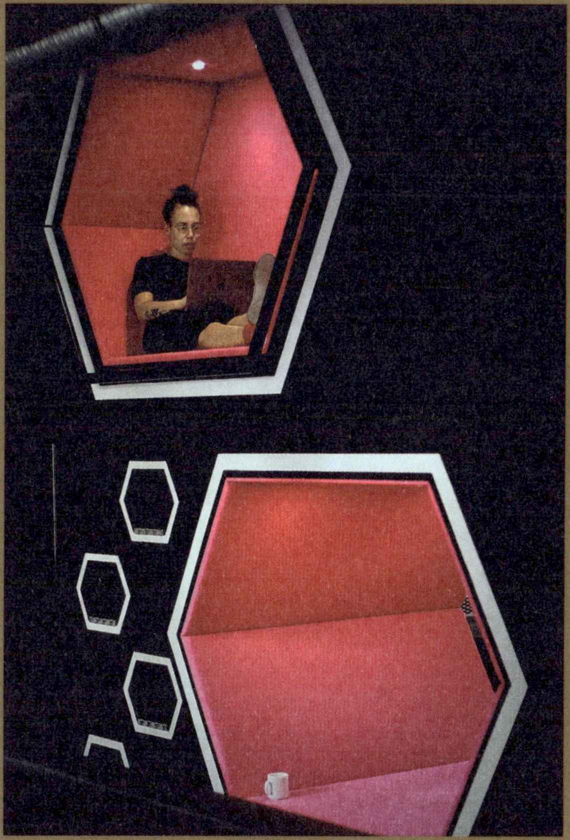

In einer der Lernwaben kann man gut entspannen oder Aufgaben erledigen.

CODE University krempelt das Bildungssystem von innen heraus um – und lernt selbst dabei

Mit der Berliner CODE gründete **Thomas Bachem** die Hochschule, die er selbst gern besucht hätte.

Sich eine eigene Hochschule basteln – klingt verrückt, größenwahnsinnig, klasse. Und war dringend notwendig, daran gab es für Thomas Bachem nie einen Zweifel. Er hatte sich als Zwölfjähriger das Programmieren selbst beigebracht und blieb auch als junger Mann umtriebig. 2016 hatte er schon ein paar Firmen aus der Taufe gehoben und erfolgreich verkauft. Nun gab er einem inneren Drang nach und gründete die Bildungseinrichtung, an der er selbst gern studiert hätte.

Denn es gab sie nicht, die Uni mit Angeboten für Softwareentwickler. Bis dahin konnten Schulabsolventen, die programmieren wollen, vor allem Informatik studieren. Informatik ist die theoretische Computerwissenschaft, Programmieren die praktische Umsetzung. Die CODE University of Applied Sciences in Berlin ersetzt die Informatik nicht, sondern bietet einen Studiengang an, der die berufliche Praxis ins Studium integriert.

Der Eigenbrötler mit dicker Brille im stillen Kämmerlein ist schließlich ein Klischee: Der Digitalpionier von morgen ist ein vorzeigbarer und fachlich top vernetzter Profi. Das Konzept der CODE sieht ein von Neugierde angetriebenes Lernen in interdisziplinären Teams, agile Methoden und Kooperationen mit der Wirtschaft vor. Die Lehrerschaft will die Studierenden mit den Werkzeugen ausstatten, die sie brauchen, um ihr ganzes Potenzial zu entfalten.

So sind auch die drei Studiengänge interdisziplinär ausgerichtet: Software Engineering, Produktmanagement und Interaction Design. Ergänzend kommt der Fachbereich Science, Technology and Society hinzu. Die jungen Leute sollen nicht nur technisches Know-how und soziales Bewusstsein in ihre Arbeit einbringen, sondern auch eine durchdachte Selbstdarstellung, achtsame Teaminteraktionen und professionelles Verhalten erlernen. Kernkompetenzen, die ihnen ein ganzes Berufsleben lang dienen, unabhängig davon, wie sich die Technologie verändert. Das Ziel, das Gründer Thomas Bachem formuliert, klingt fast schon philosophisch: eine abgerundete Persönlichkeit im traditionellen Sinne der Ganzheitlichkeit deutscher Bildung.

Das Studium kostet eine nicht unerhebliche Gebühr. Die Studenten haben aber die Möglichkeit, die Summe erst viel später zurückzuzahlen: als niedrigen prozentualen Anteil ihres Einkommens in den ersten zehn Berufsjahren. Man könnte also die Welt bereisen, Verwandte pflegen oder sich als Gründer versuchen. Die Rückzahlung beginnt erst, sobald ein fester Job angetreten ist und ab einer bestimmten Einkommensschwelle. Für die CODE also ein Risiko. Aber Gründer Bachem hält es so: Erst wenn wir Euch erfolgreich machen, sind wir es auch.

Da war noch nichts mit Pink: die Lernwaben im Aufbau.

Herr Bachem, was war der erste Funke für Ihre Idee?

Ich hatte an der Cologne Business School studiert, war sehr zufrieden und fragte mich bald, warum es nicht analog zu den Business Schools für BWL auch Tech Schools für Informatik gibt. Ich fand keine Antwort. Nach dem Studium stand ich als Arbeitgeber in diversen von mir gegründeten Start-ups vor dem Problem, keine talentierten Entwickler zu finden. Ein Informatiker mit gutem Abschluss muss nicht auch ein guter Softwareentwickler sein. Diese Fähigkeiten brauchen wir in Deutschland wirklich. Das Thema hat mich einfach nicht mehr losgelassen.

Wann hielten Sie Ihre Idee für umsetzbar?

Als ich 2016 meine Gründungspartner kennenlernte. Manuel Dolderer und Jonathan Rüth hatten beide schon Erfahrung mit der Gründung einer Uni. Manuel hat an Deutschlands ältester Privatuniversität in Witten/Herdecke studiert und zwei anwendungsorientierte Forschungsinstitute gegründet. Später war er

Mitbegründer und Geschäftsführer der privaten praxisHochschule. Wir drei taten uns zusammen und gründeten CODE. Wir wollten bewusst das Hochschulsystem von innen heraus erneuern – und im Rahmen der Hochschulgesetze als akkreditierte Fachhochschule.

Warum legten Sie so viel Wert auf die Akkreditierung?

Ich hoffe auf Beispielwirkung und Inspiration. Wir zeigen, dass Innovation innerhalb unseres Hochschulsystems möglich ist. Wir hätten eine weit radikalere Institution gründen können, etwa ganz ohne akademische Grade. Das hätte uns weniger Auflagen eingebracht und wäre leichter gewesen. Aber das wollten wir nicht – sonst hätten andere Hochschulen die Ausrede gehabt: Klar können die das, die fallen ja auch total aus dem Rahmen.

Was läuft anders an der CODE?

Warum unterrichten Schulen je 45 Minuten Mathe, Geschichte, Philosophie, Biologie? Die Schüler sollten stattdessen ein Problem aus allen Blickwinkeln beleuchten: mathematisch, historisch, philosophisch, biologisch. Man bewahrt sie vor Fehlern, indem man ihnen erst mal die Grundlagen eintrichtert, bevor es in die Praxis geht. Da vergeht ihnen die Lust. Genau diese Tradition des deutschen Bildungssystems stellen wir auf den Kopf. Einfach mal machen, danach tiefer in die Hintergründe einsteigen – dieser Ansatz rührt von meinen Erfahrungen als Autodidakt her. Es ist die natürlichste Art zu lernen, die für Motivation sorgt, weil sie direkt Ergebnisse zeigt. Auch die Verankerung der CODE in der Internet- und Start-up-Branche unterscheidet uns von klassischen Hochschulen. Das zeigt schon unser Campus in der Factory in Berlin. Hier gestalten 3000 Leute aus 70 Nationen an der Welt von morgen mit – die Studierenden schnuppern also gleich mal Start-up-Luft.

Und der Unterricht?

Wir bieten statt Frontalunterricht projektbasiertes Lernen an. Dafür arbeiten wir mit Praxispartnern und Unternehmen zusammen, die Hilfe bei einem Problem brauchen. Die Fragestellungen müssen aus dem Leben kommen, unsere Studenten sollen sie nicht nur für eine Note lösen müssen. Unsere Studiengänge gibt es einzeln nur sehr selten in Deutschland und in Kombination gar nicht. Die Benotung erfolgt bei uns nicht durch klassische Klausuren; wir bewerten die Projektarbeiten. Wir wollen weg von der üblichen Praxis, dass du dich in einen Prüfungsraum setzt

Pauken neben dem Bällebad:
Hier verbringen CODE-
Studenten gern ihre Zeit.

und Codes auf Papier schreibst. Das ist nicht zeitgemäß. Die Professoren sind bei uns begleitende Mentoren.

Wurden Sie am Anfang für Ihre Idee belächelt?

Gründer und Unternehmer reagierten oft mit großem Verständnis dafür, dass wir eine solche Hochschule und ihre Absolventen brauchen – gleichzeitig hatten alle großen Respekt vor der Herausforderung, eine eigene Hochschule zu gründen. Nachdem wir allerdings ein erstes Konzept hatten, war es erstaunlich einfach, Unterstützer und Investoren zu finden.

Welche Hemmnisse gab es?

Typischerweise denken Unternehmen in sehr einfachen Erfolgskategorien, da geht es um Umsatzrendite, Kapitalrendite, Gewinn vor Steuern – recht einfach zu berechnende Kennzahlen. Bei Bildungseinrichtungen ist es nicht so leicht, sich auf Erfolgsfaktoren zu verständigen. Denn woran erkenne ich erfolgreich abgeschlossene Bildungsprozesse? Das ist eine schwierige Frage. Weil wir täglich Entscheidungen treffen müssen, die am Ende darauf einzahlen sollen, dass wir erfolgreicher sind. Die Frage »Woran erkenne ich erfolgreiche Bildung?« ist nicht nur für uns als Hochschule, sondern für die ganze Gesellschaft entscheidend. Denn in Deutschland wird sehr viel Zeit und Geld in Bildung investiert, aber ich denke, dass niemand genau weiß, ob das Geld sinnvoll angelegt ist.

Ihr schlimmster Moment?

Wahrscheinlich die Zeit, in der wir die ersten Ergebnisse unserer Anträge erwarteten.

Um welche Anträge handelte es sich?

Es ist wie fast alles in Deutschland ein strukturierter administrativer Prozess. Erste Anlaufstelle ist das Wissenschaftsministerium des zukünftigen Sitzlandes der zu gründenden Hochschule, in unserem Fall der Berliner Wissenschaftssenat. Dort reicht man nach ersten Abstimmungsgesprächen einen Antrag auf staatliche Anerkennung und ein etwa 150-seitiges Gründungskonzept ein. Das Konzept wird vom Wissenschaftsrat geprüft, das dauerte bei uns neun Monate. Im Fall einer erfolgreichen Prüfung erteilt das Land die staatliche Anerkennung. Damit konnten wir die ersten Studierenden aufnehmen. Für uns hat der Prozess bis dahin 18 Monate gedauert.

Ihr größter Fehler?

Nur ein einfaches Beispiel – wir unterrichten digitale Produktentwicklung, aber es hat eine Weile gedauert, bis wir erkannt haben, wie lange es dauert, unser Intranet zu entwickeln. Wir haben die Aufgabe unterschätzt, aber durchaus viel daraus gelernt.

Was war das Problem?

Wir hatten zu Beginn nur einen Entwickler an Bord und keinen Produktmanager, um die vielen unterschiedlichen Anforderungen zu erfassen und zu strukturieren. Inzwischen haben wir das Team vergrößert und widmen dem Thema mehr Aufmerksamkeit. Teilweise wurde uns erst im laufenden Betrieb klar, wie wichtig unser Intranet zur Unterstützung einiger Lernprozesse ist.

Was hat Ihnen in kritischen Situationen geholfen?

Erfolg und Anerkennung spielen sicherlich eine Rolle. Es ist schön zu erleben, dass es den Studierenden bei uns gefällt. Und es ist toll zu wissen, dass in zehn Jahren vielleicht 1000 Menschen irgendwo da draußen arbeiten und wieder etwas bewegen werden. Es mag ein bisschen pompös klingen, aber für uns besteht Erfolg auch darin, dass wir anderen helfen, erfolgreich zu sein.

5
Campus-Hunde

4
Studenteninitiativen

36.800
Kugeln im Bällebad der Factory

» Laut einer Studie des Global Entrepreneurship Monitors 2018/2019 spielt Entrepreneurship Education in Schule und Freizeit eine entscheidende Rolle bei der volkswirtschaftlichen Entwicklung. Deutschland belegt unter 54 untersuchten Nationen einen schwachen 26. Platz. Eine Studie von YouGov von 2019 besagt, dass 64 Prozent der jungen Menschen sich vorstellen könnten zu gründen. Aber nur sieben Prozent tun's: Der Rest traut sich eine Gründung mangels entsprechender Projekte an und außerhalb von Schulen nicht zu. Noch Fragen?

Hauke Schwiezer, Vorstandsvorsitzender STARTUP TEENS

Ihr bisheriges Highlight?

Das Talent, die Hingabe und die Leidenschaft in unseren Studierenden zu sehen. Hier bei CODE wollen wir einen positiven Einfluss auf die Gesellschaft ausüben, indem wir Studierende ausbilden, die wiederum die digitale Welt gestalten werden. Immer wenn wir von verschiedenen Studentenprojekten hören, die das Leben der Menschen verbessern wollen, sind wir stolz. Auch der Demo Day im Kino International war 2019 ein großer Tag für die CODE-Community. Im Foyer stellten wir alle Projekte des Semesters aus, und fünf Projektteams präsentierten ihre Produkte auf der großen Bühne. Es war großartig, all die Studierenden, Professoren und das CODE-Team zu sehen, die während des gesamten Semesters so viel Leidenschaft und Mühe in ihre Arbeit gesteckt hatten.

Worauf hätten Sie niemals verzichten können?

Ohne unsere abenteuerlustigen Studierenden könnten wir definitiv nichts tun: Denn sie sind bereits im ersten Jahr einer neu gegründeten Hochschule beigetreten! Wir können den Studierenden, die an uns geglaubt und uns gleich zu Beginn eine Chance gegeben haben, gar nicht genug danken.

Wenn Sie noch mal neu starten dürften – was würden Sie anders machen?

Wir würden schneller das Team vergrößern. Alles am Anfang schlank zu halten, hat zu sehr schnellen Lernschleifen geführt – ich würde die Erfahrung nicht missen wollen. Aber wenn ich das Wissen von heute noch mal nach 2016 mitnehmen dürfte, würde ich schneller mehr Leute einstellen, um den Kopf mehr für strategische Fragestellungen frei zu haben.

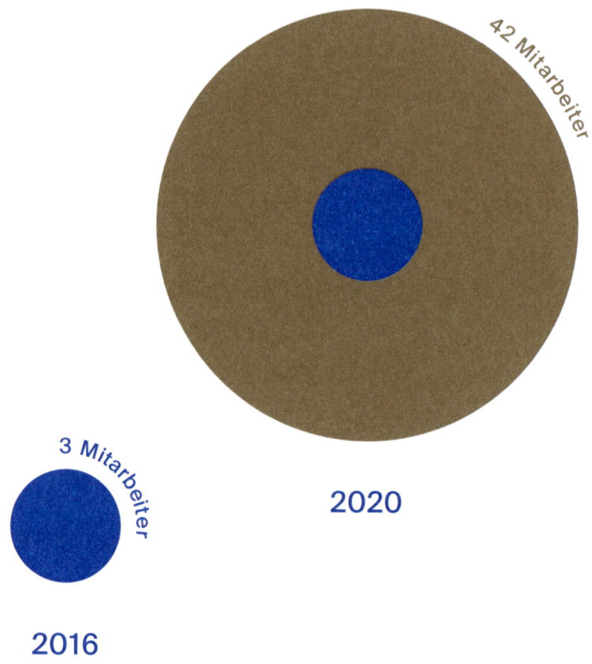

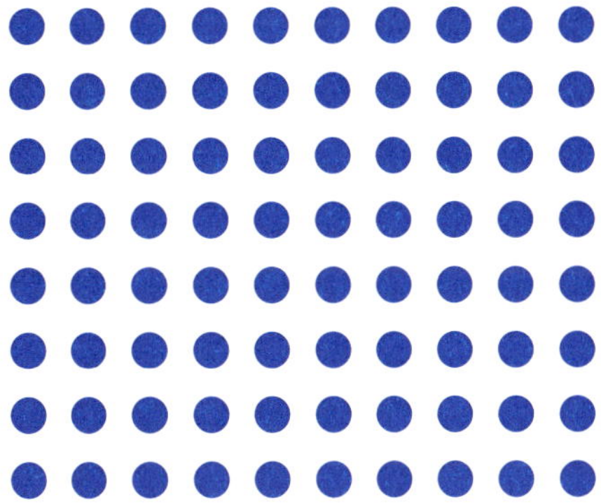

2017
80 Studenten

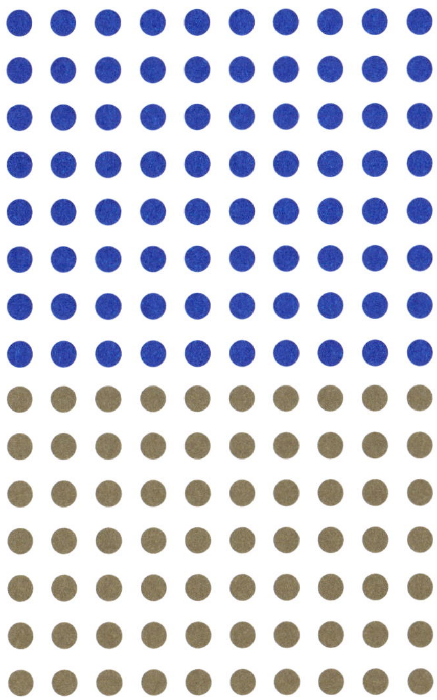

2018
150 Studenten

Insider-Tipps

168. Lerne weiter.

169. Nutze die Kraft der Start-up-Community.

170. Sei offen für viele Ideen und suche den Rat bei anderen.

171. Besuche Veranstaltungen und netzwerke viel.

172. Viel Spaß beim Lernen!

173. Bleibe neugierig!

174. Scheitern ist produktives Lernen!

175. Verliebe dich in das Problem, nicht in die Lösung.

CLEVERE WOLKE

2017: **Prof. Dr. Christoph Meinel** beim Start der Schul-Cloud mit zunächst 27 MINT-EC-Schulen.

Schul-Cloud digitalisiert den Unterricht – und muss Zweifler überzeugen

Eine Bildungscloud für Deutschland – so lautete vor einigen Jahren die Vision der Nationalen IT-Gipfel-Arbeitsgruppe für digitale Bildungsplattformen. In Sachen Schule hielten die Experten so eine Lösung für besonders dringend. Denn während ihrer Schullaufbahn müssen Kinder optimal auf das Leben in einer zunehmend digitalisierten Gesellschaft vorbereitet werden. Doch schon ein Blick ins Innere deutscher Klassenräume legt die Prognose nahe, dass das digitale Upgrade des Unterrichts ein Langzeitziel ist. Administrativ, personell, technisch, finanziell.

330.000
Nutzer

3400
Schulen

22.000
Kurse

21.000
Lehrkräfte

Die Schul-Cloud des Hasso-Plattner-Instituts (HPI) greift da schon mal vor; sie ist absolut niedrigschwellig verfüg- und nutzbar. Die clevere Wolke ist unabhängig von Schulform und Bundesland. Und sie ist vor allem zukunftssicher: Jugendliche in Deutschland nutzen flächendeckend neueste und professionell gewartete IT-Systeme und Lernprogramme; die Lehrkräfte bleiben unbehelligt von der Hardware-Verwaltung und -Pflege. Zu schleppende Bücherberge werden kleiner; in Lerngruppen können Schüler auch über große Entfernungen zusammenfinden und büffeln.

Online stellt die Cloud Software-Dienste, Rechen- und Speicherressourcen bereit und hilft dabei, einfach und effizient IT-Dienste, IT-Anwendungen und Inhaltsangebote zu nutzen. Am Lernort – in der Schule, zu Hause oder unterwegs – braucht es nur ein einfaches Endgerät mit WLAN. In einem Pilotprojekt mit dem bundesweiten Exzellenznetzwerk mathematisch-naturwissenschaftlicher Schulen »MINT-EC« wird die Schul-Cloud gerade getestet. Schüler, Lehrer, Schulleitungen und -verwaltung, Eltern sowie die Zulieferer von Lehrinhalten wie Schulbuchverlage und alternative Anbieter mischen dabei mit. Im Zuge der Schulschließungen in Zeiten von Covid-19 ist das Projekt um zusätzliche interessierte Schulen ausgeweitet worden. Außerdem werden länderspezifische Varianten der Schul-Cloud in Brandenburg, Niedersachsen und Thüringen pilotiert.

Catrina John koordiniert das von Institutschef Prof. Dr. Christoph Meinel geleitete Projekt.

Frau John, wann hielten Sie die Cloud-Idee für tragfähig?

Die Idee entstand zu einem günstigen Zeitpunkt, als der große Bedarf an den Schulen nicht länger ignoriert werden konnte und auch der politische Wille bestand, die Nutzung des digitalen Fortschritts im schulischen Bildungsbereich zu ermöglichen. Die HPI Schul-Cloud ist eine integrative Lösung, die bestehende Standards, etwa zur Authentifizierung, verwendet, schon vorhandene Ansätze vernetzt, bundeslandübergreifende Synergien erschließen kann und für nahezu unbegrenzte Nutzungszahlen skaliert.

Welche ersten Schritte unternahmen Sie, um aus der Idee ein Projekt zu machen?

Wir stellten einen zunächst sehr kurzen Förderantrag beim Bundesministerium für Bildung und Forschung in überschaubarer Höhe, um die Machbarkeit der Idee auszuloten. Frühzeitig haben wir Experten, auch zum Thema Datenschutz, in die Konzeption einbezogen, die Projektergebnisse der Fachöffentlichkeit aus Politik, Wissenschaft und Wirtschaft auf dem Nationalen IT-Gipfel zur Verfügung gestellt und in den weiteren Visions- und Arbeitsprozess interessierter Akteure eingespeist.

Was hat Sie motiviert?

Die Tatsache, dass wir Ideen nicht nur am Schreibtisch schmieden, sondern gemeinsam mit unseren Pilotschulen eine sinnvolle Bildungsinnovation mit so großer Tragweite für die Gesellschaft umsetzen. Dass wir unsere Kinder nicht nur auf ein Leben in einer digitalen Gesellschaft vorbereiten, sondern sie zu mündigen Mitgestaltern heranwachsen lassen. Wir haben im interdisziplinären Team gearbeitet und gemerkt, wie wichtig Zusammenarbeit ist, um die komplexen Anforderungen der gesellschaftlichen Transformation zu meistern.

Welche Hemmnisse gab es, welche Steine mussten Sie aus dem Weg räumen?

Wir müssen uns mit zahlreichen Skeptikern auseinandersetzen (»Auch digitale Lernumgebungen sollen föderal sein«), werden mit historisch verankerten bildungstheoretischen Grundsatzdiskussionen konfrontiert und an sehr hohen Erwartungen und jahrzehntelang bestehender internationaler Konkurrenz gemessen, die ressourcentechnisch auf einer ganz anderen Ebene ausgestattet ist und agiert.

Wie haben Sie die Zweifler umgestimmt?

Der Vergleich mit bereits sehr weit fortgeschrittenen Ländern macht deutlich, dass die Mammutaufgabe der digitalen Entwicklung im schulischen Bereich vereinte Kräfte und bundeslandübergreifende Synergien erfordert. Wir haben mit den länderspezifischen Instanzen der HPI Schul-Cloud einen Kompromiss gefunden: So kann einerseits die gleiche technische Basis unserer Cloud genutzt werden, andererseits sind länderspezifische Anpassungen möglich.

Ihr schlimmster Moment?

In einem schwierigen Gespräch wurden wir unter unfairen Bedingungen öffentlich gegrillt und erlebten eine aufgebauschte Diskussion in den sozialen Medien am Wochenende.

In welchem Rahmen?

Es war eine Podiumsdiskussion, in welcher der Moderator aus seiner neutralen Rolle ausgebrochen ist. Ich hatte der Netzcommunity unsere Grundgedanken zur Schul-Cloud vorgestellt.

Wie entkamen Sie der misslichen Lage?

Ich habe versucht, zahlreiche Verständnisdefizite und Missverständnisse, die sich im Voraus angestaut hatten, auszuräumen.

Ihr größter Fehler?

Nicht direkt ein Fehler, sondern wahrscheinlich eher ein typischer Hype-Zyklus: In der frühen Ideenphase wurden, auch durch unsere Einrichtung, überzogene Erwartungen geweckt, sodass wir anschließend auch Enttäuschungen in Kauf nehmen mussten. Zudem haben wir gelernt, bestimmte emotional aufgeladene Begriffe wie »Mehrwert« nicht länger im Kontext unserer Idee zu verwenden. Gerade um den Mehrwert gibt es hitzige Diskussionen.

Was hat Ihnen in kritischen Situationen geholfen?

Der dauerhafte Rückhalt und die Unterstützung durch das renommierte HPI und politische Entscheider sowie ein sehr gut funktionierendes, intrinsisch motiviertes Team. Und dann noch der Humor!

Pflegen Sie den bewusst im Teamalltag?

Ja. Ein paar Wortwitze und Spielereien können auch in schwierigen Phasen für ein Lächeln sorgen, zum Beispiel die »Bugstube« für das Entwicklungsbüro, in dem Programmfehler, sogenannte Bugs, behoben werden, und das Aufleuchten einer roten Alarmsirene, wenn einmal ein schwerwiegender Bug auftaucht. Wir bekleben auch eine Wand mit denkwürdigen Zitaten auf Post-its, die im Ideenkontext gefallen sind, etwa:

- »Wenn es einfach wäre, dann hätten wir es schon!«
- »Es ist alles eine Frage des Briefings!«
- »Das machen wir agil.«
- »Don't be a Kartoffelsack.«
- »Ich pack's auf die Liste.«
- »Dann wird's eher lau statt wow!«
- »Geht nicht, weil ist nicht.«

Insider-Tipps

176. Eat your own dog food – nutze dein eigenes Produkt, um es in realen Szenarien zu testen.

177. Wenn ein Entwickler sagt, er repariert das, dann repariert er das. Man muss ihn nicht alle sechs Monate daran erinnern.

178. Humor sorgt in schwierigen Phasen für ein Lächeln.

179. Viele Dinge, wie die zahlreichen internen Meetings und externen Termine, für die man sich manchmal nur widerwillig Zeit nimmt, benötigen einen fancy Namen, etwa »Planning«, »Daily«, »Weekly«, »Review«, »Retro«, »Learning Experience Lab«, »Unterrichte einen Entwickler«.

180. Mit Kaffee, Mate und Cola steigt die Produktivität immens.

181. Es muss auch noch spät am Abend in der Nähe etwas zu essen geben.

»Lernen muss sich radikal und substanziell verändern. Die Welt braucht Menschen, die Verantwortung übernehmen: für sich, für ihre Mitmenschen, für unseren Planeten. Kollaboration, Vertrauen, Wertschätzung, Partizipation, Handlungsmut, Sinn, Potenzialentfaltung kennzeichnen die neue Lernkultur.

Margret Rasfeld, Bildungsinnovatorin

Ihr bisheriges Highlight?

Wir durften die Schul-Cloud vor dem gesamten Bundeskabinett vorstellen.

Wie ist es dazu gekommen?

2018 fand die Digitalklausur des Bundeskabinetts bei uns am HPI statt. Aufgrund der Vorbereitungen, auch der zu treffenden Sicherheitsvorkehrungen, herrschte auf dem Campus schon Wochen vorher der Ausnahmezustand. Es war sehr interessant, auch die Dynamik innerhalb des Kabinetts live beobachten zu können.

Worauf hätten Sie im Entstehungsprozess auf keinen Fall verzichten können?

Auf die Infrastruktur und die Nutzung des guten Netzwerks des HPI.

Wenn Sie mit Ihrem Wissen von heute noch mal neu starten dürften – was würden Sie anders machen?

Die Codebasis von Anfang an professionalisieren. In der frühen Entwicklungsphase eines Prototyps wird auch mal »quick and dirty« programmiert. Manches Provisorium fällt einem später auf die Füße. Nicht selten muss es dann noch mal von Grund auf angepackt und gegebenenfalls sogar komplett neu geschrieben werden.

EVER TRIED.
EVER FAILED.
NO MATTER.

TRY AGAIN.
FAIL AGAIN.
FAIL BETTER.

Erfolgreich Scheitern lernen

Wie geplatzte Träume uns weiterbringen

Ralf Kemmer

Es ist bitter, aber wahr: Wir sind gescheitert. Was bringt es uns nun, über vergangene Situationen zu grübeln? Vorbei ist vorbei. Wenn das Ihre Einstellung ist, lohnt es sich nicht weiterzulesen.

Ralf Kemmer, Professor für Kampagnen- und Kommunikationsplanung, hat 2014 die FuckUp Nights Berlin mitbegründet sowie die Gesellschaft für Fehlerkultur UG, die Unternehmen in Entwicklung und Ausbau ihrer Fehlerkultur coacht.

Seit 2014 veranstalten wir, die Gesellschaft für Fehlerkultur, in Berlin die FuckUp Nights. Inzwischen erzählten mehr als 150 Menschen die Geschichten ihres Business-Scheiterns auf unserer Bühne; bei unzähligen Workshops mit Unternehmen hörten wir interne Fuckups. Vereinfacht ist Scheitern das Nicht-Erreichen eines gewünschten oder erwarteten Zustands. Es kommt anders, als wir dachten. Vor allem bei Start-ups lässt sich dieser Punkt gut nachvollziehen. Die Gründer unterteilen die Entwicklung ihrer Neuheit in Phasen und arbeiten sie nach einem Zeitplan ab. Zeitgleich suchen sie Investoren oder andere Geldtöpfe. Erreichen sie die Ziele der einzelnen Phasen dauerhaft nicht, oder fließt nicht genug Geld, kann das Start-up als gescheitert gelten. Manchmal zieht sich die Erkenntnis hin, weil die Gründer noch auf bessere Prototypen, mehr Geld in der nächsten Finanzierungsrunde oder ein Wunder hoffen. Es braucht, trotz messbarer Größen, die Reflexion, um das eigene Scheitern zu artikulieren. Allzu menschlich – die Gründer haben Ideen, Zeit und Emotionen investiert. All das scheint nutzlos und verloren.

Da Start-ups meist völlig neue Ideen umsetzen, also bei null starten, lassen sich Zeitpunkt und Ursache des Scheiterns recht eindeutig benennen.

> **»Wenn wir Innovationen entwickeln wollen, sollten wir Scheitern als Bestandteil des Prozesses, als mögliches Szenario einbeziehen.**

Auch deshalb ist es besonders in der Start-up-Szene verbreitet, über Fehler zu sprechen; das Scheitern lässt sich objektivieren und verliert das Unkalkulierbare. Denn wir haben Angst davor, nicht zu wissen, woran wir scheitern könnten.

Natürlich erscheint uns der Rückblick auf unsere Handlungen und Entscheidungen mühsam und frustrierend, wir können am Ergebnis ohnehin nicht mehr rütteln. Für unsere Zukunft gibt es aber gute Gründe, das Scheitern bewusst zu verarbeiten. Einer davon: Wir bewahren uns das Wissen, wie es NICHT klappt. Dadurch haben wir beim nächsten Versuch einen Vorteil. Wir können einen anderen Weg wählen, die Umstände einer Situation besser hinterfragen, Vorzeichen erkennen, die wir vorher übersehen hatten. Verbannen wir schmerzhafte Situationen aus unserem Gedächtnis, haben wir keine Chance, daraus zu lernen.

WAS AUCH IMMER KOMMT – ES KOMMT

Noch ein positiver Effekt: Wir haben weniger Bedenken. Wir haben eine heikle Lage bereits überwunden und wissen, dass wir das auch erneut schaffen. So schlimm wird es nicht werden. So bleiben wir flexibel; in neuen unerwarteten Situationen haben wir mehr Handlungsoptionen. Zugleich können wir das Scheitern eines nächsten Projekts angstfrei eingestehen und es ressourcenschonend beenden. Eine Kompetenz, die uns hilft, auch mit der Belastbarkeit von Teams oder Mitarbeitern verantwortungsvoller umzugehen und Frust zu vermeiden.

Bei unseren Sprechern der FuckUp Nights haben wir ein Muster festgestellt. Menschen, die mehrere Projekte oder Situationen in ihrem Leben als gescheitert betrachten, sind bei einem erneuten Scheitern psychisch weniger belastet. Dagegen fehlt es jenen, die immer erfolgreich waren oder sich bisher so wahrnahmen, an Erfahrung, mit dem Misserfolg umzugehen. Viele sehen sich plötzlich als Person gescheitert. Sie schaffen es nur schwer, sich als eigenständiger Charakter außerhalb des gescheiterten Rahmens zu definieren. Es dauert länger, bis sie die Selbstzweifel zerstreuen und sich regenerieren.

Scheitern ist kein schönes Gefühl; wir streben es nicht an. Wenn wir aber Innovationen entwickeln wollen, sollten wir Scheitern als Bestandteil des Prozesses, als mögliches Szenario einbeziehen. So verliert es seinen Schrecken. Dann wird die Erfahrung, »etwas nicht erreicht zu haben«, nicht mit Scham verbunden, sondern mit dem Stolz, es gewagt zu haben.

Jedes Scheitern ist individuell. Aber es gibt wiederkehrende Faktoren, die künftigem Scheitern entgegenwirken können – wir haben sie bei unseren Sprechern gelernt:

- **Erkenne deine Stärken und arbeite mit ihnen.**
- **Glaube nicht deinem selbst geschaffenen Hype.**
- **Vertraue nicht darauf, dass andere es besser wissen, nur weil sie scheinbar mehr Erfahrung haben.**

SELBST IST DAS DORF

Besuch aus Potsdam – Staatskanzleichef **Martin Gorholt** kürte die Initiative zum »Demografie-Beispiel«.

Projekt befähigt Landbewohner mit Tatendrang – und verschluckt sich fast am eigenen

Der erste Funke für »Dörfer im Aufbruch« glich eher einem Flächenbrand. Aus ungeahnter Richtung. Ende 2017 lief in den Kinos eine liebenswerte Dokumentation »Von Bananenbäumen träumen«, die den Ort Oberndorf in Niedersachsen bei seinem Aufbruch in eine neue Zeit begleitete. Dort hatten sich Jahre zuvor 30 Einwohner zusammengeschlossen, um die Zukunft ihres Dorfs nicht mehr dem Zufall zu überlassen. Begleitet von der Beratungsgesellschaft BE Solutions in Berlin stießen sie einen Erneuerungsprozess an.

Schnell wurde klar, dass die meisten innovativen Vorhaben an mangelnden Geldern scheitern würden. Also gründeten die Oberndorfer Unternehmen, um über Projekte Geld zu verdienen und einen Teil der Überschüsse in die Dorfentwicklung zu stecken. So entstanden unter anderem Photovoltaikanlagen auf den Dächern der Gemeinde, eine Biogasanlage zur Wärmeerzeugung mit Fischzucht und eine Streuobstwiese mit alten Obstsorten. Für Kinder wurde eine ehrenamtliche Nachmittagsbetreuung eingerichtet, und auf einem sanierten Kutter lernen Jugendliche alles rund ums Segeln. Die Dorfschule wurde als Privatschule wiedereröffnet, die Kombüse als Kulturkneipe strahlt seitdem über den Ort hinaus.

Der Film über das Dorf, das sich aus eigener Kraft neu erfunden hatte, schlug ein. Interessierte aus anderen ländlichen Regionen kamen zuhauf und wollten wissen, wie sie bei sich einen ähnlichen Prozess in Gang bringen können. Markus Haastert, Geschäftsführer der BE Solutions, fragte sich in dieser Zeit, wie sich solche Prozesse multiplizieren lassen. Nicht immer neu erfinden, sondern schnell voneinander lernen, war die Idee. Dieses Motto gab es bereits bei der Initiative »Schule im Aufbruch«, die fünf Jahre zuvor von denselben Drahtziehern begleitet wurde. So war der Weg nicht weit, aus den Erfahrungen die Idee für »Dörfer im Aufbruch« abzuleiten.

Haastert, Berater für nachhaltige Entwicklung im ländlichen Raum, und fünf Mitstreiter mit ganz unterschiedlichen beruflichen Hintergründen träumten von Dörfern, die nicht auf Verwaltung und Politik warten, sondern große Teile ihrer Entwicklung selbst in die Hand nehmen – die Infrastruktur ausbauen, eine echte Gemeinschaft und innovative Lebensorte schaffen, für mehr Anziehungskraft und damit vielleicht sogar für Zuzug sorgen. Dafür schlummern aus ihrer Sicht in jedem Dorf ungenutzte Ressourcen. Wo für andere der ländliche Raum zwangsläufig sterben wird, sehen sie lebens- und erhaltenswerte Orte, die für Innovationen prädestiniert sind. Schließlich bilden sie in einem kleineren und überschaubaren Rahmen die Vielfalt der Gesellschaft ab. Durch die leuchtenden und viralen Beispiele der »Dörfer im Aufbruch« soll aus einem Teufelskreis eine Spirale ins Positive werden: Selbst ist das Dorf.

Markus Haastert ist auch Vorstandsvorsitzender des Vereins ZERAP Germany e. V., der die Dörfer bei ihrem Aufbruch begleitet.

2 Angestellte

3 freie Mitarbeiter

»Immer dann, wenn in einem Dorf Menschen handeln, statt zu warten, gestalten, statt zu jammern, sich zusammenschließen, statt sich zu isolieren, entsteht ein Dorf im Aufbruch.

Herr Haastert, wann hielten Sie Ihre Idee für tragfähig?

Wir haben fünf Jahre Erfahrungen in der Schulentwicklung bei »Schule im Aufbruch« gesammelt. Das ist eine Plattform, auf der Akteure aus dem Bildungsbereich zusammengebracht werden, die etwas verändern wollen. Es gibt dort großartige Beispiele, die wir dringend zur Nachahmung empfehlen. Das Wissen aus dieser Initiative konnten wir auf die Dorfentwicklung bei »Dörfer im Aufbruch« übertragen. Daher hatten wir sehr schnell ein nachhaltiges Gefühl. Natürlich war uns klar, dass nicht alle Erfahrungen kopierfähig waren, doch am Anfang starteten wir mit einem sehr ähnlichen Grundmuster.

Das heißt?

Wir haben uns an einer S-Bahnstation im Café getroffen und das Projekt aufgesetzt, mit einem Haufen Post-its, die manchmal im Wind verwehten. Wir sind produktzentriert rangegangen: Unsere obersten Ziele waren die Aufbereitung innovativer Dörfer und ein Onlinekurs zur selbst gestalteten Dorfentwicklung. Wir haben abgewogen, was es zu tun gab, wer was konnte und tun wollte, daraus geschlossen, welche Kompetenzen wir in unserem Team noch brauchten, und uns nach ihnen auf die Suche gemacht.

Was hat Sie motiviert?

Der große Bedarf. Das Gefühl, nur offene Türen einzurennen. Das große Willkommen der anderen Organisationen in der Dorfentwicklung, die keinerlei Konkurrenzgefühle hatten. Vor allem aber die Fantasie und der Mut einiger Dörfer, die so einfache und geniale Lösungen für ihre Probleme finden. Immer dann, wenn in einem Dorf Menschen handeln, statt zu warten, gestalten, statt zu jammern, sich zusammenschließen, statt sich zu isolieren, entsteht ein Dorf im Aufbruch.

Welche Hemmnisse gab es?

Natürlich wie bei jedem Projekt die Themen Geld und Zeit. Förderzusagen kamen kurzfristig, sodass wir dann plötzlich das Team zusammenstellen mussten – da wir explizit im ländlichen Raum gesucht haben, war das nicht immer einfach. Und wir stießen auf eine wirklich unerwartete Herausforderung: Wir konnten kein Büro auf dem Land finden. Damit hatten wir zufällig ein großes, wenig bekanntes Problem in der Infrastruktur entdeckt. Schließlich hat uns ein Gemeindehaus aufgenommen und ist so kurzerhand zum ersten Co-Working-Space des Orts geworden.

Wie haben Sie das Geldproblem bewältigt?

Wir haben Projektanträge geschrieben – und darauf geachtet, frühzeitig während eines Fördermittelprojekts bereits Anträge für die Folgefinanzierung zu stellen. Ein solches Vorgehen legen wir allen Dorfprojekten ans Herz.

Ihr schlimmster Moment?

Unsere erste Bundesförderung wurde aus budgetären Gründen gekürzt, von 18 Monaten auf fünf mit demselben Inhalt und derselben Fördersumme. Wir haben uns davon aber nicht beirren

Insider-Tipps

182. Arbeitet nur mit Menschen, die selbstständig arbeiten können und das genießen.

183. Gebt jedem im Team alle Freiheiten, Dinge so zu tun, wie es zu ihm passt.

184. Wenn Fehler passieren (nicht falls), ist Trost und nicht Schuldzuweisung angesagt.

185. Lasst alle immer wissen, wie es gerade um die Finanzen steht.

186. Am wichtigsten: Vergesst nie, für wen ihr das alles tut und was es bewirken soll.

lassen und sind hochmotiviert losgerannt, doch leider ist ein Teammitglied zwei Monate vor Schluss aus gesundheitlichen Gründen ausgefallen und konnte uns seine bisherigen Rechercheergebnisse nicht mehr übergeben. Das führte zu Verunsicherung und Überarbeitung, mit viel Herzblut und Schweiß haben wir es aber geschafft.

Ihr größter Fehler?

Im Rahmen der Förderung haben wir die Ausrichtung einer Konferenz zugesagt. Das ist weder unsere Expertise noch war uns klar, wie viel Arbeit das bedeutet und wie wenig ländliche Rahmenbedingungen es für Großgruppenevents gibt. Es hat dann nicht geklappt; wir haben vielen Menschen dadurch unnötige Arbeit gemacht und unsere eigene Finanzierung gefährdet.

Was hat Ihnen in kritischen Situationen geholfen?

Ein Team, das restlos fehlerfreundlich ist. In unserer Definition von Unternehmertum ist Fehlermachen sicher verankert. Wir haben uns eher getröstet als angegriffen.

Ihr bisheriges Highlight?

Der Moment, in dem unser Onlinekurs fertig war und andere Organisationen sich darangemacht haben, ihn zu empfehlen. Und vor allem die ersten Berichte von Dörfern, die tatsächlich begonnen haben, etwas umzusetzen.

Worauf hätten Sie im Entstehungsprozess auf keinen Fall verzichten können?

Die Vision eines Dorfes, in dem die Menschen selbst die Verantwortung übernehmen und sich das organisieren, was ihnen strukturell nicht mehr geschenkt wird.

Wenn Sie mit Ihrem Wissen von heute noch mal neu starten dürften – was würden Sie anders machen?

Möglicherweise bei Verhandlungen etwas mehr auf unsere Interessen achten, als zu versuchen, denen der anderen zu entgegenzukommen. Obwohl wir so manches getan haben, was sich im Nachhinein

>100.000
Klicks im Jahr

33
Dörfer, Tendenz steigend

als Irrweg herausgestellt hat, konnten wir aus diesen Momenten vielleicht am meisten etwas lernen, das wir dann den Dörfern weitergeben konnten.

Was hat sich geändert im Vergleich zu früher?

Ein paar Beispiele: Von statischen Kameras zu einer Kameraführung auf alten Wasserrohren für unsere Video-Drehs. Von der 70er-Jahre-Einrichtung im kommunalen Gebäude zum wunderschönen Drei-Seiten-Hof. Von einem Schlüssel fürs gesamte Team zu einer digitalen Schlüssel-App. Von vorprogrammierten Seiten zu einem selbst lernenden Chatbot.

Sie meinen die virtuelle Co-Moderatorin DiANA.

Ja, sie ist eine Web-App, mit der Dorfveränderer, die noch nicht geübt sind im Moderieren, chatten können. Sie schildern ihr aktuelles Anliegen und DiANA schlägt ihnen passende Methoden vor. Die Themen reichen von »Wie treffen wir eine Entscheidung?« oder »Wie schaffe ich eine vertrauensvolle Arbeitsatmosphäre?« bis hin zu »Welche Fördertöpfe könnten noch interessant sein?«. Verfügbar sind mehr als 50 Methoden. Die Nutzer werden per Video angesprochen und Schritt für Schritt durch die Umsetzung geleitet. Man kann DiANA auch zur nächsten Besprechung mitnehmen und an die Wand projizieren. Es gibt sie im App-Store und auf unserer Homepage.

Insider-Tipps

187. Lasst euch keine Projekte aufschwatzen, macht nur das, woran ihr wirklich glaubt.

188. Gemeinsam essen ist wichtiger, als ihr vielleicht denkt.

189. Walk the talk: Überprüft immer wieder, dass ihr auch wirklich genau das tut, was ihr predigt.

HEUTE SCHON

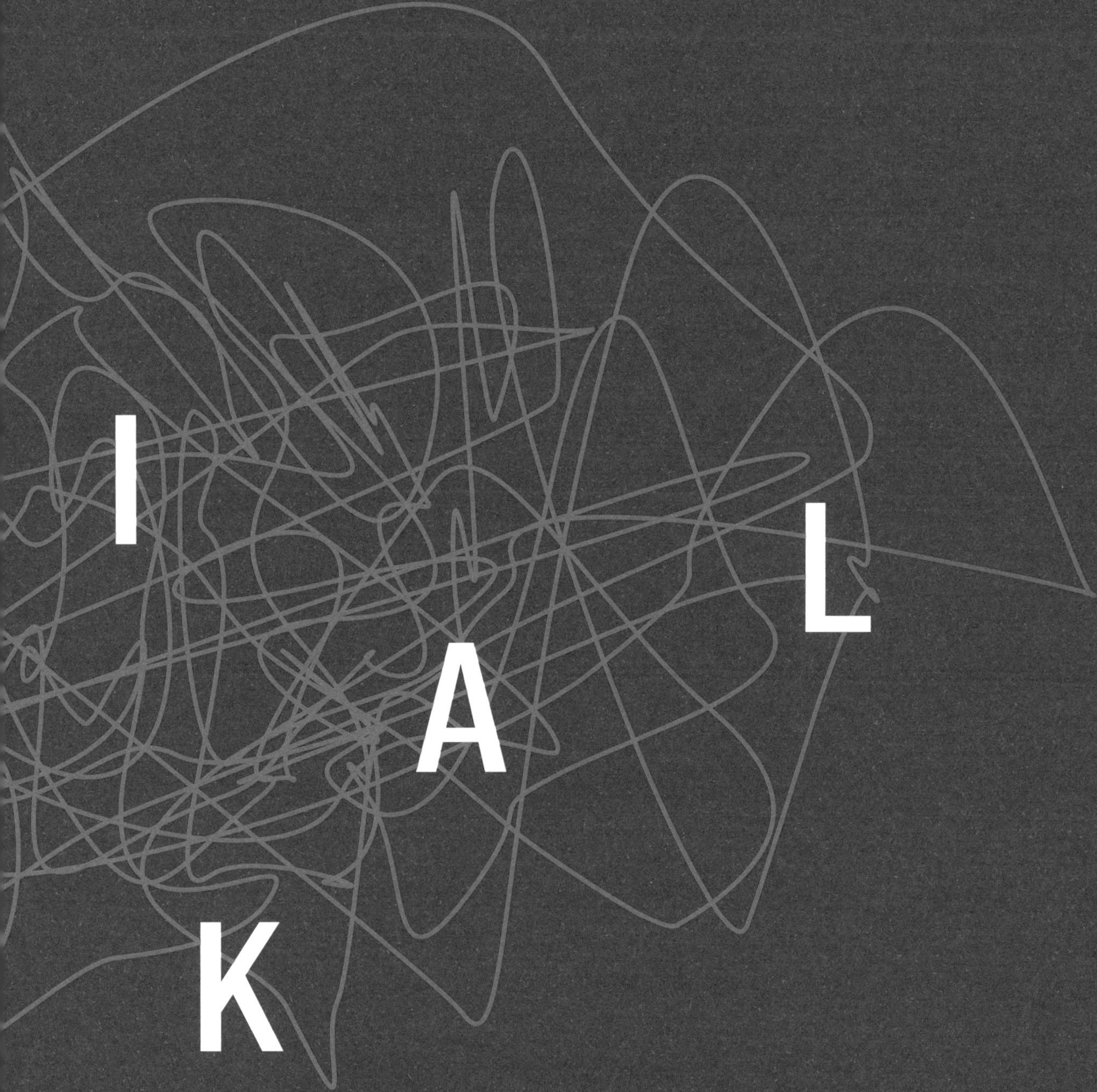

GEWESEN?

Auf die Größe – kommt's an

Warum Bahnbrechendes in komplexen Strukturen schwerer reift

Simone Menne

Jeder spricht von ihr, bedauert ihr Fehlen und sucht sie zu fördern: Innovation. Aber gedeiht sie überall gleich gut?

Nach einer Studie der Wirtschaftshochschule WHU Vallendar sind Großunternehmen Innovationsführer – allen voran Samsung an erster und Volkswagen an zehnter Stelle weltweit. Oft wird Großunternehmen aber die Innovationskraft abgesprochen. Kreative, wirklich neue Ideen scheinen der Wahrnehmung nach eher in kleinen Einheiten und Unternehmen auf.

DER EINDRUCK TÄUSCHT NICHT.

Innovation, auch radikale, kann überall entstehen. Großunternehmen haben jedoch häufig eine Kultur und Steuerungsmechanismen, die diese Prozesse hemmen. Dort ist meist alles stark strukturiert und standardisiert. Forschung und Neugier sind in eigene Abteilungen ausgelagert, Querdenker sind in operativen und administrativen Bereichen eher nicht gefragt. Das hat gute Gründe. Wo effiziente Abwicklung und geringe Stückkosten gefragt sind, erschweren teure Experimente die Gesamtabläufe. In den Forschungsabteilungen wird separiert Innovation erzeugt – gemessen oft an der Patentzahl (so entstand auch die Liste der WHU). Entsprechend hoch ist der Output. Nur: Selten ist das Ergebnis auch disruptiv.

Großorganisationen scheuen das Risiko; Investoren befeuern dieses Denken, denn sie sind interessiert an hohen Gewinnen und Dividenden. Hier greift das »Innovator's Dilemma« nach dem Wirtschaftswissenschaftler Clayton Christensen: Statt in eine riskante Innovation zu investieren, von der man nicht weiß, ob und nach wie vielen Versuchen sie Marktreife erlangt, wird Energie lieber in die Verbesserung bestehender Produkte gesteckt. So investierte IBM nicht in den PC, sondern verbesserte seine Großrechner; Kodak verzichtete auf die Weiterentwicklung von Digitalkameras – und damit auf einen Zukunftsmarkt.

Eine disruptive Idee konkurriert außerdem mit vielen anderen Ansätzen. Dabei zieht sie oft den Kürzeren: Man kann sie sich schlechter vorstellen als die schlichte Verbesserung von etwas Bestehendem.

In mancher Organisation kommen Konkurrenz- und Machtdenken hinzu; Menschen mit radikalen Ideen werden unterdrückt und als Schlaumeier belächelt. Manche Vorgesetzte wollen keine Mitarbeiter, die besser sind als sie selbst. Solche Mechanismen muss man aushebeln, denn sonst entgehen dem Unternehmen vielversprechende Eingaben und Vorschläge. Abhilfe versprechen Plattformen, die alle Mitarbeiter teilhaben lassen, etwa über Gamifizierung, also die Anwendung spieltypischer Elemente in einem spielfremden Kontext.

Kleine Organisationen oder Einzelpersonen haben mitunter weniger zu verlieren und die Geduld, mit vielen Fehlversuchen eine Idee zu verfolgen. Bei ihnen herrscht oft Knappheit an Geld, Mitarbeitern, Zeit. Faktoren, die den Mut schüren, Risiken einzugehen und radikale Ideen zu unterstützen – manchmal hat man gar keine Wahl.

Neue Technologien und Digitalisierung sind überlebenswichtig, wie auch die großen Organisationen erkannt haben. Daher gründen sie Digitallabore oder sammeln bergeweise Daten – selten mit durchschlagendem Erfolg. Meist wird nur im bestehenden Rahmen gedacht. So entstehen etwa Apps, die das Unternehmen für Kunden besser zugänglich machen. Selten ergeben sich völlig neue Geschäftsmodelle.

Auch die Anwendung des »Internets der Dinge«, das es ermöglicht, physische und virtuelle Gegenstände miteinander zu vernetzen und sie durch Informations- und Kommunikationstechniken zusammenarbeiten zu lassen, ist nur im Ausnahmefall disruptiv. Stattdessen bräuchte es eine »Zero to One«-Erfindung nach Peter Thiel – Paypal, Musik-Streamingdienste oder der 3-D-Druck hatten solche Dimensionen. Große Unternehmen machen aber üblicherweise Gewinne auf die umgekehrte Weise: durch »One to Many«-Vertrieb.

Dabei haben radikale Erfindungen das Potenzial, am Ende den Massenmarkt zu erreichen. Häufig wird das Geschäftsmodell dann so sehr umgestellt, dass die etablierten Unternehmen verschwinden. Es sollte aber im Interesse großer Unternehmen sein, solche Ansätze im eigenen Hause zu erreichen. Dazu müsste ihre Unternehmenskultur Radikalität erlauben, einschließlich Kannibalismus – Ideen, die eine Gefährdung der erfolgreichen Produkte darstellen.

Hilfreich sind dabei Workshops, die Hierarchien und Sektoren völlig ausblenden und in denen ausdrücklich disruptive Modelle entwickelt werden sollen. Bei einigen großen Playern gibt es sie schon. Unternehmen sollten grundsätzlich Möglichkeiten über Risikokapital oder auch eine Umstellung von Profitcentern zu Cost-Centern ausloten – Unternehmenseinheiten, die außerhalb des üblichen Budgets laufen. So bekommen große Ideen eine Chance. Und verändern womöglich die Welt.

Simone Menne war zuletzt Finanzvorstand bei Boehringer Ingelheim, davor bei der Lufthansa. In beiden Unternehmen war sie verantwortlich für die Gründung von Digital Labs. Sie ist als Aufsichtsrätin in verschiedenen Unternehmen (u.a. BMW, DPDHL, JCI und Russell Reynolds) und betreibt eine Kunstgalerie in Kiel.

KAMPF GEGEN ZÄUNE

Ein Jahres-Highlight ist der Inklusionslauf unter dem Motto »Neuerkerode bewegt«.

Neuerkerode ging durch Tiefen – und ist heute auf der Höhe der Inklusion

Der Gründungsvater der Evangelischen Stiftung Neuerkerode war Pastor Gustav Stutzer. Im Mai 1868 saß er in seinem Arbeitszimmer in Erkerode, als etwas passierte, das seine weitere Arbeit stark beeinflussen sollte.

Stutzers Tochter Mine klopfte an die Tür und überbrachte dem Vater die in Zeitungspapier eingeschlagenen neuen Stiefel. Erst wollte er das Papier wegwerfen, als sein Blick auf einen Artikel fiel. Ein unbekannter Verfasser stellte darin die Frage, warum es keine adäquaten Hilfen für Menschen mit geistiger Behinderung gebe, wo doch andererseits so viel für psychisch erkrankte Menschen getan werde.

Stutzer fasste Mut und schrieb dem unbekannten Verfasser von seiner Idee: einer Anstalt, in der Kinder und Jugendliche mit Behinderung ein Zuhause finden und nach ihren Fähigkeiten und Bedürfnissen betreut werden sollten. Kurz darauf erhielt er Antwort von der Bankierstochter und Sozialreformerin Luise Löbbecke, die sich als Verfasserin des Artikels bekannte. Sie war als Wohltäterin der Braunschweigischen Gesellschaft bekannt und von Stutzers Idee so angetan, dass sie ihm kurzfristig 1000 Taler als Anschubfinanzierung zur Verfügung stellte; überall in der Gesellschaft befürwortete sie Stutzers Ansatz.

Löbbecke setzte sich seinerzeit in Braunschweig auch für die Ausbildung junger Mädchen und Frauen aus unteren sozialen Schichten ein. Zusammen mit dem Braunschweiger Arzt Oswald Berkhahn rief sie dann öffentlich dazu auf, etwas für geistig behinderte Menschen zu tun: »Soll für die vielen Geistesschwachen, die unter uns leben, nichts geschehen?« Ortspfarrer Stutzer griff diesen Impuls auf. Im September 1868 wurde die »Idioten-Anstalt zu Erkerode« eröffnet. Vier Kilometer vom Ursprungsort Erkerode entfernt entstand wenig später auf rund 2,5 Quadratkilometern ein ganzes Dorf für Menschen mit geistigen Behinderungen. Später wurde die Einrichtung in Neu-Erkeröder Anstalten umbenannt, danach wurde sie zur Evangelischen Stiftung Neuerkerode.

Heute, mehr als 150 Jahre später, ist das Dorf ein deutschlandweit einzigartiges Beispiel dafür, wie Inklusion praktisch gelebt werden kann. Mit 3000 Mitarbeitern bildet die Stiftung den größten Arbeitgeber im Landkreis Wolfenbüttel. Direktor Rüdiger Becker und die Stiftungsmitarbeiter sind stolz auf die Wohngruppen mit 860 Bewohnern und die entstandene Fachschule für Heilerziehungspflege. Die privatrechtliche Stiftung ist Mitglied des Diakonischen Werks in Niedersachsen.

Der Gedanke der Inklusion war von Beginn an eine der Gründungsideen, die die Stiftung bis heute trägt. Allein: Den Begriff gab es seinerzeit noch nicht.

»Rock an der Wabe« – das inklusive Rockfestival sorgt für Spaß, Stimmung und großen Besucherandrang.

Herr Becker, was hat die Gründer damals motiviert?

Die Welt zu Beginn der zweiten Hälfte des 19. Jahrhunderts war von Aufbruch gekennzeichnet: Die Industrialisierung mit ihren Produktionszwängen hatte Familienstrukturen und Lebensverhältnisse verändert. Für Familienmitglieder mit Behinderung war keine Zeit mehr – und kein Platz. Fast zwangsläufig kam die sogenannte soziale Frage auf. Wohin mit den für diesen Prozess scheinbar nicht anpassungsfähigen Menschen?

Mit welchen Hindernissen sahen sich die Initiatoren konfrontiert?

Mit Vorurteilen und Widerständen. Kurz nach der Gründung gab es einen Ratsbeschluss der Gemeinde Erkerode, dass ein drei Meter hoher Zaun um das Gebäude zu ziehen sei – damit schwangere Frauen sich nicht beim Anblick der »Idioten« erschreckten.

Wie ging Pastor Stutzer damit um?

Er reichte Beschwerde beim Herzog ein, der Zaun konnte verhindert werden.

Gab es einen schlimmsten Moment?

Die komplette Zeit des Nationalsozialismus. Zwischen 1940 und 1945 wurden 180 Männer, Frauen und Kinder zwangsweise aus Neuerkerode in Verlegungsanstalten der Nationalsozialisten gebracht. Nachweislich wurden 142 von ihnen in den NS-Tötungslagern ermordet.

Wie ging es nach dem Kriegsende weiter?

Von 1945 bis 1972 gab es eine nahezu völlige Stagnation. Der Alltag war straff reglementiert, die Geschlechter strikt getrennt. Wirtschaftswunder und Häuslebauen – nicht in Neuerkerode. Hier und anderswo wurde gepflegt und verwahrt. Das Neuerköder Leben war damals ein Spiegel des gesellschaftlichen Denkens der Zeit. Und Zeiten haben sich geändert, Einstellungen konnten sich wandeln, das Verständnis änderte sich. Das ist gut so, denn es hat in der Bundesrepublik, in den Einrichtungen, in der Diakonie und anderswo sehr lange gedauert, bis ein Aufbruch, neue Visionen und neue Alltagssituationen verzeichnet werden konnten.

Was war hilfreich in kritischen Situationen?

Der Glaube und die Zuversicht. Dabei haben wir uns immer vom biblischen Gründungswort der Mütter und Väter der Stiftung leiten lassen: »In der Welt habt ihr Angst, aber seid getrost, ich habe die Welt überwunden.« Außerdem haben uns viele gute Partner geholfen, die unsere Ideen mitgetragen und unterstützt haben. Bis heute sind Freunde und Förderer der Motor für die Weiterentwicklung der Stiftung.

Was ist aus heutiger Sicht Ihr Highlight?

Dass es uns nach über 150 Jahren noch gibt. Neuerkerode steht für Themen, die in der Mitte der europäischen Geistesgeschichte verankert sind: Humanität, Menschenwürde, Nächstenliebe,

2000
Abonnenten bei Facebook

1000
Abonnenten bei Instagram

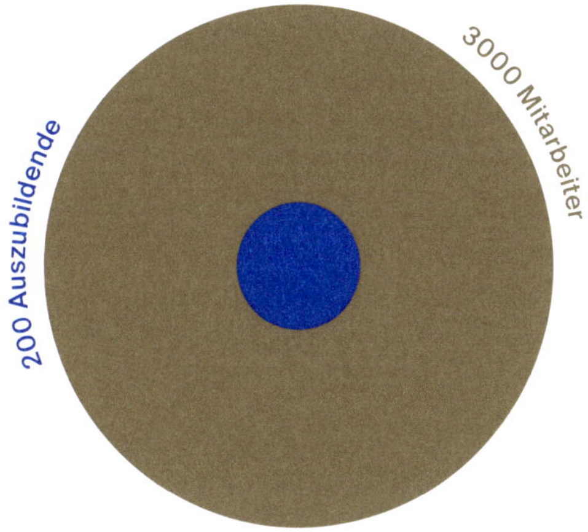

Miteinander, soziale Achtung. In Neuerkerode ist man Mensch, jenseits aller Schranken. Hier sind die Menschen barrierefrei im Kopf, das finde ich extrem wichtig!

Das Konzept der Einrichtung hat sich in anderthalb Jahrhunderten völlig gewandelt.

Die Stiftung hat sich strategisch zu einem großen Sozialunternehmen entwickelt. Unsere Vision ist, ein diakonisches Versorgungsnetzwerk für unsere Kunden aufzubauen. Wir haben heute neun Gesellschaften in den Arbeitsfeldern Behindertenhilfe, Arbeit und Qualifizierung, Pflege und Seniorenhilfe, Gesundheit, Rehabilitation und Suchthilfe. Stolz macht uns auch, die »Anstalt« für Menschen mit Behinderung zu einem inklusiven Dorf entwickelt zu haben. Jährlich ziehen unsere großen Veranstaltungen – zum Beispiel das größte inklusive Festival Norddeutschlands »Rock an der Wabe«, unser Inklusionslauf »Neuerkerode bewegt«, unser Sommerfest oder der Weihnachtsmarkt – Tausende Menschen aus der Region in unser Dorf und tragen zu einer inklusiven Gesellschaft bei.

Was sind aktuelle Hürden?

Eine Herausforderung war, dass unsere Unternehmensgruppe in den vergangenen Jahren in ganz Südost-Niedersachsen stark gewachsen ist. Neben Wohnen und Arbeiten für Menschen mit Behinderung haben wir inzwischen auch ambulante, teil-stationäre und stationäre Altenhilfe, Suchthilfe sowie den Betrieb eines Krankenhauses im Portfolio. Dieses einzigartige Netzwerk, von dem Mitarbeitende, aber auch Klienten/Patienten profitieren, muss nach außen und nach innen bekannt gemacht und gelebt werden – das braucht Zeit, aber wir sind auf einem guten Weg.

Was hilft Ihnen dabei?

Wir haben jüngst eine Kooperation mit der Stiftung »Humor hilft heilen« von Dr. Eckart von

Hirschhausen geschlossen. Wir möchten dem Humor und dem Lachen mehr Raum in den Arbeitsbereichen der Unternehmensgruppe geben. Alle 3000 Mitarbeitende erfahren in Workshops, dass Lachen Ausdruck einer neuen und bewussten Achtsamkeit gegenüber sich selbst und anderen sein kann. Wir haben das Motto an unsere Bedürfnisse angepasst und nennen das Programm »Humor verbindet«.

Und nach außen? Wie erlangen Sie heute Akzeptanz in der Gesellschaft?

Wir werden nicht müde, unsere Türen zu öffnen, um zu zeigen, wie ein selbstverständlicher Umgang miteinander funktionieren kann – wir rücken unsere Bürger in den Mittelpunkt der Gesellschaft und organisieren alles für sie, was möglich ist. So trainieren sie Segeln für die Special Olympics, sie spielen in inklusiven Bands, lassen sich als Ranger ausbilden, absolvieren Praktika in Behörden und vieles mehr. Inklusion ist erfolgreich, wenn keiner mehr explizit darüber spricht – weil sie zu einer Selbstverständlichkeit geworden ist. Entscheidend ist die Erkenntnis nicht behinderter Menschen, dass nicht immer nur sie Hilfe leisten können und müssen, sondern dass sie unglaublich viel zurückbekommen. Es ist sehr nützlich, sich immer wieder die Frage zu stellen: Was ist vermeintlich normal und was nicht?

Hat Neuerkerode Nachahmerprojekte angeregt?

In Deutschland gibt es große Einrichtungen, die viele Menschen betreuen, zum Teil aber in kleineren Wohneinheiten. Ähnliche Dörfer wie Neuerkerode gibt es inzwischen im bayerischen Herzogsägmühle und in Mülheim an der Ruhr.

» Inklusion ist erfolgreich, wenn keiner mehr explizit darüber spricht – weil sie zu einer Selbstverständlichkeit geworden ist.

Was war für Sie im Projektverlauf unverzichtbar?

Die vielen Menschen, die in dieser Einrichtung in den 150 Jahren ihres Bestehens gelebt und gearbeitet haben. Sie haben immer die Auswirkungen von Umwälzungen und Veränderungen erlebt. Manchmal haben sie es als einen Schritt nach vorn erlebt, und manchmal als bedrohlich oder gar vernichtend empfunden. Und da Geschichte von Menschen gemacht wird, hat das, was die Bewohner, die Bürger Neuerkerodes, an positiven und negativen Veränderungen für ihr Leben erleben mussten, immer auch damit zu tun, wie sich Mitarbeiter und Leitung von Strömungen haben mitreißen lassen – oder wie sie sich ihnen entgegenstellten. Es ist eine Emanzipationsgeschichte: Nannte man sie früher Pfleglinge, Zöglinge und dann Heimbewohner, sprechen wir heute von Bürgern. Die Menschen, die jetzt in Neuerkerode leben, beanspruchen Teilhabe und Selbstwirksamkeit.

1600 l

Neuerkeröder Apfelsaft werden jedes Jahr im Dorf produziert

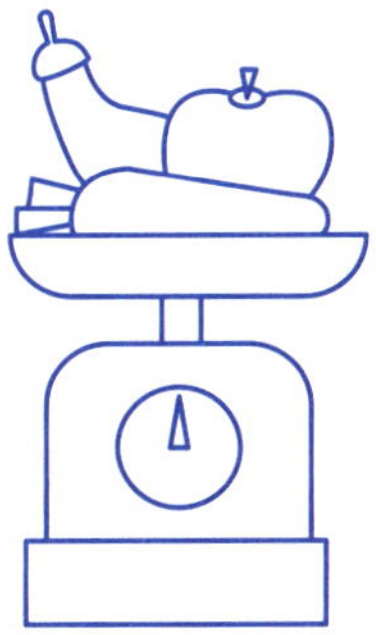

2000 kg

Gemüse werden im Jahr in der Gärtnerei geerntet

Insider-Tipps

190. #sichmitmenschen-zusammentunmitdenenman-sonstnichtszutunhat

191. #permanentekommunika-tionundintensivevernetzung-mitallen

192. #redenundzuhören

193. #augenundohrenoffenhalten

194. #humorverbindet

195. #inklusionistbunt

196. Motto: #wirkoennenalles

ELEKTRONIK FÜR DEN KOMPOSTHAUFEN

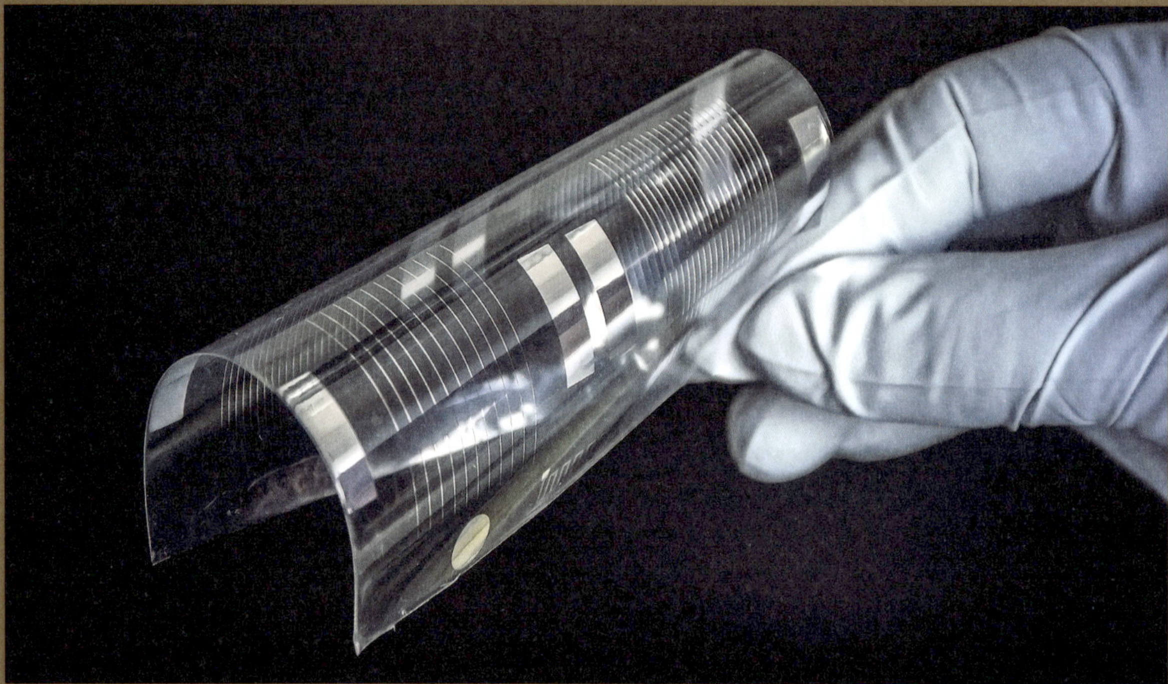

Künftig könnten nicht mehr gebrauchte Elektronikteile rückstandslos verrotten.

Fraunhofer-Team entwickelte biologisch abbaubare Bauteile – und wirbt nun um Anwender

Elektronik kompostieren? Klingt unglaublich, ist aber längst in greifbare Nähe gerückt. Forscher unterschiedlicher Fachrichtungen haben zusammen in einem Projekt des Dresdner Fraunhofer Instituts für Organische Elektronik, Elektronenstrahl- und Plasmatechnik (FEP) elektronische Bauteile entwickelt, wie etwa Leiterbahnen, die in biologischer Umgebung vollständig abbaubar sind. Das hilft, Müll zu vermeiden und den ökologischen Fußabdruck zu verkleinern.

Nahtmaterial, Stents oder Knochenimplantate sind seit Langem Gegenstand der medizinischen Forschung – dass sie imstande sind, sich im Körper aufzulösen, ist keine Sensation mehr. Elektronikteile hingegen brachten diese Fähigkeit bisher nicht mit. Dabei eröffnen sie gerade in der Medizin neue Möglichkeiten: Implantate etwa, die nach einer bestimmten Zeit vom umliegenden Gewebe abgebaut werden, ersparen Patienten einen weiteren chirurgischen Eingriff. Das senkt Risiken für den Patienten und Kosten für die Allgemeinheit. Weitere Anwendungen für biodegradierbare Elektronik sind in der Agrarwirtschaft, Viehwirtschaft, Biotechnologie und Lebensmittelindustrie denkbar.

Auf dreieinhalb Jahre war das Forschungsprojekt unter dem Namen »bioElektron« angelegt. Mitte 2019 lief es aus. Auf kleiner Flamme können die Dresdner Wissenschaftler ihre Ambitionen aber weiterverfolgen. Hausinterne Mittel machen's möglich. Dank ihnen konnte eine Doktorandin angestellt werden, die nun noch an technischen Feinheiten feilt. Der Rest der Mannschaft widmet sich der Aufgabe, Partner zu gewinnen, mit denen sie nun in die Umsetzung von Anwendungen gehen können. Forschung ist alles – Marketing auch.

Dr. Christian May ist Bereichsleiter Flexible Organische Elektronik am Fraunhofer FEP.

Herr Dr. May, welcher war der zündende Funke für Ihr Projekt?

Auf den Gedanken waren zwei Doktorandinnen in unserem Forschungsbereich gekommen. Wir arbeiten seit vielen Jahren an organischen Leuchtioden – also sehr energieeffizienten Komponenten für Beleuchtung. Obwohl hier die Organik mit im Wort steckt, hat das natürlich nichts mit Glühwürmchen oder Ähnlichem zu tun, sondern mit klassischer organischer Chemie: Wir arbeiten mit Kohlenwasserstoffverbindungen. Damit sind wir aber schon wieder sehr nah an natürlichen Materialien, denn das ganze Leben besteht aus Kohlenwasserstoffverbindungen.

Wie kam die Kompostierbarkeit ins Spiel?

Wir arbeiten ohnehin mit extrem dünnen Schichten. Es war also nur ein kleiner Schritt weiterzudenken: Wie können wir die Schichten biodegradierbar machen, sodass Elektronik, wenn man sie nicht mehr braucht, einfach auf den Komposthaufen geworfen werden kann und dort verrottet? Das kann doch nicht so schwer sein, sagten wir uns, und daraus lässt sich eine Menge machen. Das war unsere Idee im Jahr 2013.

Was passierte dann?

Die Kolleginnen haben sich in Eigeninitiative – ohne Vorgaben, aber mit viel Wohlwollen von mir als Bereichsleiter – mit dem Thema auseinandergesetzt. Sie recherchierten in der wissenschaftlichen Literatur und konnten relativ schnell einen Artikel zum Stand der Materialien veröffentlichen, die dafür infrage kommen könnten. Das stieß auf eine ziemlich große Resonanz, die uns half, klarer zu überlegen, was wir mit der Idee machen konnten und inwiefern das Vorhaben in unser Forschungsportfolio passte. Fest stand, dass wir das angehen wollten. Aber Fraunhofer macht Auftragsforschung. Und die können wir nicht aufnehmen ohne Geld. Darum mussten wir uns also kümmern. Das war unsere nächste Herausforderung.

Wie stellten Sie also die Finanzierung auf die Beine?

Bei Fraunhofer gibt es interne Programme zur Forschungsförderung in einem bestimmten jährlichen Budgetrahmen. Natürlich wollen alle davon profitieren. Es gibt also einen heftigen Wettbewerb um diese Gelder. Und da jedes Institut, jeder Bereich nur eine begrenzte Anzahl von Vorschlägen einbringen kann, muss man sich gut überlegen, womit man sich bewirbt. Zunächst haben wir unsere Idee also institutsintern verkauft, Mitstreiter gesucht, die unser Vorhaben gut finden und für durchsetzbar halten. Die fanden wir. Für Fraunhofer-interne Projekte braucht es außerdem immer Teilnehmer aus verschiedenen Instituten. Also haben wir auch dort Verbündete und Interessierte gesucht. So gelang es uns, ein Konsortium auf die Beine zu stellen, mit dem wir dann erfolgreich angetreten sind.

Wen holten Sie aus den Schwesterinstituten an Bord?

Wir selbst sind ein eher prozessrelevantes Institut – wir nehmen Material und machen etwas daraus. Wir haben also neben materialrelevanten Instituten noch Mitstreiter gesucht, die sich auf die Anwendung verstehen. Das Fraunhofer Institut für Biomedizinische Technik (IBMT) im Saarland besitzt große Kompetenz auf dem Gebiet biomedizinischer Geräte und Komponenten. Wir holten es ins Boot. Unsere gemeinsame Vision: biologisch im Körper abbaubare elektronische Implantate. Wir bereiteten grundlegende Untersuchungen vor, um erste Bauelemente darzustellen.

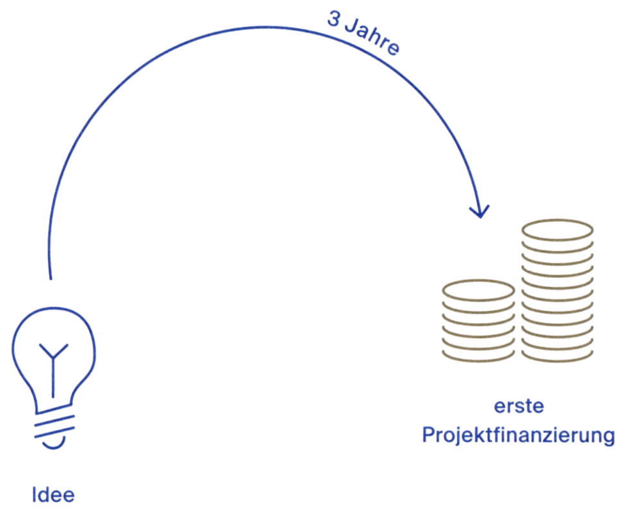

Wie lange hat es gedauert vom ersten Funken bis zum Projektstart?

Im internen Auswahlverfahren hatten wir uns Ende 2014 durchgesetzt. Im Laufe des Jahres 2015 hatten wir das Projektkonsortium zusammengebracht und den Antrag eingereicht. Ende 2015 erhielten wir den Bewilligungsbescheid. Im Januar 2016 begannen wir zu arbeiten.

Das ist ein langer Prozess.

In der Tat. Man braucht einen langen Atem und sollte immer darauf eingestellt sein, dass die Dinge länger dauern, als man ursprünglich angenommen hat.

Wie viele Personen bildeten das Team?

Die beiden Doktorandinnen haben das Thema wegen anderer Verpflichtungen aus der Hand gegeben. Wir haben also, basierend auf deren Ideen, das Projekt fortgeführt und das Team neu aufgesetzt. Einschließlich der Kollegen aus den beteiligten anderen Instituten sind wir nun knapp 20 Personen – 20 von 28 000 im gesamten Fraunhofer-Universum.

Die Arbeit über die Distanz ist sicher schwierig.

Mit modernen Kommunikationsmitteln können wir eine ganze Menge abdecken. Das funktioniert aber nur, weil wir mit persönlichen Treffen, die ich für unabdingbar halte, eine gewisse Vertrautheit als Basis geschaffen haben.

Welche Hoffnungen verbinden sich mit Ihrer kompostierbaren Elektronik?

Es gibt viele mögliche Anwendungsgebiete in der Medizin. Wir denken da zum Beispiel an Hirnelektroden, wie man sie etwa in der Epilepsie-Diagnostik einsetzt. Dabei werden in einer Operation Elektroden ins Hirn eingepflanzt, die feststellen, ob dies der betroffene Bereich ist oder nicht. Bei den aktuellen Verfahren muss in jedem Fall der Kopf erneut geöffnet werden, um die Elektroden nach der Diagnostik wieder zu entfernen. Mit unserer Idee genügt idealerweise eine einzige Operation. Das Modul arbeitet – und löst sich dann nach ein, zwei Wochen auf. Schnell und rückstandslos. Eine andere Anwendung sind Darmschrittmacher.

Was bewirken die?

Sie helfen mit elektrischen Impulsen, wenn nach einer Operation im Bauchraum die Verdauung noch nicht in Gang ist. Das sind alles Highend-Möglichkeiten in der medizinischen Anwendung. Es gibt auch Anwendungsfelder, die eher lowtech sind.

Welche zum Beispiel?

Man kann elektronische Funktionalitäten in Verpackungskartons integrieren. Sicherungsetiketten gibt es jetzt schon auf Kartons. Diese lösen Alarm aus, wenn Sie, ohne die Ware bezahlt zu haben, aus einem Geschäft gehen. Das ist richtige Elektronik, sollte also nach dem Auspacken nicht einfach in einer Papiertonne

» Unsere gemeinsame Vision: biologisch im Körper abbaubare elektronische Implantate.

Insider-Tipps

197. Nicht so schnell aufgeben. Langen Atem mitbringen. Wahrscheinlich werden die Dinge länger dauern als angenommen.

198. Sich nicht nur auf ein Anwendungsfeld fokussieren, sondern offen bleiben für Anregungen von außen.

199. Nicht müde werden, das Anliegen wieder und wieder nach außen zu tragen und auch Zielgruppen zu erklären, die wenig Ahnung von Elektronik haben.

200. Stets im konstruktiven Diskurs bleiben.

201. Diskussionen in interdisziplinären Teams bringen überraschende Einsichten.

202. Immer an die Macht der Ideen glauben!

14
Konferenzpräsentationen

13
Messeauftritte

2
YouTube-Videos

landen. Diese Komponente ist genau genommen Elektromüll. Mit unseren Materialien könnte man diese Elektronik sogar in die Biotonne werfen. Nicht überall ist die Abfallwirtshaft so vorbildlich organisiert wie in Deutschland. Aber auch bei uns landet vieles mit elektronischer Funktion, das jemand einfach hinter sich wirft, am Ende im Meer. Wenn es sich selbst auflöst, reduziert das die Belastung.

Welche Hemmnisse hatten Sie im Laufe des Projekts zu bewältigen?

Unsere Aufgabe ist noch nicht überstanden. Wir sind nach dreieinhalb Jahren erfolgreicher Projektarbeit weiter damit befasst. Wir haben die Grundfunktionalität unserer biodegradierbaren Elektronik vorgestellt – jetzt suchen wir nach passenden Anwendern, die bereit sind, mit uns den weiteren Entwicklungsweg zu gehen. Wir sind noch lange nicht am Ende. Die Anwendungsentwicklung bedeutet einen großen Aufwand, erfordert also auch viel Geld. Vor dieser Herausforderung stehen wir derzeit.

Wer könnte solch ein Anwender sein?

Typischerweise große lokale oder deutsche Firmen. Solche mit einer klaren Produktvision, die wunderbar zu unseren Kompetenzen und Vorstellungen passt. Etwa ein Hersteller von Medizintechnik.

Wie werben Sie für Ihre Innovation?

Wir sind präsent auf Messen und Veranstaltungen und tragen dort unser Thema vor – sowohl auf wissenschaftlichen Konferenzen als auch auf Events mit Laienpublikum. Kürzlich war eine Doktorandin von uns in Freiberg zu einer Veranstaltung von SiliconSaxony eingeladen. Sie hielt einen dreiminütigen Pitch in der Hoffnung, dass jemand Interessiertes anbeißt. Ich war schon in Brüssel auf einer Anhörung der Europäischen Kommission, bei der es um die Zukunft der Elektronik geht. Daneben zeigen wir Beispiele der biodegradierbaren Transistoren und Elektronik auf Folie live zum Anfassen auf Messen und bringen dem Publikum die Anwendung näher. Wir werden also wahrgenommen und entwickeln mit einigen Ansprechpartnern auch schon gemeinsame Projektideen. Wir müssen die Aufmerksamkeit hochhalten. Gutes Forschungsmarketing ist der Schlüssel – dann klappt das schon.

Was hat Ihnen in kritischen Situationen geholfen?

Immer wieder die Absprache im Team. Zusammen tritt man einen Schritt zurück, überlegt, ob das gerade wirklich eine Sackgasse ist, oder ob es eine naheliegende Lösung gibt, die man allein nicht gesehen hat. Manchmal ist man gefangen; mit anderen zu reden, lässt den Horizont gleich wieder näher und heller erscheinen.

ALTE KLINIK GEHT NEUE WEGE

Halle mit Baumdurchbruch: das Gesundheitszentrum von innen.

Aller Anfang ist holprig: Heute gilt das Hafenkrankenhaus St. Pauli als sozialer Leuchtturm

Abgeschrieben war das Hafenkrankenhaus im Hamburger Stadtteil St. Pauli schon öfter. 1900 war es als Polizeikrankenhaus gegründet worden. Das Personal versorgte zwischen Landungsbrücken und Reeperbahn in Gewahrsam genommene Männer. Es gab aber auch ein »Unruhigenhaus« für »Tobsüchtige und Deliranten« und eine angegliederte Aufnahmestation für Kranke, Verletzte oder Bewusstlose – vor allem Arbeiter, die auf Schiffen, im Hafen oder auf Werften verunglückt waren.

>100.000
Besucher, Patienten, Kunden pro Jahr

St. Paulis Besucherzahl wuchs, das Hafenkrankenhaus hielt Schritt mit der Entwicklung und wurde zu einer geachteten Fachklinik für Unfallchirurgie und Notfallversorgung. 1974 drohte dem Haus zum ersten Mal die Schließung. Doch eine Explosion auf der Werft Blohm & Voss führte den Entscheidern vor Augen, dass eine Versorgungseinrichtung in Hafennähe unverzichtbar war. Wenige Jahre später gab es erneut Pläne für eine Schließung, aber dem Haus wurde erneut Aufschub gewährt. Bis der endgültige Schnitt kam: Der »Krankenhausplan 2000« der Behörde für Gesundheit und Soziales sah den Abbau von 913 Betten in Hamburg vor. Das Hafenkrankenhaus war das kleinste Hamburger Krankenhaus in einem Stadtteil mit schwacher Sozialstruktur und geringer politischer Lobby – 1996 beschloss der Senat die Schließung der nicht mehr profitablen Einrichtung.

Doch das Hafenkrankenhaus war ein Stück Kiezkultur. Es setzten unerwartet heftige Proteste ein, es gab Demos und Unterschriftensammlungen, es wurde eine Bürgerinitiative gegründet. Nichts konnte allerdings die Schließung verhindern. Dafür kam eine Idee auf: Warum nicht ein Sozial- und Gesundheitszentrum am Standort des Hafenkrankenhauses gründen, das die weitere medizinische Grundversorgung St. Paulis sicherstellte?

Behörde, Bürgerinitiative, Anwohner und die Stadterneuerungs- und Stadtentwicklungsgesellschaft steg bildeten einen Runden Tisch. Die Bewohner der umliegenden Stadtteile bekundeten, ein Zentrum, das Schulmedizin mit Alternativmedizin und sozialen Einrichtungen verbinde, würde dringend gebraucht. Ende 1997 stand das Konzept für ein integriertes Sozial- und Gesundheitszentrum – die Grundlage für grünes Licht vom Hamburger Senat. Das Grundstück wurde der steg ins Treuhandvermögen übertragen; sie sollte ein Gesundheitszentrum mit einer »modellhaften Nutzungsmischung« entwickeln und bewirtschaften – was sie auch tat. Heute versammelt das Haus 25 medizinische und soziale Einrichtungen sowie zehn junge Unternehmen aus

> »Wir staffelten die Mieten, indem wir sie der Zahlungsfähigkeit der Nutzer anpassten. Eher kommerzielle Anbieter zahlen etwas mehr, Nutzer wie das Obdachlosencafé weniger.

verschiedenen Branchen unter einem Dach. Fast alle Projekte sind Mitglieder im »Trägerverein Gesundheitszentrum St. Pauli«. Steg-Geschäftsführer Kurt Reinken begleitet das Projekt seit dessen Geburt in unterschiedlichen Funktionen.

Herr Reinken, zu welchem Zeitpunkt und warum hielten Sie Ihre Idee für tragfähig?

Erst als die Stadt Hamburg einem Treuhandvermögen zustimmte. Das Risiko, das mit dem Vorhaben verbunden war, wurde damit quasi von der Stadt übernommen.

Welche ersten Schritte unternahmen Sie, um aus der Idee ein Projekt zu machen?

Der größte Schritt war, ein wirtschaftlich sich selbst tragendes Konzept zu entwickeln. Wir mussten Kredite für den Umbau von den Banken aufnehmen und warben Fördermittel für Einzelprojekte ein. Insgesamt mixten wir einen Finanzierungscocktail von knapp acht Millionen Euro. Das meiste kam aus regionalen Fördermitteln der EU – dem EFRE-Topf. Die Bewerbungen um die Ausschreibungen sind immer sehr kompliziert und anstrengend. Von jedem Euro, den man am Ende erhält, hat man sicher vorher schon 20 Cent für das ganze Prozedere aufgebraucht. Aber wir freuen uns natürlich.

Was hat Sie motiviert?

Das Gesundheitszentrum ist nach wie vor eng mit dem Stadtteil verbunden und eine wichtige Institution für St. Pauli, den Hafen und die angrenzenden Quartiere. Es ist ein Spagat, eine Immobilie zu entwickeln, um einen mehrfachen Mehrwert für den Stadtteil zu erzielen, und trotzdem die Wirtschaftlichkeit im Blick zu behalten. Aber wir wollten das unbedingt stemmen.

Welche Steine mussten Sie aus dem Weg räumen?

Der Umbau eines Krankenhauses ist eine bauliche Herausforderung. Die behördlichen Auflagen sind enorm und arteten zu Hemmnissen aus. Nur zwei Beispiele: Eine Umnutzung als Obdachlosencafé erfordert einen Stellplatznachweis; eine Krankenstube beschert hohe Brandschutzauflagen. Da braucht man Kreativität und einen guten Willen seitens der Behörden. Viele soziale Initiativen hegten außerdem die Erwartung, die Räume kostenlos nutzen zu können. Wir mussten ihnen gegenüber große Überzeugungsarbeit leisten, dass mit einer Miete auch Kredite bedient werden müssen.

Ein schlimmer Moment?

Nach der ersten Euphorie sackte der Vermietungsstand auf knapp 50 Prozent. Anfangs war das Interesse der Nutzer groß gewesen. Bei der Mietvertragsunterzeichnung aber zögerten viele. Viele wollten das Wagnis nicht eingehen. Sie kamen aus einer emotional-politischen Motivation heraus zu uns. Sie hatten Ideen, aber keinen Businessplan. Vielen wurde erst bei näherer Überlegung klar, dass auch Miete und Betriebskosten bestritten werden müssen.

Wie haben Sie das Dilemma gelöst?

Wir starteten mit dem niedrigen Vermietungsstand und staffelten die Mieten, indem wir sie der Zahlungsfähigkeit der Nutzer anpassten. Eher kommerzielle Anbieter zahlen etwas mehr, Nutzer wie das Obdachlosencafé weniger.

Was hat Ihnen in kritischen Situationen geholfen?

Viele Kollegen, die stets einen kritischen Blick auf das Projekt geworfen haben. Das Konzept wurde hinterfragt und nachgebessert.

Wie zum Beispiel?

Anfangs hatten wir eine große Fluktuation von Ärzten. Auch die waren eingezogen, ohne sich über darüber im Klaren zu sein, ob sie ihre gewünschte Klientel hier, in einem so strukturschwachen Gebiet, erreichen. Ärzte brauchen auch einen gewissen Anteil Privatpatienten, um sich zu finanzieren. Der war anfangs, als St. Pauli noch ein ärmeres Viertel war, schwer zu erreichen. Bald zogen sie wieder aus und gingen lieber nach Eppendorf. Auch Heilpraktiker und alternative Apotheken waren angedacht, sind aber eher Anlaufpunkte von Menschen höherer Einkommensklassen und kamen zunächst nicht infrage. Als St. Pauli hipper und gefragter wurde, wich die Zurückhaltung schlagartig. Wir suchten Ärzte, schalteten Anzeigen in Ärzteblättern und Kammerorganen. Die Mediziner kamen; jetzt haben wir ein gutes Portfolio an Fachrichtungen.

Die Gentrifizierung, die als Schrecken für die Stadtentwicklung angeprangert wird und auch den Szenekiez erfasst hat, hat Ihnen sozusagen in die Hände gespielt?

Die Aufwertung des Quartiers hat uns auf eine gewisse Art tatsächlich geholfen. Die Kaufkraft stieg. Auch von bestimmten Gesundheitsreformen profitierten wir. Unser Publikum ist nun eine Mischung aller Einkommensschichten. St. Pauli ist zum Quartier geworden, das große Unterschiede und Widersprüche aushält.

Ihr bisheriges Highlight?

Der Stadtteil St. Pauli hat sich mittlerweile enorm verändert. Neben dem Vergnügungsviertel ist ein Bürostandort entstanden – genauso wie die Wohnungsmieten sind daher auch die Gewerbemieten enorm gestiegen. Das Highlight wird uns jetzt erst nach Jahren bewusst: Denn wir sind mittendrin! Hier ist ein einmaliger Ort entstanden. Wo ist denn eine Obdachloseneinrichtung neben einer Zahnarztpraxis fester Bestandteil eines Konzepts? Nach 20 Jahren können wir stolz darauf sein, eine Oase in diesem Stadtviertel geschaffen zu haben. Außerdem hat der Travestiekünstler »Ernie« Reinhardt, der in weiblicher Rolle unter dem Namen Lilo Wanders auftritt, vor einigen Jahren ein paar der Projekte besucht. Wanders war eine der vielen prominenten Personen, die seinerzeit die Sankt Paulianer beim Kampf um den Erhalt ihrer Gesundheitsversorgung unterstützten. Der »Großstadtrevier»-Polizist Jan Fedder war auch mehr als einmal hier; er wohnte nur einen Steinwurf entfernt. Das ist toll: Wir sind ein Sammelsurium starker Nutzer, die aus sich heraus strahlen. Auch das Obdachlosencafé, das keine staatliche Förderung erhält, lockt

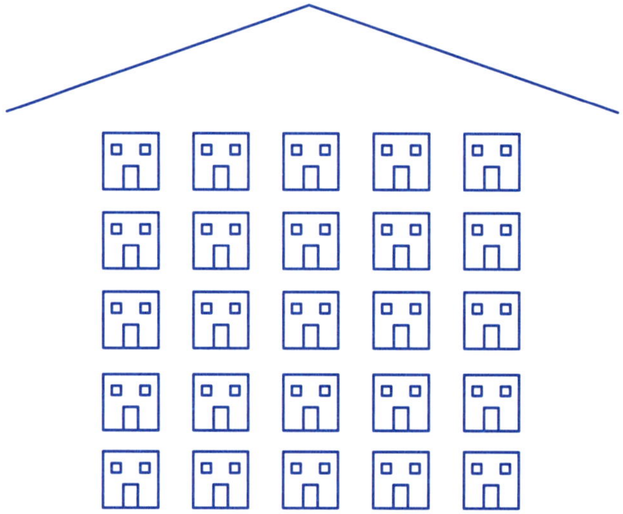

25

Einrichtungen unter einem Dach

immer wieder namhafte Besucher an. Jeder hier bringt seine Eigeninitiative ein, trommelt für sich und damit das ganze Zentrum. Wir sind ein Haus im Wandel und passen uns immer wieder an.

Inwiefern?

Als Sozial- und Gesundheitszentrum stellen wir uns ständig die Frage: Was passt zu dieser Ausrichtung? Wir hatten zum Beispiel einen ehemaligen OP-Saal. Riesig, nach innen liegend, ohne Fenster. Was macht man damit? Wir dachten lange darüber nach, bis wir mit einem türkischen Hamam-Betreiber ins Gespräch kamen. Einige monierten spontan, dass das eine kommerzielle Sauna wäre und nicht hierher passe. Am Ende konnten wir uns aber einigen, dass ein türkisches Badehaus durchaus das Thema Gesundheit und Wellness aufgreift. Die Entkernung des OP-Saals kostete viel Geld; die türkische Familie steckte noch mal eine Stange Geld in den Umbau. Es lohnte sich. Und wir haben uns noch mehr geöffnet.

Wofür denn?

Im alten Krankenhaus hatten wir noch viele Krankenzimmer von jeweils 30 Quadratmetern leer stehen. Wir verkleinerten sie in Mikrobüros. Dort sitzen nun Start-ups und junge Unternehmen, die sich mit Gesundheit, Beratung, Umwelt beschäftigen. Auch die Gesellschaft für Familienplanung, Sexualpädagogik und Sexualberatung pro familia ist bei uns untergekommen. Mit Blick auf all unsere verschiedenen Nutzer würde ich es heute so formulieren: Im Mittelpunkt steht bei uns der Mensch!

Worauf hätten Sie im Entstehungsprozess auf keinen Fall verzichten können?

Auf politische Unterstützung durch den Senat und die Bezirkspolitik. Man steht hinter uns und hält am Gesundheitszentrum fest. Den Willen, uns zu erhalten, spürt man überall. Wir sind eine Erfolgsstory.

Insider-Tipps

203. Halten Sie das Ganze im Blick und versuchen Sie, berechtigte Einzelinteressen mitzunehmen.

204. Gehen Sie einem Streit nicht aus dem Weg.

205. Klartext: Sagen Sie, was geht und was nicht.

206. Bleiben Sie im Gespräch. Reden, reden, reden.

207. Es kann nicht schaden, eine zweite Meinung zu hören.

Wir müssen besser bleiben

Innovationen aus Ideen sind Deutschlands Zukunft

Dieter Kempf

Der jüngste Wettbewerbsreport des Weltwirtschaftsforums sieht Deutschland beim Thema Wettbewerbsfähigkeit auf dem dritten Platz und bei Innovation erneut ganz vorn: Platz eins unter 141 Ländern! Die USA und die Schweiz folgen mit geringem Abstand hinter Deutschland, aber deutlich vor den Verfolgern. Zeit, sich zurückzulehnen?

Die hervorragenden Noten für unser starkes Innovations-Ökosystem, darunter die erstklassige Forschungslandschaft, der intensive Austausch zwischen den Akteuren, eine hohe Patentquote und die Vielzahl wissenschaftlicher Publikationen, werfen ein helles Licht auf unsere Fähigkeit, Wissen zu produzieren. Ob wir dieses Potenzial in unserem Land auch hinreichend ausschöpfen und unser Wissen in die weltweit besten Produkte, Verfahren und Dienstleistungen am Markt übersetzen, ist eine andere Frage. Das Weltwirtschaftsforum sieht Deutschland auch hier sehr gut positioniert: Anspruchsvolle Kunden treiben unsere Unternehmen an, ihre Produkte stetig besser zu machen. Unsere Exporterfolge bestätigen eindrucksvoll, dass die Unternehmen diese Innovation »Made in Germany« auch liefern. Die Plattformökonomie und radikale Innovationen beherrschen aber andere besser.

Deutschland fehlt Dynamik: Der Europäische Innovationsanzeiger 2019 hat in seinem Vergleich der Forschungs- und Innovationsleistungen der EU-Mitgliedstaaten und ausgesuchter Drittstatten herausgefunden, dass Deutschland, das in den früheren

Jahren im Innovationsindex zur Top-Gruppe der »Innovationsführer« zählte, zurückfällt und nach 2018 erneut einer schwächeren Gruppe zuzuordnen ist. Auch der BDI-Innovationsindikator 2020, der die Leistungsfähigkeit von 35 Volkswirtschaften hinsichtlich Innovationen ermittelt, sieht für unser Land trotz des gehaltenen vierten Rangplatzes einen wachsenden Abstand zur Spitzengruppe Schweiz, Singapur und Belgien. Wir liegen international gut im Rennen, doch eine kleine Spitzengruppe setzt sich vor uns zunehmend ab, und hinter uns drängeln die Verfolger. Unter ihnen gewinnt mit aktuell noch großem Abstand einer gerade massiv an Boden: China. Dessen Innovationsleistung wächst dreimal schneller als die der EU.

Deutschland steht unter hohem Wettbewerbsdruck. Die Organisation für wirtschaftliche Zusammenarbeit und Entwicklung (OECD) geht in ihrem »OECD-Ausblick Wissenschaft, Technologie und Innovation 2018« davon aus, dass »Game Changer« wie der Einsatz von künstlicher Intelligenz, einhergehend mit einem enormen Anstieg des Datenvolumens, aber auch aufstrebende Technologienationen die Entwicklungen in Wirtschaft und Gesellschaft auf besondere Weise beeinflussen werden. Der weltweite Wettbewerb um kluge Köpfe und Ressourcen wird zunehmen. So sehen alle Studien für Deutschland Nachholbedarf bei Qualifikation und Fachkräften. Hier sind uns die Schweiz und Singapur weit voraus. Ein erster Platz in einem der vielen Rankings ist somit keinesfalls ein Ruheplatz für die Zukunft.

»Deutschland ist Weltmeister der Perfektion. Wir können das Beste immer noch ein Stück besser machen. Noch gelingen uns aber zu selten bahnbrechende Innovationen, die neue Technologien und Branchen entstehen lassen.

Prof. Dr. Dieter Kempf ist der Präsident des Bundesverbands der Deutschen Industrie e. V. 2005 haben die Bundesregierung und die deutsche Wirtschaft, vertreten durch den BDI, die gemeinsame Standortinitiative »Deutschland – Land der Ideen« ins Leben gerufen, die die Innovations- und Forschungsfreude Deutschlands zeigen und befördern soll.

FÜR DAS VOR UNS LIEGENDE MÜSSEN WIR HANDELN:

- Deutschlands Zukunft ist digital. Um die Möglichkeiten der Digitalisierung zu nutzen, sind ein massiver Ausbau der IT-Infrastruktur und der IT-Kompetenzen ebenso notwendig wie geeignete Rahmenbedingungen für digitale Geschäftsmodelle. Deutschland muss hier dringend investieren, der Innovationsindikator 2020 sieht uns bei den notwendigen Investitionen international nur auf Platz 17 von 35!

- Deutschland ist Weltmeister der Perfektion. Wir können das Beste immer noch ein Stück besser machen. Noch gelingen uns aber zu selten bahnbrechende Innovationen, die neue Technologien und Branchen entstehen lassen. Zusammen mit der neu gegründeten »Agentur für Sprunginnovationen« der Bundesregierung wollen wir mehr Ideen in Blockbuster verwandeln.

- Mehr Mut tut auch beim Thema Start-up-Finanzierung und bei risikoreichen Innovationen gut. Länder wie Israel, die USA und China haben es geschafft, ein diverses und effektives Ökosystem zur Start-up-Finanzierung zu etablieren, das sich häufig aus staatlichem, privatem und ausländischem Risikokapital speist. Für Deutschland brauchen wir ebenfalls ausreichend Wachstumskapital, das unsere Start-ups groß und zum Mittelstand von morgen machen kann.

- Von vielen Beobachtern fast unbemerkt – aber unaufhaltsam – schreitet das Zeitalter der Biologisierung voran. Für den Ressourcen- und Klimaschutz, die Arzneimittelherstellung sowie die Verfolgung der UN-Sustainable Development Goals (SDGs), der 17 Nachhaltigkeitsziele, mit denen die Vereinten Nationen die Weichen für die Zukunft unserer Welt gestellt und auf die sich 139 Länder verständigt haben, muss sich das Wirtschaften hin zu einer Bioökonomie wandeln. Dafür brauchen wir mehr Demonstrationsanlagen und »Experimentierräume«, um die besten Rahmenbedingungen zu erproben.

- Gerade in einer Situation, in der uns die Corona-Krise viel Kraft für die Bewältigung der gegenwärtigen Herausforderungen raubt, müssen wir alles daransetzen, um unsere Innovationsfähigkeit zu erhalten und unsere Wettbewerbsfähigkeit zu verbessern. Je besser uns dies gelingt, umso besser gelingt die langfristige Sicherung unserer Wohlfahrt.

»Gefragt sind Mitarbeiter, die den Status quo hinterfragen«

Interview mit Karl von Rohr, stellvertretender Vorstandsvorsitzender der Deutschen Bank

Wie stellt sich ein Traditionsunternehmen des deutschen Bankensektors auf die Zukunft ein? Was tun Banken für Start-ups? Und stehen bald in jeder Filiale Lounge-Möbel? Der stellvertretende Vorstandsvorsitzende der Deutschen Bank Karl von Rohr gibt Antworten.

Das Bankengeschäft gilt eher als konservativ. Wie viel Platz ist da für Innovation?

Da unterschätzen Sie uns – so konservativ sind wir gar nicht. Wir befassen uns sehr intensiv damit, wie wir unser Geschäftsmodell weiterentwickeln und die Chancen der Digitalisierung nutzen. Dabei spielen technologische Innovation sowie Anpassungen bei den Modellen der Zusammenarbeit eine große Rolle. Innovation findet bei uns in der Bank überall statt: in unseren Vertriebs- und Serviceeinheiten, aber auch in unseren Kontrollfunktionen. Innovation lebt vom Austausch zwischen den Abteilungen und den Mitarbeitern, aber ganz besonders auch mit Kunden und Start-ups.

Wie dürfen wir uns das konkret vorstellen?

Wir sind eine Bank mit globaler Reichweite; unsere Angebote richten sich an Privatkunden, mittelständische Unternehmen, Konzerne sowie an die öffentliche Hand und institutionelle Anleger. Allein daraus ergeben sich ständig wechselnde Anforderungen an uns. Wir entwickeln Produkte für unsere Kunden und sehr oft mit unseren Kunden –

Karl von Rohr wurde im November 2015 Mitglied des Deutsche-Bank-Vorstands und ist seit April 2018 stellvertretender Vorstandsvorsitzender. Die Deutsche Bank war seit 2006 Partner und Nationaler Förderer des bundesweiten Innovationswettbewerbs »Ausgezeichnete Orte im Land der Ideen«, der von der Initiative »Deutschland – Land der Ideen« ausgelobt wurde.

> »Wir brauchen Mitarbeiter aus verschiedenen Generationen, Kulturen und Fachrichtungen. Wir müssen genauso divers sein wie unsere Kunden.

so gehört Innovation zu unserem täglichen Geschäft. Auch mit unseren Innovationslaboren sind wir am Puls der Zeit: Unsere Mitarbeiter dort arbeiten mit Fintechs, also mit modernen Technologien im Bereich der Finanzdienstleistungen, und Start-ups zusammen, um deren Lösungen in unsere Bank zu übertragen. Denn wir sind uns bewusst, dass es Dienstleistungen oder Apps gibt, bei denen junge Unternehmen einfach schneller und besser sind als wir oder bereits gute Angebote haben, die wir dann nicht selbst entwickeln müssen. Unsere Kompetenz, aus Innovationen Serienprodukte zu machen, oder bei regulatorischen Anforderungen passt gut zu vielen unserer Fintech-Partner. Wir haben also keine Scheu, sondern suchen die Kontakte.

Kommen Neuerungen auch aus der Belegschaft selbst?

Natürlich. Wir beschäftigen Mitarbeiter aus 146 Ländern, und der Anteil der »Digital Natives« wächst immer weiter. In den vergangenen Jahren haben wir sehr gezielt den Anteil an Trainees mit den Studienschwerpunkten Mathematik, Informatik, Naturwissenschaften oder Technik erhöht. Jüngere Menschen haben bestimmte Vorstellungen, wie ihre Arbeitswelt aussehen und Führung sein soll, wie man zusammenarbeiten und welche Entwicklungsmöglichkeiten das Unternehmen bieten soll. Die Art zu arbeiten verändert sich, dasselbe gilt für Karrierewege. Aber man sollte sich nicht täuschen: Häufig sind es gerade langjährige Mitarbeiter, die Ideen haben, wie man Prozesse revolutionieren kann.

Haben Sie keine Angst vor jungen Leuten, die Althergebrachtes infrage stellen?

Nein, im Gegenteil. Nachhaltiger Unternehmenserfolg wird durch die Mitarbeiter getragen, und das geht am besten mit einer in jeder Hinsicht vielfältigen Belegschaft. Wir brauchen Mitarbeiter aus verschiedenen Generationen, Kulturen und Fachrichtungen. Wir müssen genauso divers sein wie unsere Kunden. Und ich schätze Mitarbeiter besonders, die die Organisation und gern auch mich selbst fordern, indem sie den Status quo hinterfragen. Und das sind häufig die Jüngeren, die mit vielen neuen Ideen zu uns kommen. Zugleich bin ich dankbar für die Erfahrung und die ruhige Hand, die gerade in Krisenzeiten von den sehr erfahrenen Kolleginnen und Kollegen beigesteuert werden. Diese Kombination ist es, die uns bereichert.

Welche Möglichkeiten bieten Sie innovativen Mitarbeitern?

Es gibt vermutlich nicht den einen »innovativen« Mitarbeiter. Wer zu uns kommt, hat die Möglichkeit, viel zu lernen, sich mit Ideen einzubringen und einen umfassenden Umbau mitzugestalten. Wir bieten thematische und kulturelle Vielfalt sowie eine breite geografische Präsenz. Um in Sachen Innovation ein ganz konkretes Beispiel zu nennen: Unser Wealth Management etwa hat eine Vorreiterrolle bei zukunftsweisenden Formen der Zusammenarbeit. Dort arbeiten 800 Mitarbeiter nach agilen Methoden. Sie gehen losgelöst von herkömmlichen Hierarchien an Projekte und Probleme heran und gestalten aktiv – das stärkt bei vielen die Eigenmotivation. Das Prinzip lässt sich zwar nicht auf jeden Bereich der Bank übertragen. Aber dort, wo es möglich ist, tun wir das in zunehmendem Maße. Ein weiteres Beispiel ist unsere »Intrapreneur«-Initiative. Dort fördern wir innovative Ideen, indem wir die Mitarbeiter für einige Zeit aus ihrem Arbeitsalltag herausholen, um die am meisten Erfolg versprechenden Ansätze in kleinen agilen Teams weiterzuentwickeln – im Idealfall bis zur Marktreife.

Kommt der Kunde auch mit neuen Ansprüchen auf Sie zu?

Ja. Die Bedürfnisse werden immer individueller. Die Kunden erwarten, dass wir ihnen genau passende Produkte und Dienstleistungen anbieten, rund um die Uhr. Im »Human Centered Marketing« etwa begleiten wir Kunden in ihrem Alltag und versuchen, noch besser zu verstehen, was diese von uns erwarten und wie wir es zielgruppengerecht umsetzen.

Die jüngsten Filialen der Bank haben sich verändert: Lounge-Bereiche mit stylischen Begegnungszonen, Mitarbeiter arbeiten an Stehtischen. Sieht so der Bankbesuch der Zukunft aus?

Um Bankgeschäfte zu tätigen, gehen immer weniger Menschen in die Filialen; immer mehr nutzen dafür ihr Smartphone oder ihren PC. Die Filiale bleibt aber für die Kundenberatung wichtig, vor allem für Entscheidungen mit größerer Tragweite wie beispielsweise Baufinanzierungen oder Altersvorsorge. Deswegen wollen wir die Filialen stärker mit unseren digitalen Angeboten verknüpfen. In unseren »Filialen der Zukunft« sollen Kunden erleben, was künftig Standard sein wird. Beispielsweise können sie ihren Wunschberater auswählen, ihre Fragen online vorbesprechen und Termine vor Ort im Netz buchen. Diese Filialen bieten auch Raum für Begegnung, interessante Veranstaltungen und Arbeitsplätze – wo beispielsweise junge Unternehmer neue Ideen und Geschäftsmodelle entwickeln können. Und Kunden können ausprobieren, ob ihnen eine neue Bank-App gefällt und was sie daran verbessern würden.

Wie geht's weiter?

Die nächste Idee ist immer die schwerste

Mirko Derpmann

Es gibt Musiker, die nur einen einzigen Hit hatten und von den Tantiemen noch ihre Beerdigung bezahlen können. Es gibt Erfinder, die mit den Lizenzgebühren eines erfolgreichen Patents einen ausschweifenden Lebenswandel bestreiten. Die Idee als Lottogewinn, sozusagen. Aber für die meisten Menschen, die Ideen zu ihrem Beruf machen wollen, reicht ein zündender Gedanke allein nicht aus. Nicht umsonst macht man aus Lorbeeren keine Kissen.

Die Agentur Scholz & Friends zum Beispiel gibt es jetzt seit fast 40 Jahren. Wir haben keine Patente, keine Maschinen oder Immobilien, keine Rohstoffminen und keine Ländereien. Alles, was wir haben, sind die Menschen, die bei uns arbeiten, und der Glaube daran, dass einem dieser Menschen etwas Großartiges einfallen wird, wenn wir uns um den nächsten Auftrag bewerben.

Nun steht jeder Mensch, der dringend eine gute Idee braucht, vor einem bekannten Problem: Niemand weiß, wo die Ideen herkommen. Es gibt keinen Liefertermin für Geistesblitze. Erschwerend kommt hinzu, dass unser Hirn sich ungern unter Druck setzen lässt. Menschenhirne versuchen unter Stress, die Problemlösung zu beschleunigen, indem sie das Suchfeld einengen. Kreativität und Inspiration brauchen das Gegenteil: Perspektivwechsel und assoziative Weite.

Diese Erkenntnisse sind nicht neu. Die Angst, als Ausnahmekreativer zu Bett zu gehen und am nächsten Morgen völlig ideenbefreit aufzuwachen, begleitet schöpferisch tätige Menschen schon seit Jahrhunderten. Wie man die eigene Kreativität füttert, muss man selbst herausfinden. Für ein Unternehmen allerdings stellt sich die Frage, was man tun kann, damit der Firma die Ideen nicht ausgehen. Wir hätten aus jahrzehntelanger Erfahrung einige Vorschläge.

Mirko Derpmann ist Partner von Scholz & Friends Family und Executive Creative Director am Standort Berlin. Eines seiner ersten Projekte als Junior-Berater war 2004 die Entwicklung einer Standortkampagne zur Fußball-Weltmeisterschaft 2006: Deutschland - Land der Ideen.

HARMONIE IST SCHÖN. VIELFALT IST BESSER.

Menschen neigen dazu, sich mit Menschen zu umgeben, die ihnen ähnlich sind. Lässt man diesen Prozess laufen, kann man mit etwas Glück zu einem der harmonischsten Arbeitgeber der Welt werden (allerdings ist auch das unwahrscheinlich: je homogener die Belegschaft, desto stärker führen kleine Differenzen zu Knatsch). Was man allerdings nicht erwarten darf, sind ungewöhnliche Perspektiven. Ideen entstehen sehr oft durch Zufälle, durch die überraschende Einsicht, dass Selbstverständlichkeiten bei genauerer Betrachtung nicht so selbstverständlich sind wie angenommen. Diese Zufälle kann man nicht erzwingen. Aber man kann die Wahrscheinlichkeit dramatisch erhöhen, dass sie stattfinden. Indem man zum Beispiel sehr unterschiedliche Menschen zusammenbringt. Das betrifft nicht nur Temperamente, Lebenserfahrung, Herkunft oder Sozialisation. Das betrifft auch Kompetenzen. Um mit der Komplexität unserer Welt umzugehen, hat es sich eingebürgert, immer kleinere Expertennischen einzurichten. Aber wenn man zum Beispiel Opel in den Köpfen der Menschen umparken möchte, braucht man eher eine Psychologiestudentin als einen Autoexperten (oder im Sinne der Diversität einen Psychologiestudenten statt einer Autoexpertin).

IDEEN MUSS MAN WOLLEN.

Auf neue Perspektiven und Ratschläge von der Seitenlinie reagiert jeder Mensch gleich: leicht gereizt. Unser Kopf hat es gern bequem und möchte nicht gestört werden. »The difficulty lies not in the new ideas, but in escaping from the old ones,« schrieb schon Ökonom John Maynard Keynes. Deshalb ist es wichtig, eine Kultur zu etablieren, in der die erste Reaktion nicht die letzte ist. Auch dazu braucht es Diversität, aber das allein reicht nicht. Angst zum Beispiel macht feige, und Menschen, die Angst haben, würden eher ihren Kugelschreiber essen, als eine etwas merkwürdige Idee auf den Tisch zu legen. Der Druck, unter dem Ideenmenschen stehen, existiert ohne jeden Zweifel. Die Kunst ist es, diesen Druck aus dem Miteinander herauszuhalten.

Etwas Neues, Unbekanntes erst mal als Chance zu verstehen, von allen Seiten zu betrachten und zu schauen, wozu es gut sein könnte, ist vielleicht der wichtigste Schritt im kreativen Prozess. Es ist nämlich nicht so, dass es zu wenig Ideen gibt. Es gibt nur zu wenige Menschen, die gute Ideen erkennen und fördern.

UNCOMMON SENSE.

Der Feind der großen Idee ist der gesunde Menschenverstand. Oder besser: eine Facette des gesunden Menschenverstands, die sagt: Für diese Option liegen mir keine belastbaren Erfahrungswerte vor. Wir können zukünftige Ereignisse nur auf der Basis von Erfahrungen einordnen und bewerten. Wenn aber der Erfolg einer Idee nicht zuverlässig modelliert werden kann, wird die Kosten-Nutzen-Rechnung immer zu Ungunsten der Idee ausfallen. Ideen sind riskant, das ist ihr Wesen. Für Unternehmen, die von Ideen leben, heißt das vor allem: Wir müssen Wege finden, mit der Unsicherheit umzugehen und Entscheidungen auf ungewissem Terrain zu treffen. Eine Struktur, in der das gelingt, braucht drei Dinge: Mut, Verantwortung und eine Kultur des Scheiterns. Man muss Menschen fördern, die dem Risiko nicht ausweichen. Man muss klare Verantwortungen zuweisen. Ohne ein Bewusstsein für die Konsequenzen einer Entscheidung kann man vielleicht tollkühn sein, aber niemals mutig. Und man muss anerkennen, dass das Scheitern ein Teil des Entdeckens ist.

IT TAKES A VILLAGE TO RAISE AN IDEA.

Viele Menschen vergleichen ihre Ideen mit Babys. Das ist insofern richtig, als dass neugeborene Ideen so gut wie nichts können und eine Menge Arbeit machen. Um einen Gedanken großzuziehen, reicht ein einsames Genie nicht aus, dazu braucht man mindestens eine Familie. Und nicht alle Mitglieder dieser Familie müssen im herkömmlichen Sinne kreativ sein. Denn ein Unternehmen, das von Ideen lebt, muss vor allem andere von Ideen begeistern können. Um diese Begeisterung zu schaffen, braucht man nicht nur Schöpfer, sondern auch Übersetzer. Kurt Tucholsky hat einmal über James Joyce' »Ulysses« geschrieben: »Liebigs Fleischextrakt. Man kann es nicht essen, aber es werden noch viele Suppen damit zubereitet werden.« So ist es auch mit wirklich originellen Gedanken. Sie sind eigentlich nur eine Zutat, der Startschuss. Ideenunternehmer müssen deshalb genauso viel Sorgfalt und Liebe in den Prozess stecken wie in die Erfindung selbst. Und allen Etappen auf dem Weg zum Projekt die Anerkennung und Wertschätzung zukommen lassen, die sie verdienen.

Zusammengefasst: Die Arbeit ist nicht, Ideen zu haben. Die eigentliche Arbeit ist, Ideen nicht zu verhindern. Bei Scholz & Friends ist uns das gelegentlich gelungen. Und manche dieser Ideen haben uns selbst überrascht. Die klugen Köpfe hinter der FAZ, die Baden-Württemberger, die alles außer Hochdeutsch können, und natürlich das »Land der Ideen«, das wir vor inzwischen 16 Jahren erfunden haben, sind inzwischen erwachsen geworden und führen ihr eigenes Leben in der Alltagskultur. Ab und zu sieht man sie gern wieder, wie in diesem Buch. Während man versucht, die nächste Idee nicht zu verhindern.

Etwas starten – aber mit Hilfe

Service

Sie wollen selbst eine gute Idee umsetzen? Dann bleiben Sie nicht allein mit Ihren Fragen oder Zweifeln. Holen Sie sich möglichst viel professionelle Unterstützung. Auf unserer Internetseite halten wir wichtige Informationen für Gründer und Innovatoren ständig aktuell:

WWW.MACHT-IDEEN.DE

Dort finden Sie eine Checkliste mit den abzuhakenden Schritten der Gründung. Wir stellen Ihnen Anlaufstellen und Interessenverbände vor, geben Tipps zu Finanzierungsmöglichkeiten, aktuellen Ausschreibungen, nennen Ihnen informative Gründermedien und listen Veranstaltungen und Messen für Start-ups und Innovatoren auf.

REINSCHAUEN – ANTWORTEN FINDEN – WEITERKOMMEN!

Bildhinweise

Martin Gaedt – Viktor Strasse
SIRPLUS – Sabrina Hrdina, Martin Egbert (2), TVNOW/Bernd-Michael Maurer, SIRPLUS
Cityförster – Cityförster architecture+urbanism/Olaf Mahlstedt
Freiraumgalerie – Freiraumgalerie, Danilo Halle/Wandbild: Marina Zumi
All You Can Paint – Urban Art Festival 2014, Ina Treihse
Anne Kjær Bathel – Kay Herschelmann
Opernale – Vincent Leifer (3), Deutschland – Land der Ideen
Journeyman – Sascha Fabricius, Lukas Thomas Steiner
Treptitz – VÖG Treptitz
Stephan Wilhelm – Fraunhofer IAO
Tandemploy – Virginia Pech Fotografie
Exoskelett – Mert Dürümoglu/German Bionic
Norbert Kunz – Christian Klant
Essbare Stadt Andernach – Stadtverwaltung Andernach (2), Daniel Stanke
Wahl-O-Mat – Bundeszentrale für politische Bildung
Africa GreenTec – Patrick Reimers (4), Africa GreenTec
Dr. Ute Günther – BAND e. V.
Ecosia – Ecosia
Teach First – Frederik Ferschke/Teach First Deutschland
Frank Thelen – EYECATCHME. Photography
Alexander Wolf – XU Exponential University
Heimkehrerbörse Erzgebirge – studio2media/Regionalmanagement Erzgebirge
KombiBus – UVG
Feldheim – Energiequelle GmbH (2), Paul Langrock
Multaka – Issam Hajjar (1), Staatliche Museen Berlin, Museum für Islamische Kunst / Milena Schlösser (3), A. R. Laub
Sonja Jost – Nikola Kuzmanic
mymuesli – mymuesli
EinDollarBrille – Martin Aufmuth (3), Deniz Ispaylar
Michael Hüther – IW Köln
Béa Beste – Malina Ebert Photography
Künstlerstadt Kalbe – Oliver Vaccaro (1), Künsterstadt Kalbe
Junge Tüftler – Andi Weiland (3)/Girls'Day, Jörg Farys
Claudia Kessler – dieastronautin
Reinhard Karger – Christian Krinninger
Delta – Delta/NEC Corporation of America (flickr.com), Montage: Delta
Digitale Dörfer – Fraunhofer IESE
Elektronische Haut – HZDR/HZDR D. Müller/HZDR S. Floss
Christoph Meinel – Kay Herschelmann
CODE University – Paulina Hildesheim, CODE University of Applied Sciences
Schul-Cloud – HPI/Emmanuel Mezenthin
Ralf Kemmer – Stefan Volovinis
Dörfer im Aufbruch – ZERAP Germany e.V.
Simone Menne – Jürgen Mai
Neuerkerode – Bernhard Janitschke
Biodegradierbare Elektronik – Fraunhofer FEP
Gesundheitszentrum St. Pauli – steg Stadterneuerungs- und Stadtentwicklungsgesellschaft Hamburg mbH
Dieter Kempf – Christian Kruppa
Karl von Rohr – Mario Andreya
Scholz & Friends Berlin GmbH

Impressum

Aus Gründen der besseren Lesbarkeit wird in diesem Buch die männliche Form für Personenbezeichnungen verwendet. Selbstverständlich sind grundsätzlich beide Geschlechter gemeint.

Econ ist ein Verlag der Ullstein Buchverlage GmbH

ISBN: 978-3-430-21037-9

Herausgeber: Michael Hüther (Institut der deutschen Wirtschaft), Ute Weiland (Deutschland – Land der Ideen), Christian Rummel (Deutsche Bank)

Konzept: Kerstin Dolderer, Stephanie Gabriel

Redaktion, Autorin: Kerstin Dolderer

Lektorat: Dr. Annalisa Viviani, München

Gestaltungskonzept und Umsetzung:
Scholz & Friends Berlin GmbH
Gesetzt aus der Suisse Int'l

Druck und Bindearbeiten: Kösel, Krugzell

Printed in Germany